高职高专通信专业“十三五”规划教材

EPON 技术及应用

主　编　胡　霞
参　编　胡冰云　李　聪
　　　　张　炯　申　静

西安电子科技大学出版社

内 容 简 介

本书全面介绍了EPON的关键技术及其应用。全书共8章，分为理论基础篇、业务配置篇及故障处理篇。理论基础篇为第1章和第2章，内容包括数据网络基础以及EPON系统的关键技术与安全保障。业务配置篇为第3章至第7章，内容包括EPON设备认知、OLT设备基本操作、宽带业务开通及配置、组播业务开通及配置、语音业务开通及配置。故障处理篇为第8章，内容主要是EPON网络故障处理。

本书可作为高职高专通信技术等专业的教材，也可作为接入网维护人员的参考资料。

图书在版编目(CIP)数据

EPON技术及应用/胡霞主编. —西安：西安电子科技大学出版社，2017.5

高职高专通信专业“十三五”规划教材

ISBN 978-7-5606-4489-9

Ⅰ.① E… Ⅱ.① 胡… Ⅲ.① 光纤通信—宽带通信系统—接入网

Ⅳ.① TN915.62

中国版本图书馆CIP数据核字(2017)第077029号

策　　划　马乐惠

责任编辑　杨天使　马乐惠

出版发行　西安电子科技大学出版社(西安市太白南路2号)

电　　话　(029)88242885　88201467　　邮　　编　710071

网　　址　www.xduph.com　　电子邮箱　xdupfxb001@163.com

经　　销　新华书店

印刷单位　陕西天意印务有限责任公司

版　　次　2017年5月第1版　2017年5月第1次印刷

开　　本　787毫米×1092毫米　1/16　印张 17.5

字　　数　414千字

印　　数　1～3000册

定　　价　32.00元

ISBN 978-7-5606-4489-9/TN

XDUP 4781001-1

前　言

本书是为适应高职高专院校通信工程等专业的教学需求，培养“零距离”上岗的企业前端技术人员而编写的。

以太网无源光网络(EPON)是在以太网及无源光网络的基础上产生的。其中，无源光网络(PON)的概念由来已久，它具有节省光纤资源、对网络协议透明的特点，在光接入网中扮演着越来越重要的角色。同时，以太网(Ethernet)技术经过多年的发展，以其简便实用、价格低廉的特性，几乎已经完全统治了局域网领域，并在事实中被证明是承载 IP 数据包的最佳载体。随着 IP 业务在城域和干线传输中所占的比例不断攀升，以太网在通过传输速率、可管理性等方面的改进，也逐渐向接入网、城域网甚至骨干网渗透。EPON 同时具备了以太网和无源光网络的优点，正成为光接入网领域中的热门技术。随着 EPON 技术的成熟，业界主流的运营商已经开始大规模应用 EPON 系统，展开 FTTX 应用，并在此基础上实现 Triple Play(三重播放，提供语音、数据和视频业务)，构建三网合一的接入平台。

本书密切结合“理实一体”的教学方法，分为理论基础篇、业务配置篇及故障处理篇三大模块。本书的理论基础篇主要对企业接入网工作岗位所需要的理论知识进行提炼，其知识难度循序渐进地加深。业务配置篇和故障处理篇主要列举了一些接入网维护工作中出现的案例，其实用性较强。理论基础篇主要是针对 IP 基础和 EPON 理论知识的学习，尽量将复杂的文字描述简单化，多采用图表的形式，让学生容易理解，轻松掌握基础知识。业务配置篇主要模拟企业的网络结构，帮助学生掌握业务开通所必须具备的理论知识点，掌握企业宽带、组播、电话业务的配置过程。故障处理篇主要介绍企业实践中频繁出现故障的处理方法，使学生通过学习能基本掌握解决故障的思路、方法及过程。

通过对本书的学习和实践应用，可为学生今后到企业从事接入网设备的维护和管理打下良好的基础，实现企业高职高专毕业生零距离上岗的目标。

本书在编写的过程中得到了湖南通信职业技术学院领导、同事，中国电信常德分公司技术经理胡冰云，中兴公司胡良稳等大力的支持，并参考了许多专家的论文和专著，在此表示衷心的感谢！

编　者

2017 年 1 月

目　录

理论基础篇

业务配置篇

故障处理篇

理论基础篇

第 1 章

数据网络基础

1.1　TCP/IP 基础

1.1.1　OSI 参考模型

1. OSI 参考模型

开放系统互连参考模型(OSI，Open System Interconnect)是由国际标准化组织(ISO)和国际电报电话咨询委员会(CCITT)联合制定，该模型为开放式互连信息系统提供了一种功能结构的框架。根据分而治之的原则，在 OSI 模型中，整个通信功能划分为七个层次，划分原则是：

(1) 网络中各节点都有相应的层次；

(2) 不同节点的同等层具有相同的功能；

(3) 同一节点相邻层之间通过接口通信；

(4) 每一层使用下层提供的服务，并向其上层提供服务；

(5) 不同节点的同等层按照协议实现对等层之间的通信。

OSI 参考模型从低到高分别是物理层、数据链路层、网络层、传输层、会话层、表示层和应用层，如图 1.1.1 - 1 所示。

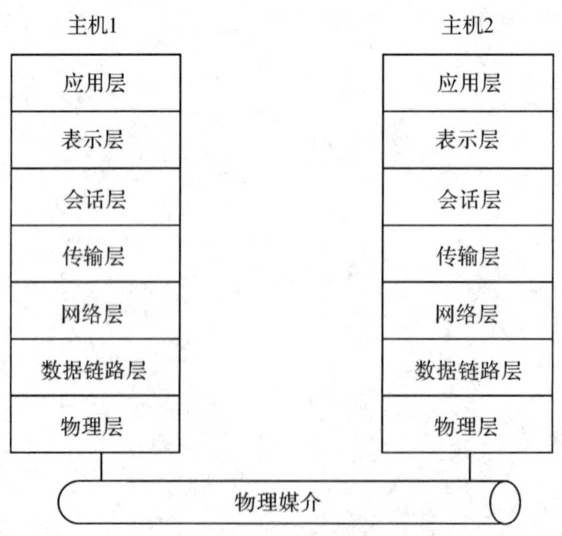

图 1.1.1 - 1　OSI 分层结构

2. OSI 各层的功能

1）应用层

应用层是 OSI 参考模型的最高层，它解决的也是最高层次的问题，即程序应用过程中的问题。应用层直接面对用户的具体应用，包含用户应用程序执行通信任务所需要的协议和功能，如电子邮件和文件传输等。

通信过程中的常用设备——网关即工作在应用层，网关是一种充当转换重任的计算机系统或设备。在使用不同的通信协议、数据格式或语言，甚至体系结构完全不同的两种系统之间，网关是一个翻译器。与网桥只是简单地传达信息不同，网关对收到的信息要重新打包，以适应目的系统的需求。同时，网关也可以提供过滤和安全功能。

2）表示层

表示层主要用于处理两个通信系统中交换信息的表示方式，为上层用户解决用户信息的语法问题，包括数据格式交换、数据加密与解密、数据压缩与终端类型的转换。

3）会话层

会话层提供会话服务，会话可以是一个用户通过网络登录到一个主机，也可以是正在建立的用于传输文件的会话。会话层的主要功能有：会话连接到传输连接的映射、数据传送、会话连接的恢复和释放、会话管理、令牌管理和活动管理。

4）传输层

传输层用于提高网络层服务质量，提供可靠的端到端的数据传输。传输层解决数据在网络之间的传输质量问题。

传输层主要负责端到端节点间的数据传输和控制功能。OSI 参考模型的下三层（网络层、数据链路层、物理层）面向网络通信，以确保信息准确传输；上三层（应用层、表示层、会话层）面向用户主机，为用户提供各种服务。而传输层是 OSI 中的承上启下层，不涉及中间转发节点，即与使用的网络无关。

传输层的主要功能包括映像传输地址到网络地址、多路复用与分割、传输连接的建立与释放、分段与重新组装、组块与分块。

5）网络层

网络层负责处理子网之间的寻址和路由工作。该层主要负责解决如何使数据包通过各节点传送的问题，即通过路径（路由）选择算法将数据包送到目的地。另外，为避免通信子网中出现过多的数据包造成网络阻塞，需要对流入的数据包数量进行控制（拥塞控制）。当数据包要跨越多个通信子网才能到达目的地时，还要解决网际互联的问题。具体而言：

（1）网络层的主要作用为选择合适的路由，使发送站传输层所传下来的数据能够正确无误地按地址送到目的站。网络层的传输单元被称为分组（或称包）。

（2）网络层的主要功能包括：执行路径选择算法，使分组在通信子网中有一条最佳路径；拥塞控制，防止子网中同时出现过多的分组而相互阻塞通路，形成瓶颈；异种网络互联。

（3）网络层中的常见设备为路由器和三层交换机。路由器（Router）又称网关设备（Gateway），用于连接多个逻辑上分开的网络，逻辑网络是指一个单独的网络或者一个子网。当数据要从一个子网传输到另一个子网时，可通过路由器的路由功能来完成。因此，路由器具有判断网络地址和选择 IP 路径的功能，它能在多网络互联环境中建立灵活的连接，可用完全不同的数据分组和介质访问方法连接各种子网，路由器只接受源站或其他路由器的信息，属于网络层的一种互联设备。而三层交换机是具有部分路由器功能的交换机，三层交换机的最重要目的是加快大型局域网内部的数据交换，所具有的路由功能也是为该目的服务的，能够做到一次路由，多次转发。三层交换机对于数据包转发等规律性的过程由硬件高速实现，而像路由信息更新、路由表维护、路由计算、路由确定等功能，则由软件实现。

6）数据链路层

数据链路层负责处理信道上的数据传输工作。数据帧中包含物理地址（又称 MAC 地址）、控制码、数据及校验码等信息。该层的主要作用是通过校验、确认和反馈重发等手段，将不可靠的物理链路转换成对网络层来说无差错的数据链路。此外，数据链路层还要协调收发双方的数据传输速率，即进行流量控制，以防止接收方因来不及处理发送方传来的高速数据而导致缓冲器溢出及线路阻塞。

（1）数据链路层的主要作用为负责相邻节点之间的可靠传输，通过加强物理层传输原始比特的功能，使网络层表现为一条无错线路。数据链路层的传输单元为帧。

（2）数据链路层的主要功能包括：成帧与拆帧，以帧（Frame）为单位（产生帧、识别帧的边界）；差错控制；流量控制（防止高速的发送方的数据将低速的接收方的数据“淹没”）。

（3）数据链路层的常见设备为网桥和交换机。

网桥（Bridge）也称为桥接器，是连接两个局域网的存储转发设备，可以使具有相同或相似体系结构的网络系统连接，这样不但能扩展网络的距离或范围，而且可以提高网络的性能、可靠性和安全性。网桥工作在数据链路层，将两个 LAN 连起来，根据 MAC 地址来转发帧，可以看做是一个“低层的路由器”（路由器工作在网络层，根据网络地址如 IP 地址进行转发）。

交换机是主导网络系统的集线设备。大部分交换机是在 OSI 参考模型的数据链路层（第二层）工作。如果把集线器看成一条内置的以太网总线，交换机就可以看做由多条总线构成交换矩阵的互连系统。每一个交换机端口对应着一条高出一个数量级的背板总线（Core Bus），背板总线与一个交换引擎（Switch Engining）相连接。不同端口间的数据包经背板总线进入交换引擎，通过存储转发、直通转发和准直通转发模式进行交换。

7）物理层

物理层是 OSI 参考模型的最底层，它利用传输介质为数据链路层提供物理连接，主要提供机械和电气接口，包括电缆、物理端口和附属设备，如双绞线、同轴电缆、接线设备（如网卡等）、RJ-45 接口、串口和并口等。物理层提供的服务包括：物理连接、物理服务数据单元顺序化（接收物理实体收到的比特顺序与发送物理实体所发送的比特顺序相同）和数据电路标识。

（1）物理层的主要作用为实现相邻节点之间比特数据流的透明传送，尽可能屏蔽具体传输介质和物理设备的差异。利用物理传输介质为数据链路层提供物理连接（物理信道）和比特流服务。

（2）物理层的主要功能包括：物理连接的建立、维持和拆除；实体之间信息的按比特传输；实现四大特性的匹配（机械特性、电气特性、功能特性、规程特性）。

① 机械特性：规定数据终端设备（Data Terminal Equipment，DTE）和数据通信设备（Data Communication Equipment，DCE）之间的连接器形式，包括连接器形状、几何尺寸、

引线数目和排列方式等；

② 电气特性：规定DTE和DCE之间多条信号线的连接方式、发送器和接收器的电气参数及其他有关电路的特征，电气特性决定了传送速率和传输距离；

③ 功能特性：对接口各信号线的功能给出确切的定义，解释某些连线上出现某一电平的电压所表示的意义；

④ 规程特性：规定DTE和DCE之间各接口信号线实现数据传输的操作过程(顺序)。

(3) 物理层标准的主要任务：规定DCE设备和DTE设备的接口，包括接口的机械特性、电气特性、功能特性和规程特性。

(4) 物理层的常见设备包括：中继器(Repeater)和集线器(Hub)。中继器的功能是连接相同的LAN网段，对从入口输入的物理信号进行放大和整形，然后再从出口输出(转发)。中继器是典型的单进单出结构。集线器是多端口中继器，常见的端口规格有4口、8口、16口和24口等，如图1.1.1-2所示为16口集线器。

图1.1.1-2　集线器

3. OSI的数据封装过程

OSI参考模型中每层接收到上层传递过来的数据后都要将本层次的控制信息加入数据单元的头部，一些层次还要将校验等信息附加到数据单元的尾部，这个过程叫做封装，如图1.1.1-3所示。

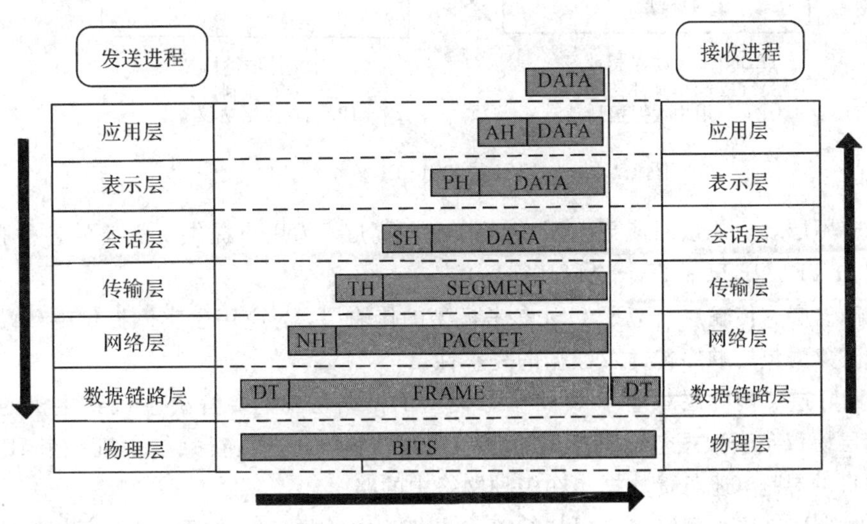

图1.1.1-3　OSI的数据封装

每层封装后的数据单元的叫法不同，在应用层、表示层、会话层的协议数据单元统称为Data(数据)，在传输层协议数据单元称为SEGMENT(数据段)，在网络层协议数据单元称为PACKET(数据包)，在数据链路层协议数据单元称为FRAME(数据帧)，在物理层协议数据单元称为BITS(比特流)。

当数据到达接收端时，每一层读取相应的控制信息，根据控制信息中的内容向上层传递数据单元。在向上层传递数据单元之前需去掉本层的控制头部信息和尾部信息(如果有的话)，此过程叫做解封装。

这个过程逐层执行直至将对端应用层产生的数据发送给本端的相应的应用进程。

1.1.2 TCP/IP协议参考模型

1. TCP/IP协议参考模型与OSI参考模型比较

TCP/IP是一组用于实现网络互连的通信协议。Internet网络体系结构以TCP/IP为核心。基于TCP/IP的参考模型将协议分成四个层次，它们分别是：应用层、传输层、网际层和网络接口层。TCP/IP与OSI的比较如图1.1.2-1所示。

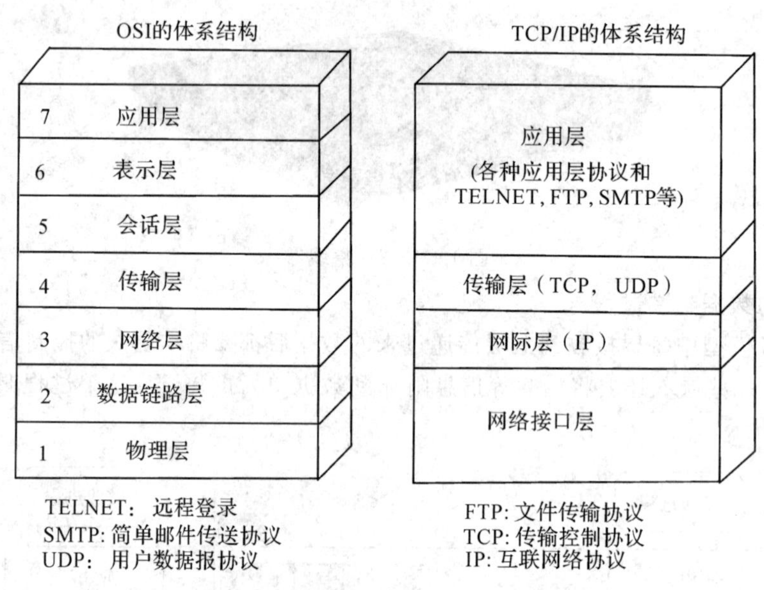

图1.1.2-1 OSI与TCP/IP参考模型的对比

(1) 应用层。应用层对应于OSI参考模型的高层，为用户提供所需要的各种服务，应用层协议如TELNET、FTP、SMTP等。

(2) 传输层。传输层对应于OSI参考模型的传输层，为应用层实体提供端到端的通信功能，保证数据包的顺序传送及数据的完整性。

(3) 网际层。网际层对应于OSI参考模型的网络层，主要解决主机到主机的通信问题。网际层协议负责数据包在整个网络上的逻辑传输，通过重新赋予主机一个IP地址来完成对主机的寻址，还负责数据包在多种网络中的路由。

(4) 网络接口层。网络接口层与OSI参考模型中的物理层和数据链路层相对应。它负责监视数据在主机和网络之间的交换。事实上，TCP/IP本身并未定义该层的协议，而由参与互连的各网络使用自己的物理层和数据链路层协议，然后与TCP/IP的网络接口层进行连接。

2. OSI 与 TCP/IP 体系结构的比较

OSI 参考模型与 TCP/IP 参考模型的共同之处是它们都采用了分层的思想，并且在同一层都采用了协议栈的概念。但它们在层次划分和功能设计上存在很大的区别。

(1) OSI 先有分层模型，后有协议规范，这就意味着该分层模型不偏向任何特定的协议，具有通用性。而 TCP/IP 先有协议后有模型，模型是对协议的分层描述，所以该模型只适用于 TCP/IP 协议，对非 TCP/IP 网络并不适用。OSI 协议与服务具有明确的区别，而 TCP/IP 并未充分明确区分服务与协议，因此，在 TCP/IP 中(N)实体可以越过(N－1)实体而调用(N－2)实体，使(N－2)实体直接提供服务，故 TCP/IP 的灵活性大，在某些情况下可以减少一些不必要的开销。

(2) TCP/IP 一开始就考虑到多种异构网的互联问题，并将网际协议 IP 作为 TCP/IP 的重要组成部分。但 OSI 和 CCITT 最初只考虑到全世界都使用一种统一的标准公用数据网将各种不同的系统互连在一起。后来，OSI 认识到网际协议的重要性，然而已经来不及了，只好在网络层中划分出一个子层来完成类似 TCP/IP 中 IP 的作用。

(3) TCP/ IP 一开始就建立在面向连接服务和无连接服务并重的基础上，而 OSI 在开始时只强调面向连接服务，一直到很晚才开始制定无连接服务的有关标准。

(4) TCP/IP 较早就有很好的网络管理功能，而 OSI 到后来才开始考虑这个问题。

(5) OSI 是严格的分层结构的理论模型，把网络划分为七层，但实现起来比较困难。而 TCP/IP 是简化的分层结构的实用模型和技术模型，理论上是四层，实际上只有三层，实现起来比较容易。

3. TCP/IP 的数据封装过程

同 OSI 参考模型数据封装过程一样，TCP/IP 协议在报文转发过程中，封装和解封装也发生在各层之间，如图 1.1.2－2 所示。

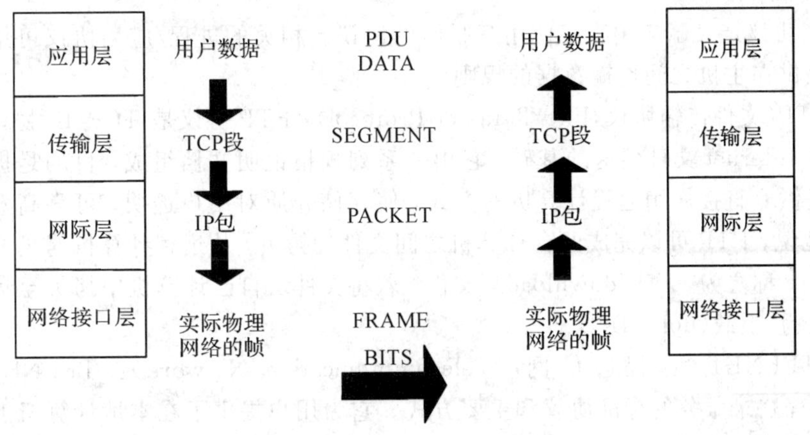

图 1.1.2－2　TCP/IP 数据封装过程

在发送方，加封装的操作是逐层进行的。各个应用程序将要发送的数据送给传输层；传输层把数据分段为大小一定的数据段，加上本层的报文头，发送给网际层。传输层报文头中包含接收它所携带的数据的上层协议或应用程序的端口号，例如，TELNET 的端口号是 23。传输层协议利用端口号来调用和区别应用层各种应用程序。网际层对来自传输层的数据段进行一定的处理(利用协议号区分传输层协议、寻找下一跳地址、解析数据链路层物理地址等)，加上本层的 IP 报文头后，转换为数据包，再发送给网络接口层(以太网、帧中继、PPP、HDLC 等)。网络接口层根据不同的数据链路层协议加上本层的帧头，发送给物理层以比特流的形式将报文发送出去。

在接收方，这种去封装的操作也是逐层进行的。从物理层到数据链路层，逐层去掉各层的报文头部，将数据传递给应用程序执行。

1.1.3 TCP/IP 协议栈

TCP/IP 协议栈是由不同网络层次的不同协议组成的，如图 1.1.3－1 所示。

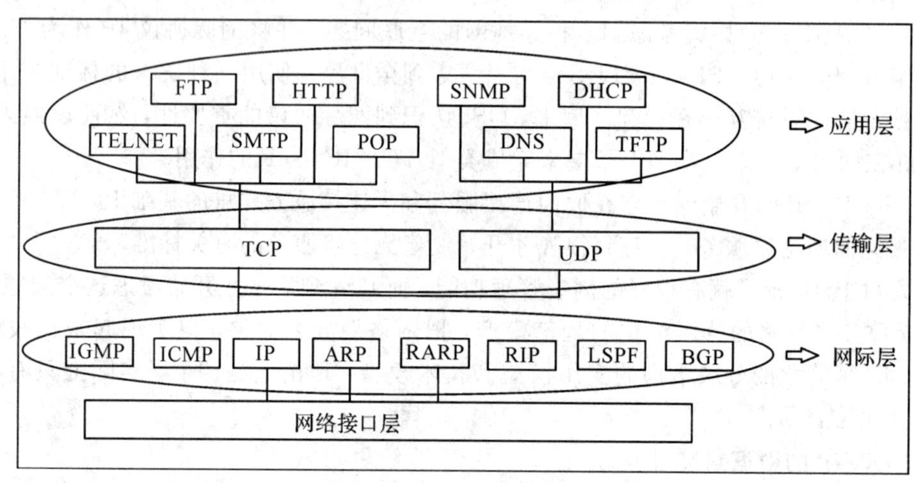

图 1.1.3－1 TCP/IP 协议栈

1. 应用层

应用层协议定义了应用程序使用互联网的协议。相关的进程/应用协议可用于充当用户接口，提供在主机之间传输数据的规则。

(1) FTP(文件传输协议，File Transfer Protocol)：FTP 协议是 TCP/IP 协议组中的协议之一，是 Internet 文件传送的基础，它由一系列规格说明文档组成，目的是提高文件的共享性，提供非直接使用远程计算机的方式，使存储介质对用户透明，可靠高效地传送数据。简单地说，FTP 可以完成两台计算机之间文件的拷贝，从远程计算机拷贝文件至自己的计算机上，称之为“下载(download)”文件，若将文件从自己计算机中拷贝至远程计算机上，则称之为“上载(upload)”文件。

(2) TELNET(远程通信网，Telecommunication Network)：TELNET 协议是 Internet 远程登录服务的标准协议和主要方式。它为用户提供了在本地计算机上完成远程主机工作的能力，允许用户登录到另外的 TCP/IP 主机，从而访问网络资源的虚拟终端协议(终端仿真)。TELNET 能将用户的击键传到远程主机，同时也能将远程主机的输出通过 TCP 连接返回到用户屏幕。

(3) SMTP(简单邮件传输协议，Simple Mail Transfer Protocol)：SMTP 协议是通过 Internet 交换电子邮件的标准协议，用于 Internet 上的电子邮件服务器之间或允许电子邮件客户向服务器发送邮件。SMTP 独立于特定的传输子系统，且只需要可靠有序的数据流信道支持。SMTP 的重要特性之一是其能跨越网络传输邮件，即“SMTP 邮件中继”，使用 SMTP 可实现相同网络上处理机之间的邮件传输，也可通过中继器或网关实现某处理机与其他网络之间的邮件传输。

(4) POP(邮局协议，Post Office Protocol)：POP 协议定义用户邮件客户机软件和电子邮件服务器之间的简单接口。用于将邮件从服务器下载到客户机，并允许用户管理邮箱。POP 协议支持“离线”邮件处理。其具体过程是：邮件发送到服务器上，电子邮件客户端调用邮件客户机程序以连接服务器，并下载所有未阅读的电子邮件。这种离线访问模式是一种存储转发服务，将邮件从邮件服务器端送到个人终端机器上，一般是 PC 机或 MAC。一旦邮件发送到 PC 机或 MAC 上，邮件服务器上的邮件将会被删除。

(5) HTTP(超文本传输协议，Hypertext Transfer Protocol)：HTTP 协议是一种详细规定了浏览器和万维网(World Wide Web)服务器之间相互通信的规则，通过因特网传送万维网文档的数据传送协议，是互联网上应用最为广泛的一种网络协议。它可以使浏览器更加高效，使网络传输减少，可以保证计算机正确快速地传输超文本文档，还可以确定传输文档中的哪一部分，以及哪部分内容首先显示等。

(6) DNS(域名系统，Domain Name System)：DNS 定义了 Internet 名称的机构，以及名称与 IP 地址的联系。DNS 是因特网的一项核心服务，它作为可以将域名和 IP 地址相互映射的一个分布式数据库，能够使人更方便地访问互联网，而不用去记住能够被机器直接读取的 IP 数串。

(7) SNMP(简单网络管理协议，Simple Network Management Protocol)：SNMP 协议是由一组网络管理的标准组成，包含一个应用层协议、数据库模型和一组资源对象。SNMP 的基本功能包括监视网络性能、检测分析网络差错和配置网络设备等。在网络正常工作时，SNMP 可实现统计、配置和测试等功能。当网络出故障时，SNMP 可实现各种差错检测和恢复功能。

(8) DHCP(动态主机配置协议，Dynamic Host Configuration Protocol)：DHCP 协议是一种帮助计算机从指定的 DHCP 服务器获取它们的配置信息的协议，用于将 TCP/IP 地址和其他相关信息分配给客户机。DHCP 提供了三种分配方式：

① 人工分配。人工分配后 DHCP 客户端获得的 IP 也叫静态地址，网络管理员为某些少数特定的在网计算机或者网络设备绑定固定 IP 地址，该地址不会过期。

② 自动分配。一旦 DHCP 客户端第一次成功从 DHCP 服务器端租用到 IP 地址之后，就永远使用这个地址。

③ 动态分配。当 DHCP 客户端第一次从 DHCP 服务器端租用到 IP 地址之后，并非永久使用该地址，只要租约到期，客户端需释放此 IP 地址，以供其他工作站使用。不过，客户端可以比其他主机优先更新租约，或是租用其他的 IP 地址。

(9) TFTP(简单文件传输协议，Trivial File Transfer Protocol)：TFTP 协议是 TCP/IP 协议族中的一个用来在客户机与服务器之间进行简单文件传输的协议，可以提供不复杂、开销不大的文件传输服务。TFTP 承载在 UDP 上，提供不可靠的数据流传输服务，不提供存取授权与认证机制，使用超时重传方式来保证数据的到达。

2. 传输层

传输层为两个用户进程之间建立、管理和拆除可靠而又有效的端到端连接。运输层系统地管理信息的流动，将传送的数据划分为分组，把每个分组连同目的地址交给下一层去发送。传输协议的选择根据数据传输方式而定，在 TCP/IP 协议栈中，主要有两个不同的传输协议：传输控制协议(TCP，Transmission Control Protocol)和用户数据报协议(UDP，User Datagram Protocol)。

(1) 传输控制协议(TCP)。TCP 协议为应用程序提供可靠的通信连接。TCP 所做的工作包括把应用程序交给它的数据分成合适的小块然后交给下面的网络层，确认接收到的分组以及设置发送最后确认分组的超时时钟等。由于运输层提供了高可靠性的端到端的通信，因此应用层可以忽略可靠通信所有这些细节。TCP 主要适用于一次传输大批数据的情况，也适用于要求得到响应的应用程序。

(2) 用户数据报协议(UDP)。UDP 协议提供了无连接通信，且不提供可靠传输的保证。UDP 适用于一次传输少量数据的情况，数据传输的可靠性则由应用层来负责。

3. 网际层

网际层协议定义了互联网中传输的数据报格式，以及应用路由选择协议将数据通过一个或多个路由器发送到目的站的转发机制。

(1) IP(网际协议，Internet Protocol)：IP 协议是一种互连接协议，主要负责主机和网络之间数据包的寻址和路由。

(2) ARP(地址解析协议，Address Resolution Protocol)：ARP 协议用于将网络中的协议地址(当前网络中大多是 IP 地址)解析为相同物理网络上的主机的硬件地址(MAC 地址)。

(3) RARP(逆向地址解析协议，Reverse Address Resolution Protocol)：RARP 协议用于将本地的主机硬件地址(MAC 地址)解析为网络中的协议地址(当前大多是 IP 地址)。

(4) ICMP(Internet 控制消息协议，Internet Control Message Protocol)：ICMP 协议发现消息，并报告关于数据包传递的错误。

(5) IGMP(Internet 组管理协议，Internet Group Management Protocol)：IGMP 协议由 IP 主机用于向本地多播路由器报告主机组成员。

(6) RIP(路由器信息协议，Router Information Protocol)：RIP 协议是定期向其他路由器发送完整路由表的距离向量路由发现协议。

(7) OSPF(开放式最短路径优先协议，Open Shortest Path First)：OSPF 协议是各个路由器定期向其他路由器广播自己的链路状态路由发现协议。

(8) BGP(边界网关协议，Border Gateway Protocol)：RIP 是用来连接 Internet 上的独立系统的路由选择协议。

4. 网络接口层

网络接口层定义了将数据组成正确帧的协议和在网络中传输帧的协议。该层接收来自网络物理层（TCP/IP 未定义，实际上插在主机中的网络接口板上的软、硬件实现了物理层和数据链路层的功能)的数据帧，并转换为 IP 数据报交给网际层。该层定义通信主机必须采用某种协议联网：局域网可采用 IEEE 802.3 以太网协议、802.5 令牌网协议；广域网可采用 PPP(Point - to - Point)协议、帧中继协议、X.25 协议等。

网络接口层主要功能包括：① 为 IP 模块发送和接收 IP 数据报；② 为 ARP 模块发送 ARP 请求和接收 ARP 应答；③ 为 RARP 模块发送 RARP 请求和接收 RARP 应答。

网络接口层主要相关协议包括以太网链路层协议、两个串行接口链路层(SLIP，Serial Line IP)协议及PPP(Point to Point Protoed)协议等。

1.2 IP地址与IP路由

1.2.1 IP地址

1. IP地址简介

IP地址(网际协议地址，Internet Protocol Address)是指互联网协议地址，是IP Address的缩写。IP地址是IP协议提供的一种统一的地址格式，IP协议为互联网上的每一个网络和每一台主机分配了一个逻辑地址，以此来屏蔽物理地址的差异。

目前在Internet中使用的是IPv4的地址结构，即IP地址是一个32位的二进制地址，通常被分割为4个8位二进制数(也就是4个字节)。IP地址通常用“点分十进制”表示成(a.b.c.d)的形式，其中，a、b、c和d都是0～255之间的十进制整数。例：点分十进制IP地址(100.1.2.3)，实际上是32位二进制数(01100100.00000001.00000010.00000011)。

2. IP地址分类

IP地址由两部分组成，一部分表示网络地址，另一部分表示主机地址。

为适应不同大小的网络，一般将IP地址划分成A、B、C、D、E五类。其中，A类、B类和C类是最常用的，如图1.2.1-1所示。

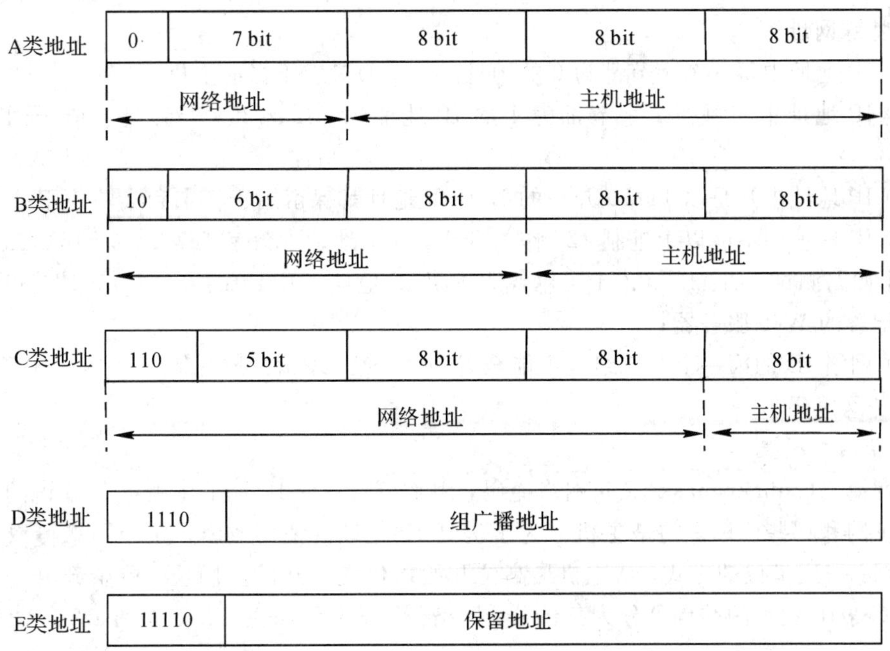

图1.2.1-1 IP地址分类

(1) A类地址。A类地址可以拥有很大数量的主机，其最高位为0，第一个字节表示网络地址，其余3个字节表示主机地址，总共允许有126个网络。A类地址分配给规模特别大的网络等使用。

(2) B 类地址。B 类地址被分配到中等规模和大规模的网络中，最高两位被置为二进制的 10，允许有 16384 个网络。B 类网络用第一、二字节表示网络地址，后两个字节为主机地址。

(3) C 类地址。C 类地址被用于中小型的网络，高三位被置为二进制的 110，允许大约 200 万个网络。C 类网络用前 3 字节表示网络的地址，最后一字节表示主机地址。

(4) D 类地址。用于多路广播组地址，高四位被置为 1110。

(5) E 类地址。E 类地址的高五位被置为 11110，保留给将来使用。

3. IP 地址类型

1) 公有地址

公有地址(Public address)由 Inter NIC(因特网信息中心，Internet Network Information Center)负责，这些 IP 地址被分配给注册并向 Inter NIC 提出申请的组织机构，被分配的组织机构可通过它直接访问因特网。

2) 私有地址

私有地址(专网地址，Private address)属于非注册地址，专门为组织机构内部使用，私有地址仅在局域网范畴内使用，超出所在局域网则无法使用。

留用的内部私有地址目前主要有以下几类：

A 类：10.0.0.0～10.255.255.255

B 类：172.16.0.0～172.31.255.255

C 类：192.168.0.0～192.168.255.255

4. 特殊网址

(1) IP 地址中每一个字节都为 0 的地址(0.0.0.0)对应于当前主机；

(2) IP 地址中的每一个字节都为 1 的 IP 地址(255.255.255.255)是当前子网的广播地址；

(3) IP 地址中凡是以 11110 开头的 E 类 IP 地址都保留用于将来和实验使用；

(4) IP 地址中不能以十进制 127 作为开头，该类地址中数字 127.0.0.1 到 127.255.255.255 用于回路测试，如：127.0.0.1 可以代表本机 IP 地址，用“http://127.0.0.1”就可以测试本机中配置的 Web 服务器；

(5) 网络 ID 的第一个 8 位组也不能全置为 0，全 0 表示本地网络。

5. 子网掩码

1) 子网掩码概述

子网掩码(subnet mask)又叫网络掩码，用来指明一个 IP 地址中哪些位标识的是主机所在的子网和哪些位标识的是主机。为了提高 IP 地址的使用效率，一个网络可以划分为多个子网：采用借位的方式，从主机最高位开始借位变为新的子网位，剩余部分仍为主机位。这使得 IP 地址的结构可分为三部分：网络位、子网位和主机位，如图 1.2.1-2 所示。

网络位	子网位	主机位

图 1.2.1-2 IP 地址的结构

子网掩码定义规则：地址长度仍然为 32 位，网络位与子网位对应的二进制代码为 1，主机位(借位不算)对应的二进制代码为 0。

2）子网掩码的应用

子网掩码与IP地址结合使用，可以区分出一个网络地址的网络号和主机号。

例如：有一个C类地址为：192.9.100.12，其缺省的子网掩码为：255.255.255.0，则它的网络号和主机号可按如下方法得到：

（1）将IP地址192.9.100.12转换为二进制：

11000000 0000100101100100 00001100

（2）将子网掩码255.255.255.0转换为二进制：

11111111 11111111 11111111 00000000

（3）将两个二进制数逻辑与(AND)运算后得出的结果即为网络部分：

```
     11000000 00001001 01100100 00001100
AND  11111111 11111111 11111111 00000000
-----------------------------------------
     11000000 00001001 01100100 00000000
```

结果为192.9.100.0，即网络号为192.9.100.0。

（4）将子网掩码取反再与IP地址逻辑与(AND)后得到的结果即为主机部分：

```
     11000000 00001001 01100100 00001100
AND  00000000 00000000 00000000 11111111
-----------------------------------------
     00000000 00000000 00000000 00001100
```

结果为0.0.0.12，即主机号为12。

3）子网的划分

一般对于如何规划子网，主要有下面两种情况：第一，给定一个网络，整网络地址可知，需要将其划分为若干个小的子网；第二，全新网络，自由设计，需要自己指定整网络地址。后者多了一个根据主机数目确定主网络地址的过程，两者的其他过程是一样的。

例如：学院新建了4个机房，每个房间有25台机器，给定一个网络地址空间：192.168.10.0，现在需要将其划分为4个子网。

解：（1）确定主机位数和子网位数。4个机房，每个房间有25台机器，故需要4个子网，每个子网下面最少有25台主机。

使用公式 $2^n-2\geqslant$最大主机数，可得：$2^n-2\geqslant25$

所以主机位数 n 为5；

相对应的子网需要借3位。

（2）确定子网地址。确定了子网部分，后面就简单了。前面的网络部分不变，看最后的8位，得到6个可用的子网地址：

全部转换为点分十进制表示

11000000 10101000 00001010 00100000 192.168.10.32

11000000 10101000 00001010 01000000 192.168.10.64

11000000 10101000 00001010 01100000 192.168.10.96

11000000 10101000 00001010 10000000 192.168.10.128

11000000 10101000 00001010 10100000 192.168.10.160

11000000 10101000 00001010 11000000 192.168.10.192

子网掩码：11111111 11111111 11111111 11100000 ＝ 255.255.255.224

(3) 确定子网的主机地址。注意在一个网络中主机地址全为 0 的 IP 是网络地址，全为 1 的 IP 是网络广播地址，两者均不可用于主机地址。所以我们的子网地址和子网主机地址如下：

子网 1：192.168.10.32 掩码：255.255.255.224

主机 IP：192.168.10.33～62

子网 2：192.168.10.64 掩码：255.255.255.224

主机 IP：192.168.10.65～94

子网 3：192.168.10.96 掩码：255.255.255.224

主机 IP：192.168.10.97～126

子网 4：192.168.10.128 掩码：255.255.255.224

主机 IP：192.168.10.129～158

子网 5：192.168.10.160 掩码：255.255.255.224

主机 IP：192.168.10.161～190

子网 6：192.168.10.192 掩码：255.255.255.224

主机 IP：192.168.10.193～222

只需取出前面的 4 个子网即可满足要求。

1.2.2 IP 路由

1. 概念

IP 路由是指基于目的地址查找 IP 路由表，找到报文转发的出接口以及对应的下一跳路由器，然后将报文转发给下一跳路由器，直到到达最终目的地的过程。在因特网中进行路由选择时，路由器根据所收到的报文的目的地址选择一条合适的路由，并将报文传送到下一个路由器，直至由路径中最后的路由器负责将报文送交目的主机。

2. 路由表

路由表记录了所有的路由、出接口、下一跳、路由的开销、优先级等路由信息，具体包括了目的网络地址(Dest)、掩码(Mask)、下一跳地址(Gw)、发送的物理端口(Interface)、路由信息的来源(Owner)、路由优先级(Pri)和度量值(Metric)，路由表的构成如图1.2.2－1所示。

Dest	Mask	Gw	Interface	Owner	pri	metric
192.20.9.0	255.255.255.0	2.2.2.2	fei_1/3	statis	1	0

192.20.9.0: 目的逻辑网络地址或子网地址；

255.255.255.0: 目的逻辑网络地址或子网地址的网络掩码；

2.2.2.2: 下一跳逻辑地址；

fei_1/3: 学习到这条路由的接口和数据的转发接口；

statis: 路由器学习到这条路由的方式；

1: 路由优先级；

0: Metric值。

图 1.2.2－1 路由表构成示例

3. IP 网的路由选择协议分类

1) 自治系统 AS(Autonomous Systum)

由于 IP 网规模庞大，为了路由选择的方便和简化，一般将整个 IP 网划分为许多较小的区域，称为自治系统 AS。

2) IP 网的路由选择协议分类

内部网关协议 IGP 是指在一个自治系统内部使用的路由选择协议。IGP 协议包括 RIP 和 OSPF 等。

外部网关协议 EGP 是指两个自治系统(使用不同的内部网关协议)之间使用的路由选择协议。目前使用最多的 EGP 协议是 BGP(即 BGP-4)。

4. 路由协议

1) 直连路由

当接口配置了网络协议地址且状态正常，即不但物理连接正常并且可以正常检测到数据链路层协议的 keepalive 信息时，接口上配置的网段地址自动出现在路由表中并与接口关联。此时产生方式(Owner)为直连(direct)，路由优先级为 0，即拥有最高路由优先级，Metric 值为 0，表示拥有最小 Metric 值。

直连路由会随接口的状态变化在路由表中自动变化，当接口的物理层与数据链路层状态正常时，此直连路由会自动出现在路由表中，当路由器检测到此接口坏掉后此条路由会自动消失。

2) 静态路由

系统管理员手动设置的路由称之为静态(static)路由。静态路由一般是在系统安装时就根据网络的配置情况预先设定，不会随未来网络拓扑结构的改变自动改变。其优点是不占用网络、系统资源，安全；其缺点是需网络管理员手工逐条配置，不能自动对网络状态变化做出调整。

在无冗余连接网络中，静态路由可能是路由协议的最佳选择。静态路由是否出现在路由表中取决于下一跳是否可达静态路由。静态路由在路由表中产生方式(Owner)为静态(static)，路由优先级为 1，其 Metric 值为 0。

3) 动态路由

动态路由是与静态路由相对的一个概念，指路由器能够根据路由器之间交换的特定路由信息自动地建立自己的路由表，并且能够根据链路和节点的变化适时地进行自动调整。当网络中节点或节点间的链路发生故障，或存在其他可用路由时，动态路由可以自行选择最佳的可用路由并继续转发报文。

常见的动态路由协议包括：

(1) RIP。路由信息协议(RIP，Routing Information Protocol)是一种内部网关协议(IGP)，该协议主要应用在个人计算机网络中，而且许多其他路由协议的实现都以该协议为基础。RIP 协议所采用的路由表算法为距离矢量路由算法。在该算法中，每个路由器每隔 30 秒将其距离矢量发送给相邻的路由器。各路由器根据距离矢量路由算法，将当前网络环境下最优的路由保存到路由表相对应的表项中。在 RIP 协议中规定，每个路由最大路程段数为 15，即到达目的地的跳数不能超过该值，如果超过则认为该路由所指的目的地是不可到达的。

由于 RIP 协议没有对线路速度进行考虑，所以，在该协议中不允许对度量单位的参数如度量单位中的成本参数进行定义。而对于度量单位中的路程段数参数，该协议中只定义路由的最小路程段数。由于在网络拓扑结构发生变化时，RIP 协议的收敛速度很慢，所以，这种协议只适合作为小型网络的内部网关协议。

在路由信息交换方面，RIP 协议使互联网中的所有路由器都和自己的相邻路由器不断交换路由信息，并不断更新其路由表，使得从每一个路由器到每一个目的网络的路由都是最短的(即跳数最少)。虽然所有的路由器最终都拥有了整个自治系统的全局路由信息，但由于每一个路由器的位置不同，因此它们的路由表也应当是不同的。

RIP 的特点是：

① 用路由信息协议 RIP 是内部网关协议 IGP 中最先得到广泛使用的协议；

② RIP 是一种分布式的基于距离向量的路由选择协议；

③ RIP 协议要求网络中的每一个路由器都要维护从它自身到其他每一个目的网络的距离记录。

(2) OSPF。开放最短路径优先协议(OSPF，Open Shortest Path First)是基于区域实现的，建立在 Dijkstra 算法和链路状态算法基础之上的内部网关动态路由协议。它由 IETF 的内部网关协议工作组提出。

在 OSPF 协议中：每个 OSPF 路由器都维护一个用于跟踪网络状态的链路状态数据库(LSDB)。数据库中的内容是反映路由器状态的各种链路状态通告 LSA，这些状态包括路由器可用接口、已知可达路由和链路状态信息，各 OSPF 路由器都会主动测试所有与之相邻的路由器的状态，并根据测试结果设置相关链路的状态。利用 LSDB，路由器就可以得到一张整个网络拓扑结构的图。为了减少路由器的 LSDB，不同的 LSA 有不同的作用范围，这就使得 OSPF 具有一定的路由层次性。这种路由层次性是用划分区域的方法来实现的。

OSPF 基于 Dijkstra 算法和自治系统中路由器的链路状态进行路由计算。路由器在计算路由表时要借助于 Dijkstra 算法建立起来的最短路径树。路由器把自己作为树根，用该树跟踪系统中到每个目标的最短路径，并依此计算区域内路由；接着，通过查看区域间 LSA 计算到自治系统内部其他区域目的的路由；最后，检查自治系统外部 LSA，计算到自治系统目的的路由。路由表更新通过 LSA 发送给在同一个路由域内的所有其他路由器。

OSPF 的工作过程可以分成两个互相关联的主要部分：“呼叫”协议和“可靠泛洪”机制。“呼叫”协议和“可靠泛洪”机制完成 OSPF 包的交互过程，并最终实现同一个路由域中所有路由器的 LSDB 一致。

与 RIP 等路由协议不同，OSPF 的各类报文都是直接封装在 IP 报文中的，不需要使用传输层协议 TCP、UDP 等。

相对于基于距离算法的路由协议而言，OSPF 的主要特点包括：收敛速度快，支持链路开销的多种度量，支持可变长度子网划分和 CIDR 等。

(3) BGP。BGP(Border Gateway Protocol)是不同自治系统的路由器之间交换路由信息的协议，是一种路径向量路由选择协议。

BGP 协议的路由度量方法主要包括链路是否稳定、速度是否快和可靠性是否高等。

因为 Internet 的规模庞大，自治系统之间的路由选择非常复杂，要寻找最佳路由很不容易实现，而且自治系统之间的路由选择还要考虑一些与政治、经济和安全有关的策略，所以BGP与内部网关协议RIP和OSPF不同，它只是力求寻找一条能够到达目的网络且比较好的路由，而并非要寻找一条最佳路由。

BGP协议的基本功能包括交换网络的可达性信息，建立AS路径列表从而构建出一幅AS和AS间的网络连接图。

一个BGP路由器与其他自治系统中的BGP路由器要交换路由信息，步骤为：

① 建立TCP连接；

② 在此连接上交换BGP报文以建立BGP会话；

③ 利用BGP会话交换路由信息，如增加新的路由、撤销过时的路由及报告出差错情况等。

使用TCP连接交换路由信息的两个BGP路由器，使彼此成为对方的邻站或对等站。每个BGP路由器记录的是使用的确切路由，而不是到某目的地的开销。每个BGP路由器不是定期地向它的邻站提供到每个可能目的地的开销，而是向邻站说明它正在使用的确切路由。BGP路由器互相交换网络可达性的信息(就是要到达某个网络所要经过的一系列自治系统)后，各BGP路由器根据所采用的策略就可从收到的路由信息中找出到达各自治系统的比较好的路由，即构造出对应自治系统的连通图。

(4) IS-IS。IS-IS(中间系统到中间系统，Intermediate System-to-Intermediate System)路由协议最初是ISO(国际标准化组织，the International Organization for Standardization)为CLNP(无连接网络协议，Connection Less Network Protocol)设计的一种动态路由协议。

IS-IS协议是一种内部网关路由协议，它既适用于IP网络，又适用于CLNP网络。IS-IS协议支持两层分层体系，以便在大型网络中管理选路和实现可扩展路由选择。因此，它的稳定性和可扩展性都是比较好的。在IS-IS协议中，将路由器分为Level 1路由器、Level 2路由器和Level 1/2路由器三种。如图1.2.2-2所示，IS-IS将整个路由域分为多个区域，区域之间通过L2(L1/L2)路由器相连接，区域内的所有L1路由器知道整个区域的拓扑结构。只有同一层次的相邻路由器才有可能形成邻接关系，而L1/L2路由器和另外一个L1/L2邻居可能形成双重的邻接关系，即表现为L1和L2两种邻接关系。

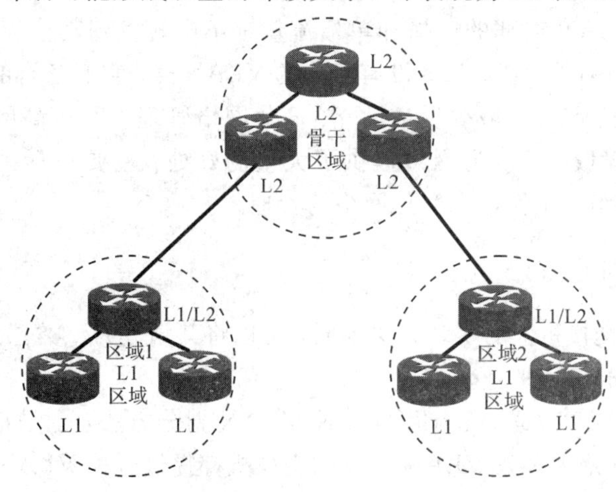

图1.2.2-2　IS-IS结构图

当接口启动 IS－IS 路由选择时，路由器立即发送 Hello 数据包，同时开始监听 Hello 报文，寻找任何连接的邻接体，并与它们形成邻接关系。若 IS－IS 是在 LAN 接口上启动的，那么，路由器启动 DIS 选举进程，根据路由器的优先级和 MAC 地址来决定可否选举为 DIS。邻接关系建立后，链路状态信息开始交换(即 LSP 扩散)。LSP 扩散是在 IS－IS 路由器间交换动态路由选择信息的基础。IS－IS 路由器产生一个 LSP，该 LSP 通过运行 IS－IS 协议的接口又扩散到所有邻接路由器中；同样，这台路由器也接收并处理从其他路由器扩散出来的 LSP。通过 LSP 的扩散，区域内的每台路由器都保存着链路状态数据库，根据链路状态数据库的信息运行 SPF 算法，得到到达目的地的最佳路由。

IS－IS 是运行在数据链路层上的路由协议，通过 Hello 数据包、链路状态数据包(LSP)和序列号数据包(SNP)这三种数据包将本地的路由信息传递出去。Hello 数据包用于建立和维护邻接关系；LSP 包含了由 IS－IS 路由器产生的、描述其周围环境的路由选择信息；SNP 包括完全序列号数据包(CSNP)和部分序列号数据包(PSNP)，它们都是链路状态数据库的摘要信息。CSNP 一般用于协议初始运行时发布完整链路状态数据库，PSNP 一般用于在协议运行期间确认和请求链路状态请求信息。

1.3 VLAN 原理

1.3.1 VLAN 概述

VLAN(Virtual Local Area Network)即虚拟局域网，是一种通过将局域网内的设备逻辑地而不是物理地划分成一个个网段从而实现虚拟工作组的技术。IEEE 802 委员会制定的 VLAN 标准是 IEEE 802.1Q。

VLAN 技术允许网络管理者将一个物理的 LAN 逻辑地划分成不同的广播域(或称虚拟 LAN，VLAN)，每一个 VLAN 都包含一组有着相同需求的计算机工作站，与物理上形成的 LAN 有着相同的属性。但由于它是逻辑上而不是物理上划分，所以同一个 VLAN 内的各个工作站无需被放置在同一个物理空间里，即这些工作站不一定属于同一个物理 LAN 网段。一个 VLAN 内部的广播和单播流量都不会转发到其他 VLAN 中，即使是两台计算机有着同样的网段，但是只要没有相同的 VLAN 号，它们各自的广播流也不会相互转发，从而有助于控制流量、减少设备投资、简化网络管理以及提高网络的安全性。由于 VLAN 可以分离广播域，所以为网络提供了大量的好处，主要包括：提高网络的整体性能，成本效率高，网络安全性好和简化网络的管理。

1.3.2 VLAN 的划分方法

根据 VLAN 在交换机上的实现方法不同，可以将其划分为 4 类。

1. 基于端口划分 VLAN

基于端口划分 VLAN 是最常应用的一种 VLAN 划分方法，也是最为广泛、最有效的 VLAN 划分法，目前绝大多数 VLAN 协议的交换机都提供这种 VLAN 配置方法。该方法根据以太网交换机的交换端口来划分 VLAN，它将 VLAN 交换机上的物理端口和 VLAN 交换机内部的 PVC(永久虚电路)端口分成若干个组，每个组构成一个虚拟网，相当于一个独立的 VLAN 交换机。按端口划分 VLAN 又分为单交换机端口定义 VLAN 和多交换机端口定义 VLAN 两种。

1）单交换机端口定义 VLAN

如图 1.3.2－1 所示，交换机端口 1、5 和 6 组成 VLAN2，端口 2、3 和 4 组成了 VLAN1，这种 VLAN 只支持一个交换机。

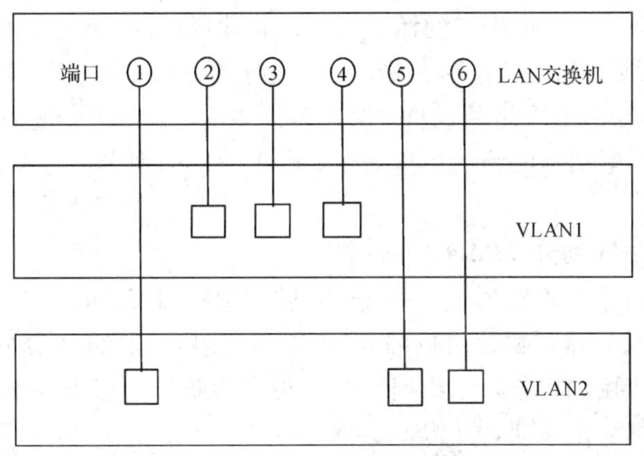

图 1.3.2－1　单交换机端口定义 VLAN

2）多交换机端口定义 VLAN

如图 1.3.2－2 所示，交换机 1 的 1 端口和交换机 2 的 2、3 端口组成 VLAN1，交换机 1 的 2、3 端口和交换机 2 的 1 端口组成 VLAN2。多交换机端口定义的 VLAN 的特点是：一个 VLAN 可以跨多个交换机，而且同一个交换机上的端口可能属于不同的 VLAN。

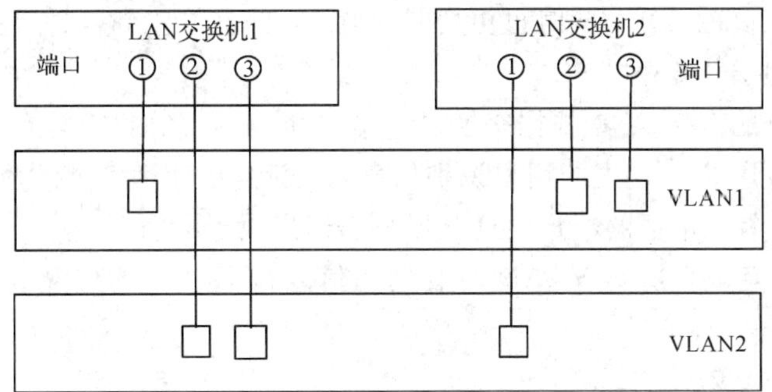

图 1.3.2－2　多交换机端口定义 VLAN

对于不同 VLAN 需要互访时，可通过路由器转发，并配合基于 MAC 地址的端口过滤。对某站点的访问路径上最靠近该站点的交换机、路由交换机或路由器的相应端口上，设定可通过的 MAC 地址集。这样就可以防止非法入侵者从内部盗用 IP 地址从其他可接入点入侵。

基于端口划分的方法的优点是：定义 VLAN 成员时非常简单，只要将所有的端口都定义为相应的 VLAN 组即可；适合于任何大小的网络。它的缺点是如果某用户离开了原来的端口，接入到了一个新的交换机的某个端口，就必须重新定义 VLAN。

2. 基于 MAC 地址划分 VLAN

基于 MAC 地址划分 VLAN 的方法是根据每个主机的 MAC 地址来划分用户属于哪个 VLAN 组。它的实现机制是每一块网卡都对应唯一的 MAC 地址，VLAN 交换机跟踪属于

VLAN MAC 的地址。这种方式的 VLAN 允许网络用户从一个物理位置移动到另一个物理位置时，自动保留其所属 VLAN 的成员身份。

由这种划分的机制可以看出，这种 VLAN 划分方法的最大优点就是当用户物理位置移动时，即从一个交换机换到其他的交换机时，VLAN 不用重新配置，因为它是基于用户而不是基于交换机的端口配置的。这种方法的缺点是初始化时，所有的用户都必须进行配置，如果有几百个甚至上千个用户的话，配置是非常耗时的，所以这种划分方法通常适用于小型局域网。这种划分的方法会导致交换机执行效率的降低，因为在每一个交换机的端口都可能存在很多个 VLAN 组的成员，保存了许多用户的 MAC 地址，查询起来相当不容易。另外，对于使用笔记本电脑的用户来说，由于他们的网卡可能经常更换，这样 VLAN 就必须经常配置。

3. 基于网络层协议划分 VLAN

VLAN 按网络层协议来划分，可分为 IP、IPX、DECnet、AppleTalk、Banyan 等 VLAN 网络。这种按网络层协议组成的 VLAN，可使广播域跨越多个 VLAN 交换机。这对于希望针对具体应用和服务来组织用户的网络管理员来说是非常具有吸引力的。而且，用户可以在网络内部自由移动，但其 VLAN 成员身份仍然保留不变。

基于网络层协议划分 VLAN 的优点是当用户的物理位置改变时，不需要重新配置所属的 VLAN，而且可以根据协议类型来划分 VLAN，这对网络管理者来说很重要。另外，这种方法不需要附加的帧标签来识别 VLAN，可以减少网络的通信量。这种方法的缺点是效率低，因为检查每一个数据包的网络层地址均需要消耗处理时间(相对于前面两种方法)，一般的交换机芯片都可以自动检查网络上数据包的以太网祯头，但要让芯片能检查 IP 帧头，则需要更高的技术，同时也更费时，当然，这也与各个厂商的实现方法有关。

4. 基于用户划分 VLAN

基于用户划分的 VLAN 是根据交换机各端口所连的计算机上当前登录的用户来决定该端口属于哪个 VLAN。这里的用户识别信息，一般是指计算机操作系统登录时使用的用户，也可以是用户事先申请的账户。这些用户名信息属于 OSI 第四层以上的信息。

总的来说，决定端口所属 VLAN 时利用的信息在 OSI 中的层越高，就越适合于构建灵活多变的网络。

1.3.3 VLAN 之间的通信

两台计算机即使连接在同一台交换机上，只要所属的 VLAN 不同就无法直接通信。在 VLAN 内的通信，必须在数据帧头中指定通信目标的 MAC 地址。计算机分属不同的 VLAN 时，收不到彼此的广播报文，因此无法获得对方的地址。一般而言，VLAN 与子网的概念相对应，即将网络按照逻辑划分为多个子网时，一个子网对应一个 VLAN，而网关会为每个 VLAN 生成相应的 VLAN 子接口。当主机想与其他子网内的主机通信时，就会将报文发给网关进行转发，这样就实现了 VLAN 间通信。即 VLAN 间通信必须经过有路由功能的设备。VLAN 之间通信一般采用两种路由策略，即集中式路由和分布式路由。

1. 集中式路由

集中式路由策略是指所有 VLAN 都通过一个中心路由器实现互联。对于同一交换机(一般指二层交换机)上的两个端口，如果它们属于两个不同的 VLAN，则在数据交换时也要通过中心路由器来选择路由。

2. 分布式路由

分布式路由策略是将路由选择功能适当地分布在带有路由功能的交换机上(指三层交换机)，同一交换机上的不同 VLAN 可以直接实现互通。分布式路由的引入可以缓解 VLAN 之间通信流量大时路由器的负载强度。三层交换技术是在网络模型中的第三层实现了数据包的高速转发。三层交换技术的出现解决了局域网中网段划分之后网段中的子网必须依赖路由器进行管理的局面，解决了传统路由器低速、复杂所造成的网络瓶颈问题，为 VLAN 技术的发展和应用创造出更为广阔的空间以及为用户提供更优质、廉价的网络服务。

1.3.4　802.1Q 的帧结构

802.1Q 使用内部标记机制，该机制在源地址(SA)和 Type/Length 字段之间的原始以太网帧中插入 4 字节的标记(VLAN Tag)字段。由于帧已经被修改，所以中继设备要重新计算修改过的帧的帧校验顺序(FCS)。VLAN Tag 字段里包括 TPID、优先级、CFI 和 VID，其中 TPID＝0x8100 表示以太网帧。802.1Q 的帧结构如图 1.3.4－1 所示。

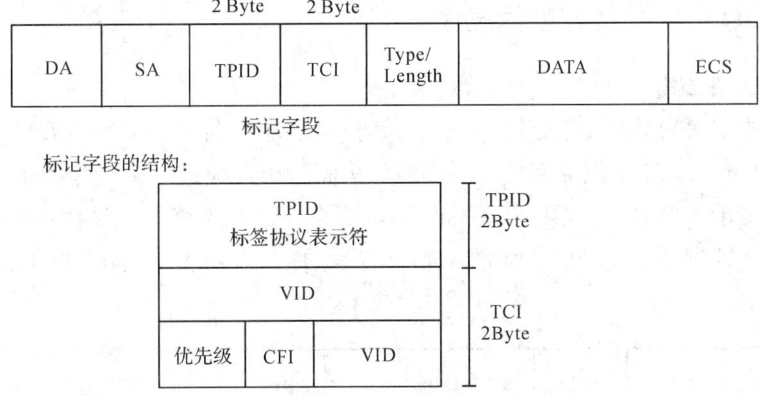

图 1.3.4－1　802.1Q 的帧结构

(1) TPID：标签协议标识，VLAN Tag 中的一个字段，IEEE 802.1Q 协议规定该字段的取值为 0x8100。

(2) 优先级：用 3 个比特标识，取值范围为 0～7，值越大优先级越高。

(3) CFI：指示 MAC 数据域的 MAC 地址是否为规范格式。CFI＝0 表示规范格式，CFI＝1 表示非规范格式。

(4) VID：指示帧属于的 VLAN 标识，占 12 bit，最大可以有 4094 个 VLAN 标识，值为 0 时不表示 VLAN 标识。

1.4　QinQ

1.4.1　QinQ 概述

QinQ(802.1Q－in－802.1Q)协议是基于 IEEE 802.1Q 技术的一种二层隧道协议。由

于在公网中传递的帧有两层 802.1Q Tag(公网 Tag 与私网 Tag)，所以称之为 QinQ 协议。

设备提供的端口 QinQ 是一种简单、灵活的二层 VPN 技术，它通过在运营商网络边缘设备上为用户的私网报文封装外层 VLAN Tag，使报文携带两层 VLAN Tag 穿越运营商的骨干网络(公网)。在公网中，设备只根据外层 VLAN Tag 对报文进行转发，并将报文的源 MAC 地址表项学习到外层 VLAN Tag 所在 VLAN 的 MAC 地址表中，而用户的私网 VLAN Tag 在传输过程中将被当做报文中的数据部分来进行传输。QinQ 特性使得运营商可以用一个 VLAN 为含有多个 VLAN 的用户网络服务。不同用户网络的报文在公网传输时被完全分开，即使两个用户网络的 VLAN 范围存在重叠，在公网传输时也不会产生混淆。

QinQ 特性使网络最多可以提供 4094×4094 个 VLAN，满足城域网对 VLAN 数量的需求，它主要解决了如下几个问题：

(1) 缓解日益紧缺的公网 VLAN ID 资源问题；

(2) 用户可以规划自己的私网 VLAN ID，不会导致和公网 VLAN ID 冲突；

(3) 为小型城域网或企业网提供一种较为简单的二层 VPN 解决方案。

1.4.2 QinQ 的帧结构与工作原理

1. QinQ 帧结构

QinQ 协议是对 802.1Q 协议的扩展，其核心思想是将用户私网 VLAN Tag 封装到公网 VLAN Tag 中，穿越服务商的骨干网络，从而为用户提供一种较为简单的二层 VPN 隧道。QinQ 基于 802.1Q 协议中的 Trunk 端口概念，要求隧道上的设备都必须支持 802.1Q 协议。QinQ 的帧结构在 802.1Q 的帧格式中增加了 4 字节的标记字段，其帧结构如图 1.4.2-1所示。

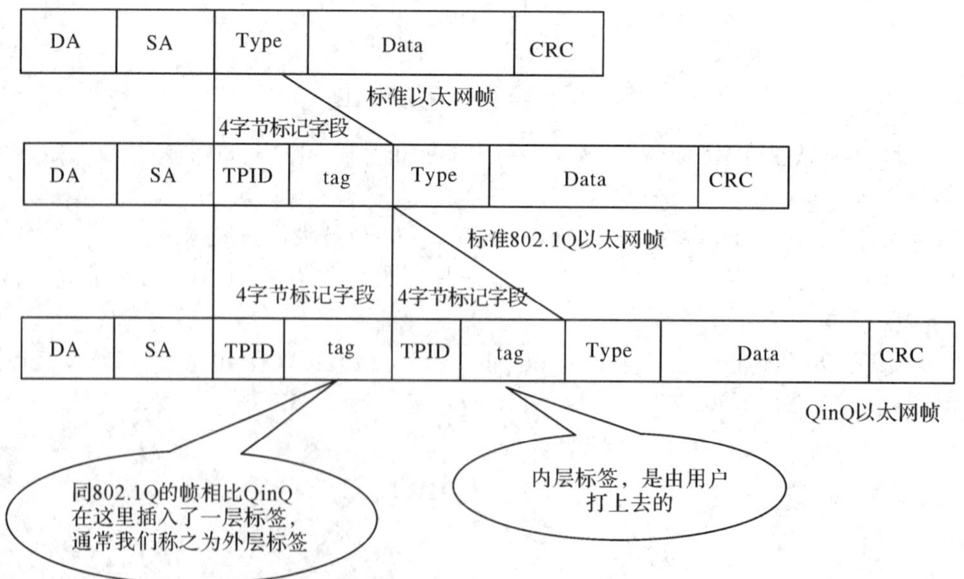

图 1.4.2-1 QinQ 的帧结构

2. QinQ 原理

QinQ 的功能对客户侧的交换机不可见，且运营商的网络对客户是透明的。在公网中，设备只根据外层 VLAN Tag 对报文进行转发，并将报文的源 MAC 地址表项学习到外层 VLAN Tag 所在 VLAN 的 MAC 地址表中，而用户的私网 VLAN Tag 在传输过程中将被当做报文中的数据部分来进行传输。QinQ 使得运营商可以用一个 VLAN 为含有多个 VLAN 的用户网络服务。

3. 端口

支持 QinQ 的端口被称为 Tunnel 端口，Tunnel 端口被配置为属于运营商分配给客户的 VLAN，只在运营商设备上配置，在运营商网络中属于运营商的 VLAN。客户数据(已经有一层客户 VLAN 标签)到达 Tunnel 端口，会打上外层标签，带着双 Tag 按正常二层转发流程转发。客户数据离开 Tunnel 端口，外层标签会被剥离掉，剩下内层客户 VLAN 标签，到达客户侧交换机按正常的 Tag 报文在客户网络中转发。

4. MAC 学习

客户数据到达 Tunnel 端口，其 MAC 地址学习到运营商分配给客户的 VLAN 的 MAC 地址表中；数据到达客户侧，MAC 地址学习到内层客户 VLAN 标签标注的 VLAN 中。

1.4.3　QinQ 实现方式

QinQ 实现方式可分为两种：一种是基于端口的 QinQ，一种是基于流分类的灵活 QinQ。

1. 基于端口的 QinQ

在基于端口的 QinQ 方式中，当设备端口接收到报文时，无论其是否带有 VLAN Tag，交换机都会为该报文打上本端口缺省 VLAN 的 VLAN Tag。这样，如果接收到的是已经带有 VLAN Tag 的报文，则该报文就成为双 Tag 的报文；如果接收到的是不带有 VLAN Tag 的报文，则该报文就成为带有端口缺省 VLAN Tag 的报文。由于基于端口的 QinQ 比较容易实现，所以业界主流厂家的三层交换机都支持此种 QinQ 方式。基于端口的 QinQ 的缺点是外层 Vlan Tag 封装方式死板，不能根据业务种类选择外层 VLAN Tag 封装的方式，从而很难有效支持多业务的灵活运营。

2. 基于流分类的灵活 QinQ

基于流的 QinQ 特性(Selective QinQ)，可灵活根据流分类的结果选择是否添加外层 VLAN Tag 以及添加何种外层 VLAN Tag，如可根据用户 Vlan Tag、MAC 地址、IP 协议、源地址、目的地址、优先级或应用程序的业务等对报文进行外层 VLAN Tag 封装，对多种业务实施不同承载的方案，可细分为：

(1) 根据报文中的 VLAN ID 区间进行 QinQ 封装。当同一用户的不同业务使用不同的 VLAN ID 时，可以根据 VLAN ID 区间进行分流，比如 PC 上网的 VLAN ID 范围是 101～200，IPTV 的 VLAN ID 范围是 201～300，大客户的 VLAN ID 范围是 301～400；面向用户的设备收到用户数据后，根据 VLAN ID 范围，对 PC 上网业务添加 100 的外层标签，对 IPTV 添加 300 的外层标签，对大客户添加 500 的外层标签。

(2) 根据报文中的 VLAN ID+Priority(优先级)进行 QinQ 封装。不同的业务有不同的优先级，当同一用户的多种业务使用相同的 VLAN ID 时，可以根据不同业务的 Priority

进行区分，然后添加不同的外层标签。

(3) 根据目的 IP 进行 QinQ 封装。当同一台 PC 既包括上网业务又包括语音业务时，不同业务的目的 IP 不同，可以利用 ACL 对目的 IP 进行分流，然后添加不同的外层标签。

(4) 根据协议号进行 QinQ 封装。当同一用户既包括 PPPoE 的上网业务又包括 IPoE 的 IPTV 业务时，可以根据协议号进行数据分流，IPoE 的协议号为 0x0800，PPPoE 的协议号为 0x8863/8864。这样，上网业务和 IPTV 业务就会添加不同的外层标签。

1.4.4 QinQ 的组网

某运营商园区接入用户 VLAN 101～300，其中 VLAN101～200 属于普通以太用户接入，交换机 S8500 给它分配使用的公网 VLAN 是 1001。VLAN 201～230 属于 VIP 用户接入，交换机 S8500 给它分配的公网 VLAN 是 1002，这些用户对网络的性能要求高，因此需要通过 QoS 保证 VIP 用户的带宽。

DSLAM 接入的 ADSL 用户是 VLAN 231～300，他们通过 PPPoE 拨号获取 IP 访问 Internet，交换机 S8500 给它分配的公网 VLAN 是 1003。

VLAN 301 是专门用于组播的 VLAN，园区所有用户都是通过 VLAN 301 来收看组播节目的。IPTV 客户端首先在 DHCP 服务器上获取到 IP，然后通过在交换机 S8500 上加入 IGMP 组来收看组播节目。

对于上网用户来说，交换机 S8500 只是在上网用户的报文上增加了一层公网的 Tag 而送交 BRAS 处理，用户在 BRAS 上实现认证鉴权和二层的终结。

QinQ 组网如图 1.4.4-1 所示。

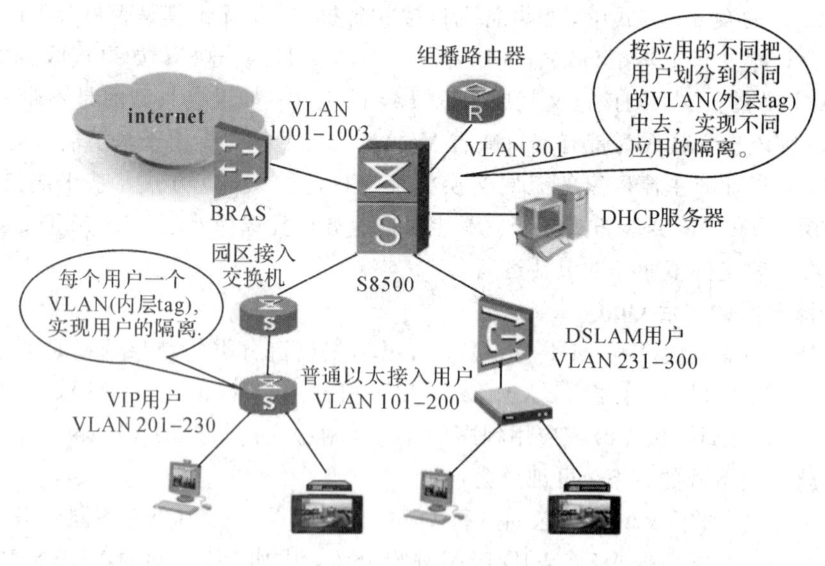

图 1.4.4-1 QinQ 组网

习 题

一、单选题

1. OSI 参考模型按顺序有哪些层？(　　)

A. 应用层、传输层、网络层、物理层

B. 应用层、表示层、会话层、网络层、传输层、数据链路层、物理层

C. 应用层、表示层、会话层、传输层、网络层、数据链路层、物理层

D. 应用层、会话层、传输层、物理层

2. TCP 协议工作于 TCP/IP 协议栈的哪一层？(　　)

A. 应用层　　B. 传输层　　C. 网络层　　D. 数据链路层

3. TCP 和 UDP 协议的相似之处是(　　)。

A. 传输层协议　　B. 面向连接的协议

C. 面向非连接的协议　　D. 以上均不对

4. IP 地址 190.233.27.13/16 的网络部分地址是(　　)。

A.190.0.0.0　　B.190.233.0.0　　C.190.233.27.0　　D.190.233.27.1

5. 保留给自环测试的 IP 地址是(　　)。

A. 164.0.0.0　　B. 130.0.0.0　　C. 200.0.0.0　　D. 127.0.0.0

6. 关于 IPv6 地址的描述中不正确的是(　　)。

A. IPv6 地址为 128 位，解决了地址资源不足的问题

B. IPv6 地址中包容了 IPv4 地址，从而可保证地址向前兼容

C. IPv4 地址存放在 IPv6 地址的高 32 位

D. IPv6 中自环地址为 0：0：0：0：0：0：0：10

7. 把网络 202.112.78.0 划分为多个子网(子网掩码是 255.255.255.192)，则各子网中可用的主机地址总数是(　　)。

A. 254　　B. 252　　C. 64　　D. 62

8. TCP/IP 协议是指(　　)。

A. 文件传输协议/远程登录协议　　B. 邮件传输协议/远程登录协议

C. 传输控制协议/因特网互联协议　　D. 文件传输协议/邮件传输协议

9. (　　)协议用于发现设备的硬件地址。

A. RARP　　B. ARP　　C. IP　　D. ICMP

10. 路由器通过(　　)层进行网络互连。

A. 物理层　　B. 数据链路层　　C. 传输层　　D. 网络层

二、思考题

1. 用图来表示 TCP/IP 协议栈各协议模块之间的关系。

2. QinQ 实现的原理是怎样的？通过何种方式实现？

3. 某主机的主机地址为 192.168.1.160/27，计算出该主机所在子网的网络地址和广播地址。

4. 常见的动态路由协议有哪些？

第 2 章

EPON 系统的关键技术与安全保障

2.1 EPON 的基本原理

EPON(以太无源光网络)是基于以太网的无源光网络技术，它采用点到多点结构、无源光纤传输，在以太网上提供多种业务。EPON 技术由 IEEE802.3 EFM 工作组进行标准化。2004 年 6 月，IEEE802.3 EFM 工作组发布了 EPON 标准——IEEE 802.3ah(在该标准中将以太网和 PON 技术结合，在物理层采用 PON 技术，在数据链路层使用以太网协议，利用 PON 的拓扑结构实现以太网接入)、EPON 综合了 PON 技术和以太网技术的优点：成本低、带宽高、扩展性强、与现有以太网兼容、方便管理等优势。目前 EPON 技术可以提供上下行对称的 1.25 Gb/s 的带宽，并且随着以太网技术的发展可以升级到 10 Gb/s。与其他 PON 技术一样，EPON 技术采用点到多点的用户网络拓扑结构，利用光纤实现数据、语音和视频的全业务接入。PON 由光线路终端(OLT)、光分配网(ODN)和光网络单元(ONU)组成，采用树形拓扑结构。OLT 放置在中心局端，分配和控制信道的连接，并有实时监控、管理及维护功能。ONU 放置在用户端，OLT 与 ONU 之间通过无源光合/分路器连接。无源是指在 OLT(光线路终端)和 ONU(光网络单元)之间的 ODN(光分配网络)没有任何有源电子设备。图 2.1－1 显示了 PON 的组成结构。

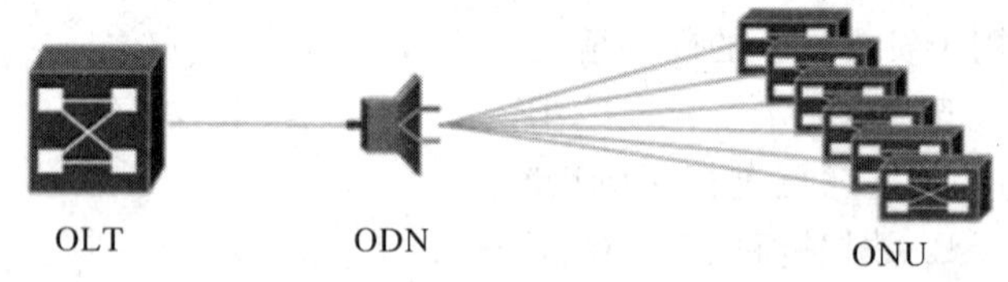

图 2.1－1　PON 组成结构

OLT 设备放在中心机房，ONU 放在用户设备端附近或与其合为一体。ODN 是连接 OLT 和 ONU 的无源设备。OBD(无源光纤分支器)是 ODN 中的一个关键部件，它的功能是分发下行数据并集中上行数据。EPON 中使用单芯光纤，在一根光纤上传送上下行两个波(上行波长：1310 nm，下行波长：1490 nm，另外还可以在这根光纤上下行叠加1550 nm 的波长，来传递模拟电视信号)。

OLT 既是一个交换机或路由器，又是一个多业务提供平台，它提供面向无源光纤网络的光纤接口(PON 接口)。根据以太网向城域网和广域网发展的趋势，OLT 上将提供多个 1 Gb/s和 10 Gb/s 的以太网接口，可以支持 WDM 传输。OLT 还支持 ATM、FR 以及 OC3/12/48/192 等速率的 SONET 的连接。如果需要支持传统的 TDM 话音，普通电话线

(POTS)和其他类型的 TDM 通信(T1/E1)可以被复用连接到出接口，OLT 除了提供网络集中和接入的功能外，还可以针对用户的 QoS/SLA 的不同要求进行带宽分配，网络安全和管理配置。OLT 根据需要可以配置多块 OLC(Optical Line Card)，OLC 与多个 ONU 通过 OBD(无源分光器)连接，OBD 是一个简单设备，它不需要电源，可以置于相对宽松的环境中，一般一个 OBD 的分光比为 8、16、32、64，并可以多级连接，一个 OLT PON 端口下最多可以连接的 ONU 数量与设备密切相关，一般是固定的。在 EPON 中系统，OLT 到 ONU 间的距离最大可达 20 km。

在下行方向，IP 数据、语音、视频等多种业务由位于中心局的 OLT 采用广播方式通过 ODN 中的 1∶N 无源分光器分配到 PON 上的所有 ONU 单元。在上行方向，来自各个 ONU 的多种业务信息互不干扰地通过 ODN 中的 1∶N 无源分光器耦合到同一根光纤，最终送到位于局端 OLT 接收端。

2.2　EPON 的关键技术

2.2.1　EPON 的帧结构

在 EPON 系统中，按照单纤双向全双工的方式传送数据。当 OLT 通过光纤向各 ONU 广播时，为了对各 ONU 区别，保证只有发送请求的 ONU 能收到数据包，802.3ah 标准引入了 LLID。LLID 是一个两字节的字段，每个 ONU 由 OLT 分配一个网内独一无二的 LLID 号，这个号码决定了哪个 ONU 有权接收广播的数据。EPON 只在 IEEE 802.3 的以太网数据帧格式上进行必要的改动，如在以太网帧中加入时戳(Time Stamp)、LLID 等内容。可使 P2MP 网络拓扑对高层表现为多个点对点链路的集合。

1. IEEE 802.3 帧的结构

媒体访问控制子层(MAC)的功能是以太网的核心技术，决定了以太网的主要网络性能。MAC 子层通常又分为帧的封装/解封和媒体访问控制两个功能模块。在讨论该子层的功能时，首先要了解以太网的帧结构，其帧结构如图 2.2.1-1 所示。

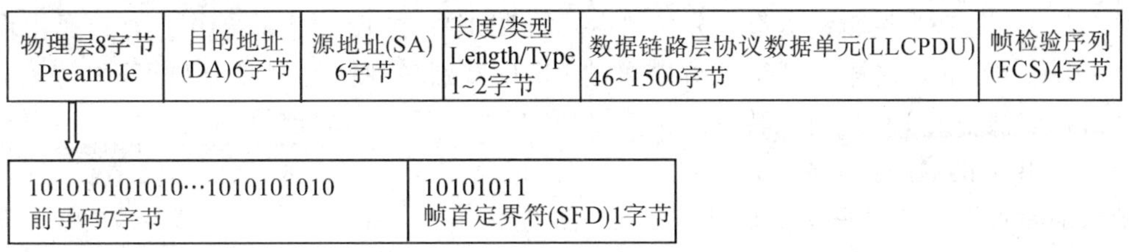

图 2.2.1-1　IEEE 802.3 MAC 帧结构

前导码：包括 7 个字节的二进制“1”、“0”间隔的代码，即 1010…10 共 56 位。当帧在媒体上传输时，接收方就能建立起同步，因为在使用曼彻斯特编码情况下，这种“1”、“0”间隔的传输波形为一个周期性方波。

帧首定界符(SFD)：是长度为 1 个字节的 10101011 二进制序列，此码表示一帧的实际开始，以使接收器对实际帧的第一位定位。

目的地址(DA)：说明帧发送的目的地址，共 6 个字节，可以是单址(代表单个站)、多址(代表一组站)或全地址(代表局域网上的所有站)。当目的地址出现多址时，即代表该帧被一组站同时接收，称为“组播”(Multicast)。当目的地址出现全地址时，即表示该帧被局域网上所有站同时接收，称为“广播”(Broadcast)，通常以 DA 的最高位来判断地址的类型，若最高位为“0”则表示单址，为“1”则表示多址或全地址，全地址时 DA 字段为全“1”代码。

源地址(SA)：说明发送该帧的地址，与 DA 一样占 6 个字节。

长度(L)：共占 2 个字节，表示 LLCPDU 的字节数。

数据链路层协议数据单元(LLCPDU)：范围为 46～1500 字节。最小 LLCPDU 长度为 46 字节，限制 LLCPDU 的最小长度的目的是要求局域网上所有的站点都能检测到该帧，即保证网络工作正常。如果 LLCPDU 小于 46 个字节，则发送站的 MAC 子层会自动填充“0”代码补齐。

帧检验序列(FCS)：处于帧尾，共占 4 个字节，是 32 位冗余检验码(CRC)，检验除前导码、SFD 和 FCS 以外的内容，即从 DA 开始至 DATA 完毕的 CRC 检验结果都反映在 FCS 中。当发送站发出帧时，一边发送，一边逐位进行 CRC 检验，最后形成一个 32 位 CRC 检验和填在帧尾 FCS 位置中一起在媒体上传输。接收站接收后，从 DA 开始同样边接收边逐位进行 CRC 检验。最后接收站形成的检验和若与帧的检验和相同，则表示媒体上传输帧未被破坏；反之，接收站认为帧被破坏，且会通过一定的机制要求发送站重发该帧。

因此，一个帧的长度为 DA＋SA＋L＋LLCPDU＋FCS＝6＋6＋2＋(46～1500)＋4＝64～1518，即当 LLCPDU 为 46 个字节时，帧最小，此时帧长为 64 字节；当 LLCPDU 为 1500 字节时，帧最大，此时帧长为 1518 字节。

2. LLID 和 EPON 的帧结构

EPON 系统使用多点控制协议(MPCP，Multi－Point Control Protocol)中的 REPORT 和 GATE 控制消息在 PON 中进行请求和发送授权。接收 GATE 消息并反馈 REPORT 消息的实体为逻辑链路，用逻辑链路标识符(LLID，Logical Link Identifier)来表示。

逻辑链路标志(LLID)是 EPON 系统分配给通过 MPCP 协议建立起来的逻辑链接的一种数字标志，每一个逻辑链接都会分配到不同的 LLID。在 EPON 系统中，LLID 是由网管通过 OLT 分配的。这样，OLT 就可以通过 LLID 辨别各种帧是由哪个 ONU 发来的，或者通过修改帧中的 LLID 将帧转发到相应的 ONU 处，于是，就能够建立起 OLT 到 ONU、ONU 到 OLT 的通路，完成 OLT 与 ONU 之间以及 ONU 与 ONU 之间的通信。LLID 位于帧的前导码中，占 2 字节，共 16 位，其中第 0～7 位为端口号，第 8～14 位为 ONU ID，第 15 位为 SCB(Singal Copy Broadcast)位(单拷贝广播信道)，用于高效传输下行视频广播或组播业务。需要说明的是，LLID 只是用于辨别链路，并不能代替虚拟局域网(VLAN)，当帧到达端口后，就会去掉该帧的 LLID，并进入 MAC 层，所以 MAC 层是看不到 LLID 的。

EPON 的帧结构基于 802.3 帧的格式，所以在结构上与 802.3 帧相比并没有大的区别，主要是在前导码中新增 LLID，用于在 OLT 上标识 ONU，EPON 帧结构如图 2.2.1－2 所示，其中 0×55 在 EPON 的帧结构中作为保留字节。

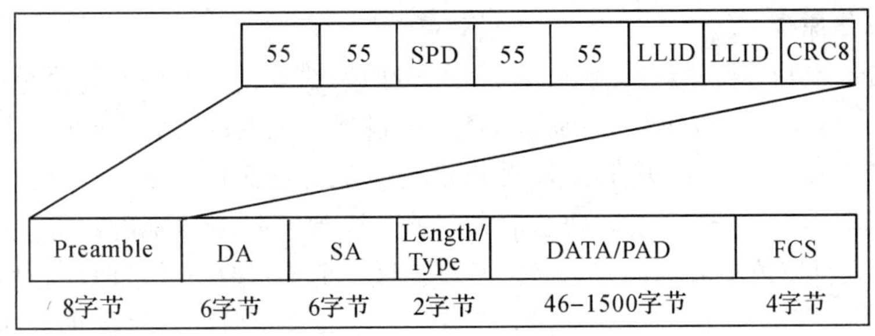

图 2.2.1 - 2　EPON 帧结构

2.2.2　EPON 的上下行原理

EPON 系统采用 WDM(波分复用)技术，实现单芯双向传输(下行 1490 nm，上行 1310 nm)。下行方向的光信号被广播到所有 ONU，然后通过过滤机制，ONU 仅接收属于自己的数据帧。上行方向通过 TDMA(时分多址)方式进行业务传输，ONU 根据 OLT 发送的带宽授权发送上行业务。

1. 下行工作原理

数据从 OLT 到多个 ONU 以广播式下行(时分复用技术 TDM)方式传输，当 OLT 启动后，它会周期性的在本端口上广播允许接入的时隙等信息。ONU 上电后根据 OLT 广播的允许接入信息主动发起注册请求，OLT 通过对 ONU 的认证允许 ONU 接入。根据 IEEE 802.3ah 协议，每一个数据帧的帧头包含前面注册时分配的、特定 ONU 的逻辑链路标识(LLID)，替代以太网前导符的最后两个字节。LLID 标识表明本数据帧是给所有 ONU(ONU1、ONU2、ONU3…ONUn)中的唯一一个 ONU。另外，部分数据帧可以给所有的 ONU(广播式)或者一组特殊的 ONU(组播)，在图 2.2.2 - 1 的组网结构下，在分光器处，流量分成独立的三组信号，每一组载到所有 ONU 的信号。当数据信号到达 ONU 时，ONU 根据 LLID 在物理层上做出判断，接收符合自己的 LLID 的数据帧或者广播帧，摒弃那些给其他 ONU 的数据帧。

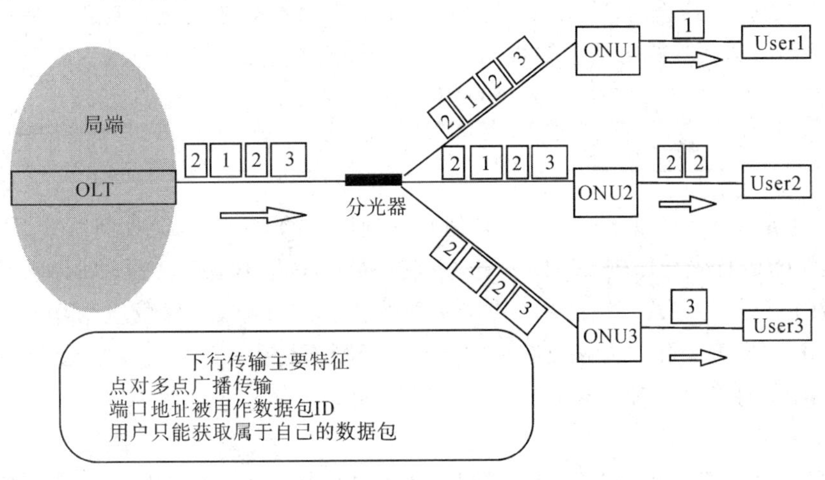

图 2.2.2 - 1　下行传输原理

2. 上行工作原理

上行传输采用时分多址接入技术(TDMA)分时隙给 ONU 传输上行流量，其原理如图 2.2.2-2 所示。当 ONU 在注册成功后，OLT 会根据系统的配置，给 ONU 分配特定的带宽，(采用动态带宽调整时，OLT 会根据指定的带宽分配策略和各个 ONU 的状态报告，动态的给每一个 ONU 分配带宽，动态带宽调整的详细说明见后面章节)。带宽对于 PON 层面来说，就是可以传输数据的基本时隙长度，每一个基本时隙单位时间长度为16 ns。在一个 OLT 端口(PON 端口)下，所有的 ONU 与 OLT PON 端口之间的时钟是严格同步的，每一个 ONU 只能够在 OLT 给电分配的时刻上面开始，用分配给它的时隙长度传输数据。通过时隙分配和时延补偿，可以确保多个 ONU 的数据信号耦合到一根光纤时，各个 ONU 的上行包不会互相干扰。

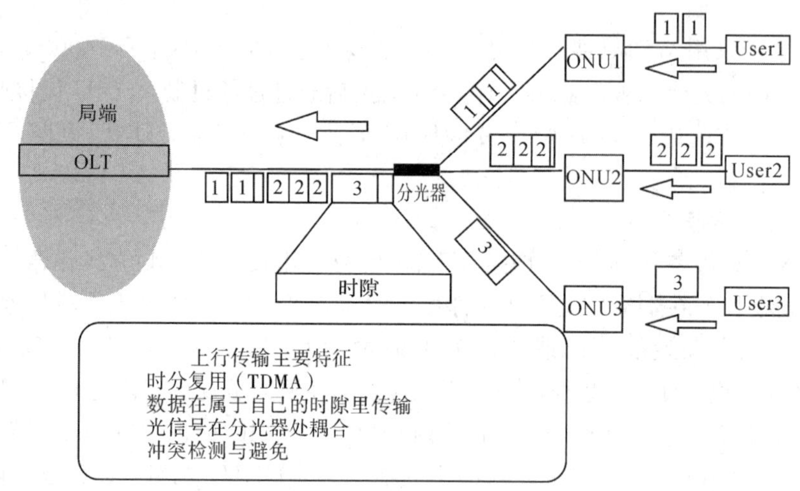

图 2.2.2-2　上行传输原理

上行方向的 ONU 不能直接接收到其他 ONU 上行的信号，所以 ONU 之间的通信都必须通过 OLT，通过 OLT 可以设置允许和禁止 ONU 之间的通信，在 OLT 缺省状态下 ONU 之间的通信是禁止的，所以上行方向的安全方面不存在问题。对于下行方向，由于 EPON 网络下行采用广播方式传输数据，因此可从几个方面保障信息的安全：

(1) 在所有的 ONU 接入时，系统可以对其进行认证。认证信息可以是 ONU 的一个唯一标识(如 MAC 地址或预先写入 ONU 一个序列号)，只有通过认证的 ONU，系统才允许其接入。

(2) 对于给特定 ONU 的数据帧，其他在物理层上的 ONU 也会收到该数据帧，在收到数据帧后，ONU 首先会比较 LLID(位于数据帧的头部)是不是自己的，如果不是就直接丢弃，因此数据不会上二层，这是在芯片层实现的功能。对于 ONU 的上层用户，如果想窃听其他 ONU 的信息，除非去修改芯片的实现，否则不会获取到不属于自己 ONU 的信息。

(3) 加密，对于每一对 ONU 与 OLT 之间，可以启用 128 位的 AES 加密。各个 ONU 的密钥是不同的。

(4) VLAN 隔离，即通过 VLAN 方式，将不同的用户群或者不同的业务限制在不同的 VLAN，保障相互之间的信息隔离。

2.2.3　EPON 的物理层

EPON 物理层通过 GMII 接口与 RS 层相连，担负着为 MAC 层传送可靠数据的责任。物理层的主要功能包括：将数据编成合适的线路码；完成数据的前向纠错；将数据通过光电、电光转换完成数据的收发。整个 EPON 物理层由如下几个子层构成：物理编码(PCS)子层、前向纠错(FEC)子层、物理媒体附属(PMA)子层及物理媒体依赖(PMD)子层。

EPON 物理层同千兆以太网的物理层相比，唯一不同的是 EPON 的物理层多了一个前向纠错(FEC)子层，而其他各层的名称、功能、顺序没有太大的变化。FEC 子层完成前向纠错的功能。FEC 子层是一个可选的子层，它位于 PCS 子层和 PMA 子层中间。它的存在可以使我们在选择激光器、分光器的分路比、接入网的最大传输距离时有更大的自由。从宏观上讲，除了 FEC 子层和 PMD 子层以外，EPON 物理层的各子层基本上可以同千兆以太网兼容。

1. PCS 子层

PCS 子层位于物理层的最上层。PCS 子层上接 GMⅡ 接口下接 PMA 子层，其实现的主要技术为 8 B/10 B，10 B/8 B 编码变换。由于十位的数据能有效地减小直流分量，便于接收端的时钟提取，降低误码率，因此 PCS 子层需要把从 GMⅡ 口接收到的八位并行的数据转换成十位并行的数据输出。这个高速的 8 B/10 B 编码器的工作频率是 125 MHz，它的编码原理基于 5 B/6 B 和 3 B/4 B 两种编码变换。PCS 子层的主要功能模块为：

(1) 发送过程：从 RS 层通过 GMⅡ 口发往 PCS 子层的数据经过发送模块的处理(主要是 8B/10B)。根据 GMⅡ 发来的信号连续不断地产生编码后的数据流，经 PMA 子层的数据请求原语把他们立即发往 PMA 子层服务接口。输入的并行八位数据变为并行的十位数据发往 PMA 子层。

(2) 自动协商过程：设置标识通知 PCS 子层发送过程发送的是空闲码、数据、还是重新配置链路。

(3) 同步过程：PCS 子层同步过程经 PMA 数据单元指示原语连续接收码流，并经同步数据单元指示原语把码流发往 PCS 子层接收过程。PCS 子层同步过程设置同步状态标志，指示从 PMA 子层发送来的数据是否可靠。

(4) 接收过程：从 PMA 子层经过同步数据单元指示原语连续接收码流。PCS 子层接收过程监督这些码流并且产生给 GMII 的数据信号，同时产生供载波监听和发送过程使用的内部标识、接收信号、监测包间空闲码。PCS 子层的发送、接收过程在自动协商的指示下完成数据收发、空闲信号的收发和链路配置功能。具体数据的收发满足 RD 平衡规则。在链路上传输的数据除了 256 个数据码之外，还有 12 个特殊的码组作为有效的命令码组出现。

在 EPON 系统中，按照单纤双向全双工的方式传送数据。当 OLT 通过光纤向各 ONU 广播时，为了对各 ONU 区别，LLID 会保证只有发送请求的 ONU 能收到数据包，该字段占据了原千兆以太网 802.3z 中前导码(preamble)部分两个字节的空间，同 802.3z 标准相比 SPD(或称 SLD，LLID 定界符，在 EPON 中为 0xD5)的位置也滞后了。对于在 EPON 中新增的 LLID，可以把它当作数据发送出去，而不用对 PCS 子层作什么变动。但是对于 EPON 中 SPD 位置的这种变化，必须给以足够的重视。普通的千兆网技术发送状态根据 EVEN 或 ODD 的指示选择第一个或第二个字节用/S/来替代，也就是说 SPD 的位置可以是变化的。而在 EPON 的 PCS 技术中，SPD 的位置是固定的，此时要准确地把前导码的第三个字节用/S/来替代，否则 ONU 会收不到正确的以太网包。这是因为 SPD 在整个八字节的前导码中有固定的位置，它起着指示 LLID 和 CRC 位置的作用。如果它不能出现在以太网包头中的第三个字节的话，我们就不能够得到正确的 LLID 值。没有正确的 LLID，处于等待状态的 ONU 就得不到想要的数据。

在各 ONU 向 OLT 突发发送数据的时候，得到授权的 ONU 在规定时隙里发送数据包，没有得到授权的 ONU 处于休息状态。这种在上行时不是连续发送数据的通信模式叫突发通信。在 OLT 侧，PCS 子层的发送和接收都处于连续的工作模式；而在 ONU 侧的 PCS 子层接收方向是连续接收 OLT 侧来的广播数据，而在发送方向，却是在断断续续地工作。因此 EPON 的 PCS 子层不仅要能像普通的千兆 PCS 子层一样在连续的数据流状态下能正常工作，而且在面对突发发送和突发接收时也要保持稳定。其中，OLT 侧的突发同步和突发接收是实现 EPON 系统 PCS 子层技术的关键。

2. FEC 子层

FEC 子层位于 PCS 子层和 PMA 子层之间，是 EPON 物理层中的可选部分。它的主要功能如下：

(1) 发送：FEC 子层接收从 PCS 子层发过来的包，先进行 10 B/8 B 的编码变换，然后执行 FEC 的编码的算法，用校验字节取代一部分扩展的包间间隔，最后再把整个包经过 8 B/10 B 编码并把数据发给 PMA 子层。

(2) 字节对齐：FEC 子层接收从 PMA 子层的信号，对齐帧。当选择 FEC 子层的时候，PMA 子层的字节对齐就被禁止。

(3) 接收：把经字节对齐之后的数据进行 RS 译码、插入空闲码后发送数据到 PCS 层。

对于 EPON 系统而言，使用 FEC 技术的具体优点可以概括如下：

(1) 可减小激光器发射功率预算，减少功耗，增加光信号的最大传输距离。能有效地减小误码率，满足高性能光纤通信系统的要求，可使误码率从纠错前的 10^{-4} 降至纠错后的 10^{-12}。

(2) 大分路比的分光器的衰减很大，但配合 FEC 技术使用后，能在同样的接入距离内，支持更多的接入用户。

(3) FEC 技术使我们可以选择使用价格低廉的 FP 激光器作为光源，大幅降低成本，减小在光模块方面的开销。

FEC 技术一些不足之处主要有：会增加开销，增加系统的复杂性，使有效传输速率减小。但总的看来，它为系统带来的好处远大于它给系统带来的不便，是一个很好的选择方案。此外 EPON 中所使用的光器件均为无源光器件，因此信号的传输距离有限，在一些接入距离较大的地方，FEC 技术尤其重要。

3. PMA 子层

EPON 的 PMA 子层技术同千兆以太网 PMA 层技术相比没有什么变化，其主要功能是完成串并、并串转换，时钟恢复并提供环回测试功能，它同相邻子层的接口是 TBI 接口。

4. PMD 子层

EPON 的 PMD 子层的功能是完成光电、电光转换，按 1.25 Gbps 的速率发送或接收数据。802.3ah 要求传输链路全部采用光无源器件，光网络能支持单纤双向全双工传输。上下行的激光器分别工作在 1310 nm 和 1490 nm 窗口；光信号的传输要做到当光分路比较小的时候，最大传输 20 km 无中继。

按所处位置的不同，光模块又可以分为局端和远端两种。对于远端的光模块而言，接收机处于连续工作状态，而发送机则工作于突发模式，只有在特定的时间段里激光器才处于打开状态，在剩下的时间段里，激光器并不发送数据。由于激光器发送数据的速率是 1.25 Gbps，因此要求激光器的开关的速度要足够快。同时要求在激光器处于关闭状态时，要使从 PMA 子层发送过来的信号全部为低，以确保不工作的 ONU 激光器的输出总功率叠加不会对正在工作的激光器的信号造成畸变影响。

2.2.4　MPCP 协议

1. MPCP 的 OLT、ONU 控制机制

MPCP 在 OLT 和 ONU 之间规定了一种控制机制——MPCP 来协调数据的有效发送和接收，系统运行过程中上行方向在一个时刻只允许一个 ONU 发送，位于 OLT 的高层负责处理发送的定时、不同 ONU 的拥塞报告，从而优化 PON 系统内部的带宽分配。MPCP 子层的核心技术点主要包括：① 上行信道采用定长时隙的 TDMA 方式，但时隙的分配由 OLT 实施；② 对于 ONU 发出的以太网帧不作分割，而是组合，即每个时隙可以包含若干个 802.3 帧，组合方式由 ONU 依据 QoS 决定；③ 上行信道必须有动态带宽分配(DBA)功能支持即插即用、服务等级协议(SLA)和 QoS。

2. MPCP 的 GATE 操作模式

MPCP 有两种 GATE 操作模式：初始化模式和普通模式。初始化模式用来检测新连接的 ONU，测量环路延时和 ONU 的 MAC 地址；普通模式给所有已经初始化的 ONU 分配传输带宽。

3. MPCP 帧格式

MPCP 帧格式如图 2.2.4－1 所示。

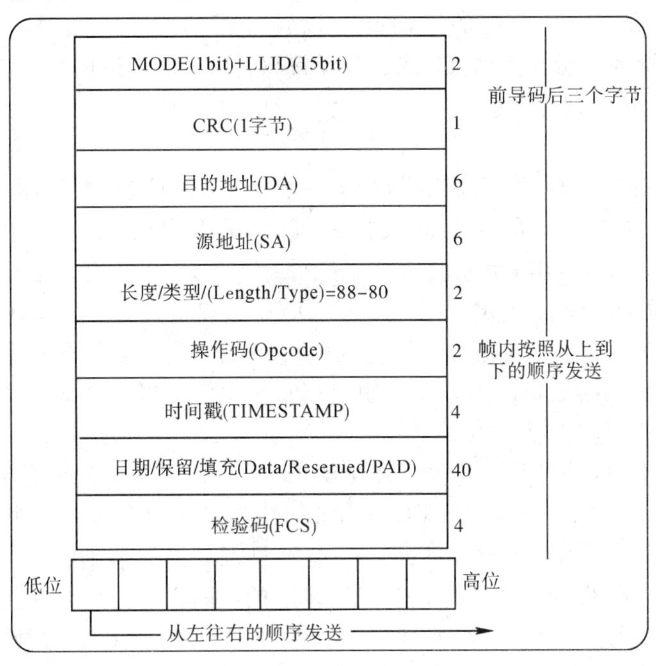

图 2.2.4－1　MPCP 帧格式

(1) MODE：标记是 P2P 模式还是 Broadcast 模式。

(2) LLID：逻辑链路标识，max num＝32767。

(3) 目的地址(DA)：占 6 个字节，除 REGISTER 报文外所有的 MPCPDU 都使用一个共同的多播 MAC 目的地址，其值为：01－80－C2－00－00－01，REGISTER 报文使用 ONU 的实际 MAC 地址。目的地址的类型域值为 8808。

(4) 源地址(SA)：在 OLT 中，对应一个 GMII 接口有多个 MAC 实例，因此不同的 MAC 发出的数据都必须携带其对应的 SA。

(5) 长度/类型(Length/Type)：MPCPDU 都进行类型编码，并承载 MAC_Control 阈值。

(6) 操作码(Opcode)：区分 MAC 控制帧类型。0001 为 PAUSE 帧，0002 为 GATE 帧，0003 为 REPORT 帧，0004 为 REGISTER_REQ 帧，0005 为 REGISTER 帧，0006 为 REGISTER_ACK 帧。

(7) 时间戳(TIMESTAMP)：时标，用于同步 OLT 与 ONU 的 MPCP CLOCK，其参考点为 DA 的首字节。

(8) 日期/保留/填充(Data/Reserved/PAD)：用于传输特定的 MPCP 功能，不用时置 0，并在接受时忽略。

(9) 校验码(FCS)：为帧校验序列，一般由下层 MAC 产生。

4. 五种类型的 MPCP 帧

1) GATE

GATE 消息是从 OLT 发送给 ONU，用于给 ONU 授权以使其能在授权窗口内发送 Discovery 消息和正常的数据。一个 GATE 消息中可以包括最多 4 个授权(Grant)。当 GATE 消息仅用于保持 OLT 和 ONU 之间的联系时，Grant 的数目也可以为 0。GATE 消息例如：注册开窗授权。注册开窗是带宽授权帧的一种，由 OLT 发送给未注册的 ONU，Opcode 为 0x0002，其中包含目的 MAC 地址、源 MAC 地址、时间标签、未注册 ONU 的 LLID(系统默认为全零)、开窗的起始时间以及开窗的大小等信息。带宽授权帧中的 Discovery位置 1 即为注册开窗授权，注册开窗授权每 1 s 以广播的形式发送一次，所有未注册的 ONU 都能接收到此信息。

2) REPORT

REPORT 消息是从 ONU 发送给 OLT，一般用于 ONU 向 OLT 报告 ONU 的本地情况(如缓冲区的填充长度，即缓存的数据量等)，用来帮助 OLT 作出带宽分配决策，Opcode 为 0x0003。REPORT消息的功能还包括：每个 REPORT 消息中的时间标签用于环路时延(RTT)的测量；在 REPORT 消息中 ONU 可以报告每个 802.1Q 的优先级队列需要的上行带宽数量；REPORT 消息可用于保持 ONU 和 OLT 之间的联系；ONU 定期上报 REPORT 消息来保持链路，此外，OLT 也可以特别要求上报一个 REPORT 消息。

3) REGISTER_REQ

REGISTER_REQ 消息是从 ONU 发送给 OLT，用于新加入或重新加入的 ONU 向 OLT 发送注册请求。REGISTER_REQ 发出时 ONU 还没有分配到一个唯一的 LLID，因此 ONU 使用广播的 LLID。REGISTER_REQ 消息例如注册请求帧。注册请求帧是未注册的 ONU 收到 OLT 发来的注册开窗授权后发送的 MAC 控制帧，Opcode 为 0x0004，其中包含目的 MAC 地址、源 MAC 地址、未注册 ONU 的 LLID、时间标签、OLT CPU MAC 地址、OLT PON ID、ONU ID、ONU 类型和 ONU PON ID 等信息。

4) REGISTER

REGISTER 消息是从 OLT 发送给 ONU，用于 OLT 回应新加入或重新加入的 ONU 发出的注册请求。所有未完成注册的 ONU 都能接收 REGISTER 消息，此时 ONU 使用一个广播的 LLID。REGISTER 消息例如：注册帧。注册帧是 OLT 在收到未注册的 ONU 发来的注册请求帧后发送给该 ONU 的 MAC 控制帧，Opcode 为 0x0005，其中包含目的 MAC 地址、源 MAC 地址、时间标签、Flag 字节和分配给该 ONU 的 LLID 等信息。

5) REGISTER_ACK

REGISTER_ACK 消息是从 ONU 发送给 OLT，用于新注册 ONU 对 OLT 发来的注册消息的确认。REGISTER_ACK 使用 ONU 已分到的单播 LLID 标记。REGISTER_ACK 消息例如：注册确认帧。注册确认帧是未注册的 ONU 在收到 OLT 发来的注册帧后发送给 OLT 的，Opcode 为 0x0006，其中包含目的 MAC 地址、源 MAC 地址、时间标签、Flag 字节和该 ONU 的 LLID 等信息。

2.2.5　ONU 的自动注册

ONU 自动注册流程如图 2.2.5－1 所示。

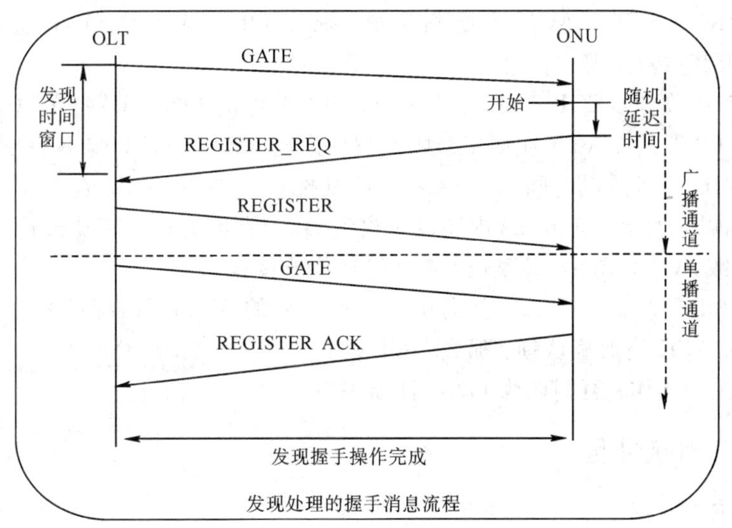

图 2.2.5－1　ONU 自动注册流程

ONU 自动注册具体流程包括：

(1) 在 OLT 侧有一个全局的计数器，OLT 每隔 1 s 向系统各个 ONU 发送 GATE 注册授权帧，发送目的地址为广播 LLID(全零)的注册授权，并根据系统内距离最远的 ONU，确定开窗大小(例如：10 km 为 150 μs，20 km 为 250 μs，30 km 为 350 μs)。注册授权的发送是否被激活由网管决定，当网管允许新 ONU 加入时，向 OLT 发出使能信息，OLT 收到网管发出的使能信息后周期性地发送注册授权，该周期内的剩余带宽将由在线的 ONU 平均分配。OLT 发送注册开窗后，等待 ONU 的应答，一旦发现有 ONU 应答则自动运行 ONU 加入的各个步骤；如果没有应答，那么 1 s 后重新发送注册授权。当 OLT 收到网管的停止加入的信息后，就停止发送注册授权。

(2) OLT 根据本地计数器在下行方向插入时钟标签，当新的 ONU 收到 GATE 注册授权后，ONU 根据收到的时钟标签修正本地计数器，并在开窗分配的时间内向 OLT 发送

REGISTER REQ 注册请求帧，并等待接收 OLT 发送的 REGISTER 注册帧。如果 ONU 在发送 REGISTER REQ 注册请求帧后 100 ms(系统可配置)内还没有收到 OLT 发出的 REGISTER 注册帧，则认为注册冲突，自动延迟一定时间(1～8 s，系统可配置)后，等待 OLT 新的注册授权开窗。

(3) OLT 接收到 ONU 发出的 REGISTER_REQ 注册请求帧后，由系统软件为该 ONU 分配 ONU ID，然后以广播 LLID 向该 ONU 发送 REGISTER 注册帧，目的 MAC 地址指向该 ONU。需要考虑的是，当有多个 ONU 正好同时需要加入系统时，自动加入流程应如何处理。此时可能有多个 ONU 收到 OLT 发出的 GATE 注册授权帧，并都在开窗给定的时间内向 OLT 发送 REGISTER REQ 注册请求帧。当 OLT 在同一个注册开窗内收到多个 ONU 的没有混叠的 REGISTER REQ 注册请求帧时，OLT 不作任何处理。只有 OLT 在同一个注册开窗内只收到唯一一个 REGISTER REQ 注册请求帧时，OLT 才对此 REGISTER REQ 注册请求帧进行处理。

(4) OLT 在发送 REGISTER 注册帧后，继续发送 GATE 注册确认帧授权(带宽授权)，并等待该 ONU 发出的 REGISTER ACK 注册确认帧，该授权在 OLT 认为 ONU 注册失败前始终有效。如果 OLT 在发出 GATE 注册确认帧授权后 50 ms 内没有收到该 ONU 发出的 REGISTER ACK 注册确认帧，那么 OLT 认为该 ONU 注册失败，向该 ONU 发送要求其重新注册的信息。

(5) 新 ONU 收到 REGISTER 注册帧后，用新分配的 ONU ID 覆盖原来的 ONU ID，同时等待收到 OLT 的 GATE 注册确认帧授权后发送 REGISTER ACK 注册确认帧，通知 OLT 新 ONU ID 刷新成功，同时等待最小带宽授权。如果 ONU 在发送了 REGISTER ACK 注册确认帧，如果在 100 ms 内还没有收到 OLT 发出的最小带宽授权，那么 ONU 认为自己注册失败，ONU ID 自动复位，重新等待注册授权。

(6) 如果 OLT 在发送 GATE 注册确认帧授权后的 50 ms(系统可配置)内收到 ONU 的 REGISTER ACK 注册确认帧，那么 OLT 认为该 ONU 刷新 ONU ID 完成，该 ONU 注册成功，完成握手操作；否则认为 ONU 注册失败。

2.2.6 测距和时延补偿

1. 测距的原因

EPON 的上行信道采用 TDMA 方式，一般各 ONU 与 OLT 之间的物理距离不一样，系统规定 ONU 到 OLT 之间的最远距离为 20 km，最近距离为 0 km。这种距离差异导致时延不同，另外由于各 ONU 元器件的不一致性以及环境温度的变化和器件老化，环路延时也会发生不断的变化。由于各 ONU 的数据帧延时不同，如果没有足够的时间间隙，来自不同 ONU 的数据可能会引起数据冲突。对于冲突信息，OLT 将无法进行判断和提取，因此导致大量的误码和不同步，造成系统不能正常工作。EPON 系统为了避免数据冲突，提出了两种方案：随机延迟时间法和随机跳过开窗法。采用随机延迟时间的方法可以缩短 ONU 加入系统的时间，但是需要增大注册开窗的长度，这会降低系统的带宽利用率。采用随机跳过开窗的方法比采用随机延迟时间的方法时延要大，但是不需增大注册开窗，不会影响系统的带宽利用率。

2. 测距的概念

要使整个系统达到同步，必须有一个共同的参考时钟，在 EPON 中以 OLT 时钟为参考时钟，各个 ONU 时钟须和 OLT 时钟同步。OLT 周期性的广播发送同步信息(sync)给各个 ONU，使其调整自己的时钟。EPON 同步的要求是在某一 ONU 的时刻 T(ONU 时钟)发送的信息比特，OLT 必须在时刻 T(OLT 时钟)接收。在 EPON 中由于各个 ONU 到 OLT 的距离不同，所以传输时延各不相同，所以要达到系统同步，ONU 的时钟必须比 OLT 的时钟提前 UD(上行传输时延)，也就是如果 OLT 在时刻 0 发送数据，ONU 必须在时刻 RTT(往返传输时延)接收。

RTT＝DD(下行传输时延)＋UD(上行传输时延)要将数据传递给 ONU 时获得 RTT 的过程即为测距(ranging)。具体来说，测距就是测量 ONU 到 OLT 的物理距离，然后把每个 ONU 都调整到与 OLT 有相同逻辑距离处的过程。

3. 测距的要求

测距的要求包括：

(1) 补偿因 ONU 距离不同而产生的时延差异，即 RTT(Round Trip Time)；

(2) 在注册过程中，ONU 对新加入的 ONU 启动测距过程；

(3) OLT 使用 RTT 来调整每个 ONU 的授权时间；

(4) OLT 也可以在任何收到 MPCP DU 时启动测距功能。

测距包括静态测距和动态测距，前者主要用在新的 ONU 安装调试阶段、停机的 ONU 重新投入运行时，以补偿各 ONU 与 OLT 之间的光纤长度和器件特性不同引起的时延差异；后者主要应用于系统运行过程中，补偿由于温度、光电器件老化等因素对时延特性的影响，及时调整各个 ONU 上行时隙的到达相位。

4. 测距和时延补偿

OLT 向 ONU 发送测距允许消息，消息中指明 ONU 的上行应答的时隙；ONU 在指定的上行时隙中用测距 PLOAM 信元应答；OLT 计算往返时延，并与理想时延比较，计算出差值，发送一个测距时间给 ONU；ONU 根据测距时间调整均衡时延。EPON 测距和时延补偿示意如图 2.2.6－1 所示。

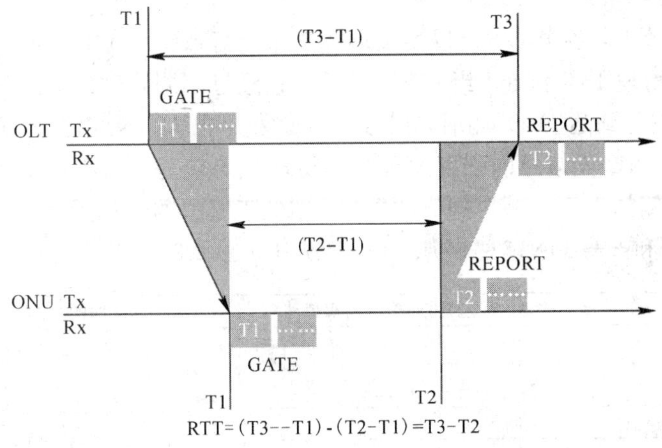

图 2.2.6－1　EPON 测距和时延补偿示意

OLT 在 T1 时刻通过下行信道广播时隙同步信号和空闲时隙标记。已启动的 ONU 在 T1 时刻监测到一个空闲时隙标记时，将本地计时器重置为 T1，然后在时刻 T2 回送一个包含 ONU 参数的(地址、服务等级等)在线响应数据帧，此时，数据帧中的本地时间戳为

T2；OLT 在 T3 时刻接收到该响应帧。通过该响应帧 OLT 不但能获得 ONU 的参数，还能计算出 OLT 与 ONU 之间的信道延时 RTT=(T3−T1)−(T2−T1)=T3−T2。之后，OLT 便依据 DBA 协议为 ONU 分配带宽，在 OLT 侧进行时延补偿，发送给 ONU 的授权反映出由于 RTT 补偿的到达时间。

2.2.7 突发发射技术

1. ONU 光模块突发发送

光发送方式包括连续发送光与突发发送光两种，连续发送光与突发发送光的比较如图 2.2.7-1 所示。

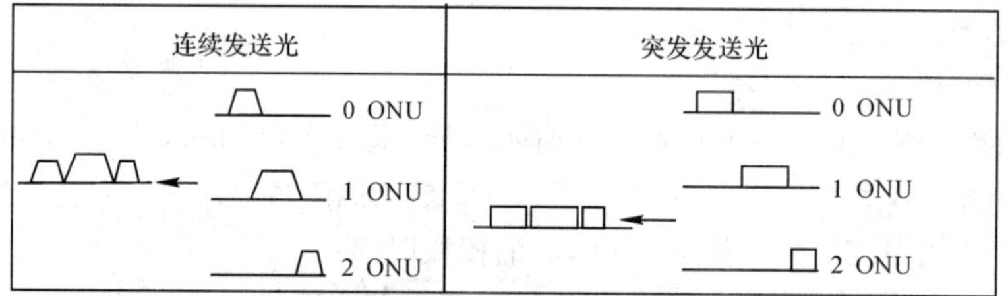

图 2.2.7-1 连续发送光与突发发送光的比较

EPON 采用点对多点(P2MP)的特殊结构和时分多址(TDMA)的接入方式，这决定了 ONU 发送工作机制为突发发送机制。当 ONU 发送数据时，打开激光器，发送数据；当 ONU 不发送数据时，为了避免对其他 ONU 的上行数据造成干扰，必须完全关闭激光器。这样，ONU 上的激光器会不断地快速(纳秒级别)打开和关闭，这就需要 ONU 具备快速的和突发性的发光技术，同时还需要 OLT 对每个 ONU 的上行发送时间进行控制。

2. OLT 光模块突发接收

OLT 光模块需要使用突发技术快速的调整 OLT 的接收阈值，才能正确的判断上行信号，避免误判。

1) OLT 误判的原因

在 EPON 系统中，各个 ONU 以突发形式发送上行数据到 OLT 侧。由于不同用户的 ONU 到 OLT 的物理距离不同。当 ONU 的数据包经过不同物理距离的线路传输后，信号会发生衰减。数据包到达 OLT 侧时，信号幅度会发生很大的变化。在极限情况下，物理距离最近的 0 号 ONU 光信号的强度远远高于物理距离较远 1 号 ONU 和 2 号 ONU 的光信号强度。OLT 侧如果只有一个阀值的数据，则低于阀值的数据无法被识别，因此必然会导致 OLT 对 1 号和 2 号 ONU 的误判。OLT 误判如图 2.2.7-2 所示。

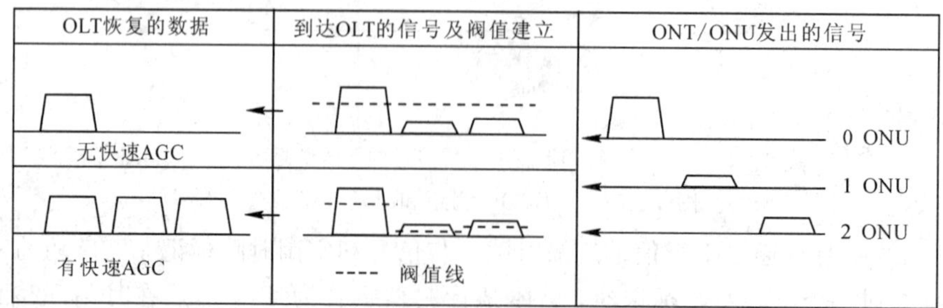

图 2.2.7-2 OLT 误判

2）解决误判的方法

不同 ONU 上行的光功率差异较大，若 OLT 不能快速调整，则会发生误判。为了使得 OLT 可以准确判决不产生误判，OLT 接收必须具备快速增益控制功能，即使 OLT 可以依据 ONU 测距信息快速调节判决门限正确恢复数据，又称为突发接收功能。OLT 光模块突发接收需支持快速自动增益控制(Automatic Gain Control)功能。为了正确恢复原有数据，必须根据每个 ONU 的信号强度实时调整接收机的判决门限，根据 ONU 上行的实际功率调整阈值，准确判断上行信号。

3）突发模式接收机的技术

现有的突发模式接收机分为直流耦合模式和交流耦合模式。

直流耦合模式的基本思想是依据其接收的突发信号，通过测量其光功率而作出相应的调节，直流耦合接收机在整个信元时间内动态调整判决电平。

交流耦合模式的基本思想是接收到的高速数据流被看做是高频信号，前后量数据流之间的平均功率变化可以认为是低频信号，因此，只需要增加高通滤波器滤除低频信号就可以完成判决门限的恢复。采用交流耦合方式的系统相对于直流耦合方式会多付出 1.5 dB 的灵敏度代价。

2.2.8　动态带宽分配

1. 带宽分配的方式

带宽分配方案可分为静态带宽分配和动态带宽分配。

静态带宽分配方式的原理是 OLT 周期性地为每个 ONU 分配固定的时隙作为上行发送窗口。其优点是实现简单，但存在带宽利用率低、带宽分配不灵活以及对于突发性业务适应能力差等缺点。

动态带宽分配(DBA，Dynamic Bandwidth Allocation)是 OLT 根据 ONU 的实时带宽请求获取各 ONU 的流量信息，通过特定的算法为 ONU 动态分配上行带宽，保证各 ONU 上行数据帧互不冲突。DBA 具有带宽效率高、公平性好、能够满足 QoS 要求的优点。上行 DBA 算法支持的分配带宽类型包括固定带宽、保证带宽及尽力而为带宽。

2. 采用 DBA 技术的原因

MPCP 为 OLT 上传带宽提供了一种控制机制，但它没有强行规定上行带宽应该如何进行分配。最简单的方法是给每个 ONU 分配固定的上行带宽，而无需理会每个 ONU 对带宽的需求情况。但此种方法会导致资源利用效率下降，也可能会降低用户的满意度。

通过带宽动态调节提升 PON 端口的上行线路带宽利用率，在网络空闲时，用户可以享受到更高带宽的服务，特别是那些对带宽突变比较大的业务，如宽带上网业务。

3. DBA 工作过程

EPON 系统 DBA 的实现基于两种 MPCP 帧：GATE 消息和 REPORT 消息。EPON 系统的 DBA 一般采用轮询方式，其工作过程如图 2.2.8－1 所示。ONU 利用 REPORT 帧向 OLT 汇报其上行队列的状态，向 OLT 发送带宽请求。OLT 根据与该 ONU 签署的服务等级协议(SLA)和该 ONU 的带宽请求，利用特定的算法计算并给该 ONU 发布上行带宽授权(Grant)，以动态控制每个 ONU 的上行带宽。

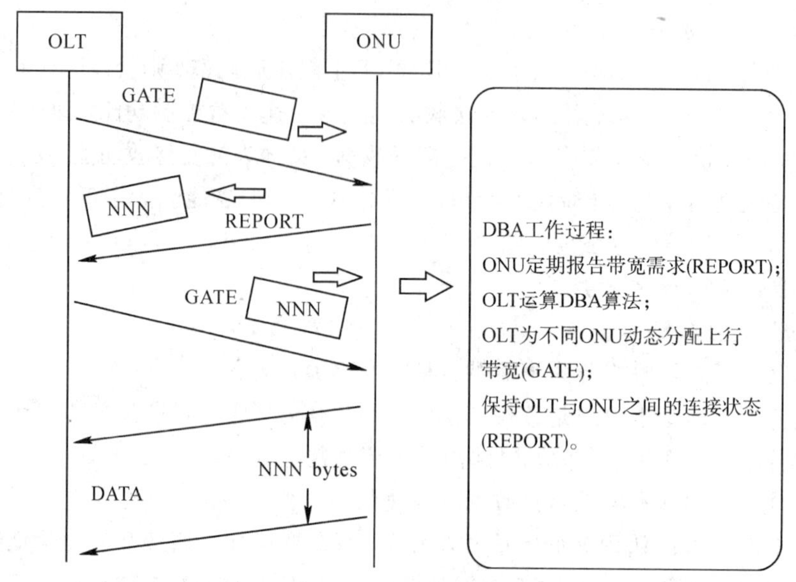

图 2.2.8－1　DBA 过程

DBA 采用集中控制方式：所有 ONU 发送上行信息都要向 OLT 申请带宽，OLT 根据 ONU 的请求按照一定的算法给予带宽(时隙)占用授权，然后 ONU 根据分配的时隙发送信息。其分配准许算法的基本思想是：各 ONU 利用上行可分割时隙反应信元到达时间分布并请求带宽，OLT 根据各 ONU 的请求公平合理地分配带宽，并同时考虑处理超载、信道有误码及有信元丢失等情况。

4. DBA 支持的三种分配带宽类型

DBA 可支持的三种分配带宽类型包括：

(1) 固定带宽：固定带宽是完全预留给特定 ONU 或者 ONU 的特定业务的，即使在 ONU 没有上行固定带宽业务流的情况下，OLT 仍然为该 ONU 发送对应于该固定带宽的授权，这部分带宽也不能为其他 ONU 所使用。固定带宽主要用于有 TDM 业务的 ONU (或者 LLID)，以确保该业务较小的传输时延。固定带宽一般由 OLT 以较小的沦陷周期和较高的授权频率给 ONU 发送固定数量的授权实现。

(2) 保证带宽：保证带宽是保证 ONU 可获得的带宽，由 OLT 根据 ONU 的 REPORT 信息进行授权。当 ONU 的实际业务流量未达到保证带宽时，OLT 的 DBA 机制能够将其剩余带宽分配给其他 ONU 的业务。如果 ONU 上行业务流量超过保证带宽，即使系统上行方向发生流量拥塞，也能保证该 ONU 获得至少等于“保证带宽”的带宽。

(3) 尽力而为带宽：当 EPON 接口上的带宽没有被其他高优先级的业务占用时，ONU 可以使用的这部分带宽。尽力而为带宽由 OLT 根据 PON 系统中全部在线 ONU 的 REPORT信息以及 PON 接口上的带宽占用情况为 ONU 分配授权，系统不保证该 ONU 或者 ONU 的特定业务获得带宽的数量。尽力而为带宽属于优先级最低的业务类型。注意，即使系统上行带宽剩余，一个 ONU 获得的尽力而为带宽也不应超过所设定的值。

以上三种带宽分配算法都是在满足 ONU 的保证带宽的前提下，充分利用系统的剩余带宽，保证重要用户能够得到更多的带宽，满足不同 ONU 对带宽的不同需求，既保证每个 ONU 得到所配置带宽，又使得系统剩余带宽可以分配给带宽要求高的用户，提高带宽使用的灵活性。

2.3　EPON 技术与其他 PON 技术的比较

PON 技术主要有三种类型：APON(BPON)、EPON 和 GPON，它们的最大不同在于数据链路层协议。数据链路层协议规定了上层数据信号的承接方式。前面主要对 EPON 技术作了详细的介绍，下面主要对 APON 与 GPON 技术作简要介绍并比较这三种 PON 技术的特点。

2.3.1　APON 技术

1. APON 的发展

APON 已经于 20 世纪 90 年代中期开发完成。在网络层面，APON 采用 ATM 协议进行组网，ITU 标准组织已经将其标准化，并在 G.983 协议中给出了详细规定，但是 APON 存在复杂性高和数据传输效率低等问题。APON 技术的核心部分采用 ATM 技术，利用 ATM 的集中和统计复用特性提供从窄带到宽带等各种业务，不仅支持可变速率业务，也支持时延要求较小的业务，具有支持多业务多比特率的能力。APON 速率为对称速率(155.52 Mb/s)和非对称速率(下行 622.08 Mb/s，上行 155.52 Mb/s)，传输距离最大为 20 km，支持的光分路比在 32～64 之间。APON 技术具备综合业务接入、QoS 服务质量保证等独有的特点；与有源光接入网和铜缆接入网相比，APON 技术结构简单、可靠和易维护，能提供相对高速的接入速率；且由于标准化时间较早，APON 技术已有成熟商用化产品等优点。APON 技术存在利用 ATM 信元造成的传输效率较低、带宽受限、系统相对复杂、价格较贵和需要进行协议之间的转换等缺点。

2. APON 的系统结构

典型的 APON 系统的网络拓扑结构为星形结构，由局侧的 OLT、用户侧的 ONU 以及 ODN 组成。作为点到多点的典型应用，APON 更适合于进行系统的升级和扩容，同时加上光分配网的灵活性，使得系统可以支持更多的拓扑结构，如树形、总线形等。凭借这一点，在实际中，针对用户的分散和对于业务阶段性实施的需求，运营商可以通过 APON 系统一步到位，既满足广大用户对于网络服务的要求，又避免了重复投资和重复施工。APON 系统灵活的拓扑结构体现了设备在扩容和升级方面的灵活性。

3. APON 的关键技术

实现 APON 的关键技术有多址和接入控制技术(在使用 TDMA 上行接入时包括测距、带宽分配等)、突发信号的发送和接收技术、快速比特同步技术以及安全保密等方面的技术。

APON 的工作原理为：OLT 将到达各个 ONU 的下行业务组装成帧，以广播的方式发送到下行信道上，各个 ONU 收到所有的下行信元后，根据信元头信息从中取出属于自己的信元；在上行方向上，由 OLT 轮询各个 ONU，得到 ONU 的上行带宽要求，OLT 合理分配带宽后，以上行授权的形式允许 ONU 发送上行信元，即只有收到有效上行授权的 ONU 才有权利在上行帧中占有指定的时隙。

目前使用的 APON 系统主要是窄带 APON，由窄带 APON 升级到宽带的 APON，终端设备和控制协议都需要进行大幅度的改动，传输速率的提高对物理层设备和媒质访问控制(MAC)协议也都有新的要求。只要宽带 APON 的成本可以控制在目前窄带 APON 的 1.5 倍以下就是可以接受的。虽然宽带 APON 的技术细节还需要在其实际的发展和使用中继续研究和完善，但 ITU - T 在 APON 实用系统出现之前就确定了 G.983 建议，对 APON 进行了规范，因此 APON 进入实用的步伐将会更加顺利。

2.3.2 GPON 技术

1. GPON 的发展

GPON(千兆无源光网络，Gigabit - Capable Passive Optical Network)技术是无源光网络(PON)家族中一个重要的技术分支，其他类似技术包括 APON/BPON 和 EPON 技术等。GPON 提供了前所未有的高带宽，下行速率高达 2.5 Gb/s，其非对称特性更能适应宽带数据业务市场，是当前最受关注的光接入技术之一。PON 的概念最早由 FSAN(Full Service Access Network，全业务接入网联盟)在 2001 年提出，在此之前，FSAN/ITU 还提出并标准化了 APON/BPON 技术(ITU - T G.983.x 系列标准)，IEEE 也已经开始 EPON 技术的标准化工作并很快于 2003 年正式发布 IEEE 802.3ah，这标志着 EPON 技术标准化工作的完成。FSAN/ITU 推出 GPON 技术的最大原因是由于网络 IP 化进程加速和 ATM 技术的逐步萎缩导致之前基于 ATM 技术的 APON/BPON 技术在商用化和实用化方面严重受阻，迫切需要一种高传输速率、适宜 IP 业务承载同时具有综合业务接入能力的光接入技术出现。在这样的背景下，FSAN/ITU 以 APON 标准为基本框架，重新设计了新的物理层传输速率和 TC 层，推出了新的 GPON 技术和标准。

2. GPON 的系统结构

和其他 PON 技术类似，GPON 也是一种采用点到多点拓扑结构的无源光接入技术，由局端的 OLT、用户端的 ONU 以及 ODN 组成。“无源”是指 ODN 中不含有任何有源电子器件及电子电源，全部由光纤和光分/合路器(Splitter)等无源光器件组成，没有昂贵的有源电子设备。GPON 系统的 ONU/ONT(ONT 是用于 FTTH 并具有用户端口功能的 ONU)可放置在交接箱、楼宇/分线盒、公司/办公室和家庭等不同的位置，形成 FTTCab(光纤到交接箱)、FTTB/C(光纤到楼/分线盒)、FTTO(光纤到办公室)和 FTTH(光纤到家庭用户)等不同的网络结构。

3. GPON 的关键技术

GPON 支持的分支比最高可达到 1∶128。GPON 的传输机制和 EPON 完全相同，都是采用单纤双向传输机制，在同一根光纤上，使用 WDM 技术，用不同波长传输上下行数据。在同一根光纤上，GPON 可使用波分复用(WDM)技术实现信号的双向传输。根据实际需要，还可以在传统的树形拓扑的基础上采用相应的 PON 保护结构来提高网络的生存性。

1) 协议栈

GPON 系统的协议栈主要由物理媒质相关(PMD)层和 GPON 传输汇聚(GTC)层组成。GTC 层包括两个子层：GTC 成帧子层和 TC 适配子层。GTC 层可分为两种封装模式：ATM 模式和 GEM 模式，目前 GPON 设备基本都采用 GEM 模式。GEM 模式的 GTC 层可为其客户层提供 3 种类型的接口：ATM 客户接口、GEM 客户接口和 ONT 管理和控制接口(OMCI)。

2）PMD 层

GPON 的 PMD 层对应于 OLT 和 ONU 之间的光传输接口(也称为 PON 接口)，其具体参数值决定了 GPON 系统的最大传输距离和最大分路比。OLT 和 ONU 的发送光功率、接收机灵敏度等关键参数主要根据系统支持的 ODN 类型来进行划分。根据允许衰减范围的不同，ODN 类型主要分为 A、B、C 三大类，结合目前实际应用需求和光收发模块的实际能力工业界还定义了 B＋类，扩展了 GPON 系统支持的最大分路比。

3）GTC 层

GTC 层(也称为 TC 层)是 GPON 的核心层，主要完成上行业务流的媒质接入控制和 ONU 注册这两个关键功能。GTC 层包括两个子层：GTC 成帧子层和 TC 适配子层。

(1) GTC 成帧子层。GTC 成帧子层包括 3 个功能：

① 复用和解复用。PLOAM 和 GEM 部分根据帧头指示的边界信息复用到下行 TC 帧中，并可以根据帧头指示从上行 TC 帧中提取出 PLOAM 和 GEM 部分。

② 帧头生成和解码。下行帧的 TC 帧头按照格式要求生成，上行帧的帧头会被解码。此外还要完成嵌入式 OAM。

③ 基于 Alloc - ID 的内部路由功能。基于 Alloc - ID 的内部标识为来自/送往 GEMTC 适配器的数据进行路由。

(2) TC 适配子层。适配子层提供了 3 个 TC 适配器，即 ATM TC 适配器、GEM TC 适配器和 OMCI 适配器。ATM/GEM TC 适配器生成来自 GTC 成帧子层各 ATM/GEM 块的 PDU，并将这些 PDU 映射到相应的块。

(3) 动态带宽分配(DBA)与业务 QoS 管理。GTC 系统根据 T - CONT 管理业务流，每个 T - CONT 由 Alloc - ID 标识。一个 T - CONT 可包含一个或多个 GEM Port - ID。OLT 监控每个 T - CONT 的流量负载，并调整带宽分配来更好地分配 PON 带宽资源。PON 带宽资源的分配分为动态或静态两种方式，在动态资源分配方式中，OLT 通过检查来自 ONU 的 DBA 报告，或通过输入业务流的自监测，来了解拥塞情况，然后分配足够的资源。在静态资源分配方式中，OLT 根据配置信息为业务流预留固定带宽。

DBA 功能可提供各种不同的 QoS。GPONTC 层规定了 5 种 T - CONT(Type1，2，3，4，5)，DBA 功能在各 T - CONT 中实现。GEM 模式中，GEM 连接由 GEM - Port 标识，并根据 QoS 要求由一种 T - CONT 类型承载。DBA 功能分为下面几个部分：OLT 和/或 ONU 检测拥塞状态；向 OLT 报告拥塞状态；OLT 根据提供的参数更新带宽分配；OLT 根据更新的带宽分配 T - CONT 类型发送授权；发送 DBA 操作管理信息。

4）OMCI

OLT 通过 OMCI(ONT 管理控制接口)来控制 ONT。协议允许 OLT 进行下列动作：建立和释放与 ONT 之间的连接；管理 ONT 上的 UNI；请求配置信息和性能统计；向系统管理员自动上报事件，如链路故障等。

OMCI 协议在 OLT 控制器和 ONT 控制器之间的 GEM 连接上运行，该连接在 ONT 初始化时建立。OMCI 协议是异步的：OLT 上的控制器是“主”，ONT 上的控制器是“从”。一个 OLT 控制器通过在不同的控制信道上使用多个协议实例来控制多个 ONT。

OMCI 在以下几个方面对 ONT 进行管理：

(1) 配置管理：提供了控制、识别、从 ONT 收集数据和向 ONT 提供数据的功能。

(2) 故障管理：支持有限的故障管理功能，大多数操作仅限于进行故障指示。

(3) 性能管理：主要是性能监控。

(4) 安全管理：使能或去使能下行加密功能、全光纤保护倒换能力管理。

5) ONU 激活注册

在 ONU 正常工作前必须完成激活注册过程。

GPON 协议基于 ONU 的序列号来识别和配置 ONU，有些运营商会通过运维系统根据 ONU 的序列号对其进行预配置，这时通常采用直接激活 ONU 的方式。而在其他情况下，不能提前获知 ONU 的序列号，因此 OLT 需要具有自动发现 ONU 的机制。激活 ONU 的事件有 3 个：

(1) 网络运营商在得知新的 ONU 连接到网络后，通过运维系统启动激活过程。

(2) 当有 ONU 从工作状态丢失时，OLT 就自动启动激活过程，查询频率可由运维系统设定。

(3) OLT 周期发起激活过程，查询频率可由运维系统设定。

ONU 的激活过程包括：OLT 和 ONU 之间协商工作参数，测量 OLT 和 ONU 之间的逻辑距离及建立上下行通信通道。对 OLT 和 ONU 之间逻辑距离的测量即测距。GPON 采用带内方式对在线系统中的 ONU 进行测距。对新加入到系统中的 ONU 进行测距时，已工作的 ONU 应暂停发送信号，以打开一个测距窗口。该窗口的大小与新加入系统的 ONU 的距离有关，如果能预先知道新加入系统的 ONU 的距离则可以减小测距窗口。ONU 的激活过程由 OLT 控制，其激活过程大致如下：ONU 通过 Upstream_Overhead 消息接收工作参数；ONU 根据接收到的工作参数调整自己的参数(如：发送光功率)；OLT 通过 Serial_NumberAcquisition 流程发现新 ONU 的序列号，并给所有新 ONU 分配 ONU-ID；OLT 测量新 ONU 的均衡时延传送给 ONU，ONU 根据均衡时延调整其上行帧的发送起始点。以上激活过程是通过交互上下行标记(flag)以及 PLOAM 消息来完成的。在正常工作状态下，所有传输信号都可以被用来监测信号到达的相位。通过监测传输信号的相位，可以更新均衡时延。

ONU 注册由自动发现流程完成。ONU 注册有两种方式："配置 S/N"方式即通过管理系统(如 NMS 和/或 EMS)在 OLT 注册 ONU 序列号和"发现 S/N"方式即不通过管理系统(如 NMS 和/或 EMS)在 OLT 注册 ONU 序列号。

2.3.3 三种 PON 技术的比较

1. 关于协议与效率的比较

在与 IP 网络连接时，APON 需要进行 ATM 协议和 IP/Ethernet 协议之间的转换；EPON 由于采用和 IP/Ethernet 一样的以太网协议，不需要进行协议转换。如果要支持其他的协议，APON 与 EPON 都要进行相应协议的"转换"，而 GPON 则是进行相应协议的"透明传输"。所以，GPON 的开销少，带宽利用率/效率自然就比 APON 和 EPON 的高。APON 采用 ATM 信元传输，由于"信元税"，内部开销较大，传输效率低。对于 EPON，采用 8 B/10 B 编码作为线路码，这本身就引入了 20%的带宽损失，而其业务适配的开销大(包括适配以太网业务)，适配业务的效率只有 60% ～ 70%，再加上其他效率的损失，EPON 的总体效率只有 49%，FSAN 组织称之为"EPON 税"。与 EPON 不同的是，

APON 和 GPON 系统都采用扰码作为线路码，这与 SONET 或 SDH 网络的线路编码机制一致，不涉及带宽的额外消耗。FSAN 组织认为 GPON 的综合效率比 EPON 高出 40%以上，即使 APON 也比 EPON 高出 20%。

2. 关于业务支持的比较

话音至今仍是运营商的主要收入来源，因此对话音业务的较好支持对运营商来讲是很重要的，特别是运营商已经拥有庞大的 TDM 网络，所以更加希望能够实现一个平台上的综合接入，其物理层可以为 SDH/OTN 或其他同步通道。EPON 采用单一的基于以太网的帧结构，缺少支持除以太网外的任何业务的能力，当处理话音/TDM 时会产生 QoS 问题。APON 能够提供较好的 QoS。GPON 由于采用 GFP，能将任何类型和任何速率的业务(Ethernet、TDM、ATM 等)进行原有格式封装后经由 PON 传输。

3. 关于管理能力的比较

APON 能提供丰富完备的 OAM 功能，但带宽有限、数据传送效率低、系统复杂、价格昂贵以及扩展性差。EPON 是由设备商发起推动的技术，该技术更多考虑的是生产厂家的方案，而没有征求运营商的意见，因此缺少许多用户看重和要求的功能，比如完善的 OAM 功能、保护能力等。而 GPON 技术是由运营商推动的，因此 GPON 技术更能反映运营商的要求。GPON 物理层的带外控制通道采用 G.983 中 PLOAM 规定的操作、维护、管理功能，具有较为丰富的业务管理和带宽管理能力。

4. 关于灵活性和可规划性的比较

目前，APON 的上行和下行数据速率都可达到 155 Mb/s，非对称应用下行方向的数据速率可达到 622 Mb/s，用户的接入速率可以从 64 kb/s 到 155 Mb/s 间灵活分配，传输距离为 20 km。EPON 支持一种速率，即上下行对称的 1.25 Gb/s。GPON 可以支持622 Mb/s、1.25 Gb/s和 2.5 Gb/s 上下行对称速率及 2.5 Gb/s 和 1.25 Gb/s 非对称速率，适应未来的 FTTH 宽带市场。

5. 关于成本的比较

事实上，系统成本的主要部分是由光接口产生的，与 PON 使用的协议无关，而其余元件主要是 A-SIC 或 FPGA 电路，对不同的 PON 来说系统本身的成本都差不多。但如果要支持其他的业务，情况则不尽相同，例如 EPON 要作为 E1 接口或 APON 要作为 E1、IP 接口时就必定要增加外部适配设备，将导致相应的附加成本。

对三种 PON 技术的详细比较如表 2.3.3-1 所示。

表 2.3.3-1　三种 PON 技术的详细比较

项目	APON	EPON	GPON
传输层使用的协议	ATM	IP/Ethernet	ATM/GEM
下行复用技术	TDM	TDM	TDM
上行复用技术	TDMA	TMDA	TDMA
数据业务承载方式	AAL5	Ethernet	GEM
提供的语音业务	AAL5、VoIP、AAL2	VoIP	VoIP
提供的视频业务	WDM、IPTV/AAL5	WDM、IPTV	WDM、IPTV

续表

项目	APON	EPON	GPON
提供的 TDM 业务	AAL1	未标准化	GEM
下行线路速率(Mb/s)	155/622	1250	2488/1244
上行线路速率(Mb/s)	155/622	1250	155/622/1244/2488
最大传输距离	20	10、20	20
最大分路比	64	32/64	128
上行可靠带宽(MB)	500(在上行速率为622 Mb/s 的情况下)	760～860	1100(在上行速率为 1.244 Gb/s 的情况下)
线路编码	NRZ	8 B/10 B	NRZ
优点	1. 支持语音视频等实时业务；2. 服务质量和服务等级保证；3. 完善的操作和管理系统	1. 以太网成熟、设备成本低；2. 灵活支持基于 IP 的综合业务和多种服务质量管理；3. 设备价格低、通用性好	1. 承载快速以太网和 T1/E1 电路，不需要额外的开销，也不会增加复杂性；2. 支持 VLAN 交换和其他新的以太网业务；3. 综合业务支持能力强，尤其是对 TDM 业务的支持与继承
缺点	1. 宽带扩展受限；2. 未规定视频业务的标准，不能使不同厂家的网卡互通；3. 效率低、技术复杂、成本高，不适合向所有用户推广应用	1. QoS 问题和流量控制问题待解决，尤其是针对数据 E1 业务的需求；2. 无法传输高质量保证的实时业务；3. 缺乏电信级的网络和业务管理	1. 成本比 EPON 相比较高；2. 在仅承载以太网业务时优势不明显
成本	高	低	较高
标准状况	ITU - TG.983.x，已完善	IEEE 802.3 ah，已基本制定完成	ITU - UG.984.x，基本完善
升级容易程度	困难	一般	一般
技术成熟度	成熟	成熟	成熟

综上所述，APON、EPON 和 GPON 各有其优、缺点。

APON 最成熟，但业务提供能力有限、性价比低，无法满足长远的发展，仅满足某些特定区域的人的需求，不建议大力发展。

EPON/GEPON 简单、高速、成本低、用户面广，技术相对 GPON 较成熟，是中近期可以大力发展的无源技术。

GPON 透明传输、高速高效，是一种电信级服务，成本相对高，商业化程度低，呈现发展的趋势，是中远期大力发展的无源技术。GPON 的市场定位与 EPON 不同，两者相互补充。

2.4　EPON 中的 QoS

2.4.1　QoS 基本概念

EPON 中 QoS(服务质量，Quality of Service)是指网络通信过程中，允许用户业务在丢包、时延、抖动和带宽限制等方面获得可预期的服务水平。

2.4.2　QoS 的指标

1. 丢包

网络中的数据是以数据包的形式传输的，理想状态下发送了多少数据包就能接收到多少数据包，但是由于信号衰减、网络质量等诸多因素的影响，并不会出现理想状态的结果，也就是不会发多少数据包就能接收到多少，即可能发生丢包情况。在单位时间内发送的数据包和未收到的数据包的比率就是丢包率，丢包率当然越小越好。不管是比特丢失还是分组丢失，对分组数据业务的影响比对实时业务的影响都大。在通话期间，丢失一个比特或一个分组的信息往往用户注意不到；在视像广播期间，这在屏幕上可能造成瞬间的波形干扰，然后视像很快恢复如初。用传输控制协议(TCP)传送数据可以简单处理丢包现象，因为传输控制协议允许丢失的信息重发。随机早丢(RED)的拥塞控制机制采用故意丢失分组，其目的是在流量达到设定门限时抑制 TCP 传输速率，减少拥塞，同时还使 TCP 流失去同步，以防止因速率窗口的闭合引起吞吐量摆动，但分组丢失多了，会影响传输质量。所以，要保持统计数字，当超过预定门限时就向网络管理人员告警。丢包示意如图 2.4.2－1所示。

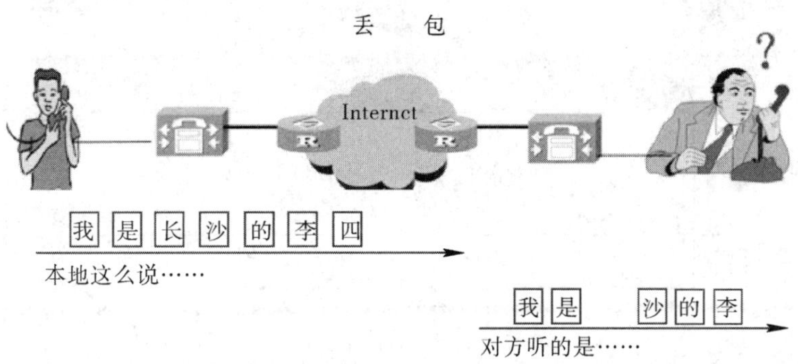

图 2.4.2－1　丢包示意

2. 时延

时延是指在网络中发送方和接收方之间交换数据，接收方收到数据和发送方发送数据之间的时间差就是网络时延。时延越低网速就越快，反之网速越慢。许多服务，特别是话音和视像等实时服务都是高度不能容忍时延的。当时延超过 200～250 ms 时，交互式会话会变得非常麻烦。为了提供高质量话音和会议电视，网络设备必须能保证低的时延。

产生时延的因素很多，包括分组时延、排队时延、交换时延和传播时延。传播时延是信息通过铜线、光纤或无线链路所需的时间，它是光速的函数。时延示意如图 2.3.2－2 所示。

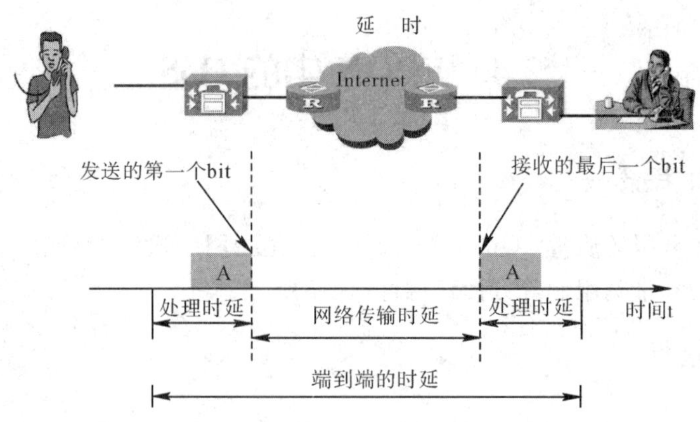

图 2.4.2-2　时延示意

3. 抖动

抖动是指最大时延与最小时延的时间差，高频率的时延变化称作抖动，而低频率的时延变化称作漂移。如最大时延是 20 ms，最小时延为 5 ms，那么网络抖动就是 15 ms，网络抖动主要标识一个网络的稳定性。抖动主要是由于业务流中相继分组的排队等候时间不同引起的，是对服务质量影响最大的一个问题。某些业务类型，特别是话音和视像等实时业务是极不能容忍抖动的。分组到达时间的差异将在话音或视像中造成断续。所有传送系统都可能会有抖动，只要抖动落在规定容差之内就不会影响服务质量。利用缓存可以克服过量的抖动，但这将增加时延，造成其他问题。抖动示意如图 2.4.2-3 所示。

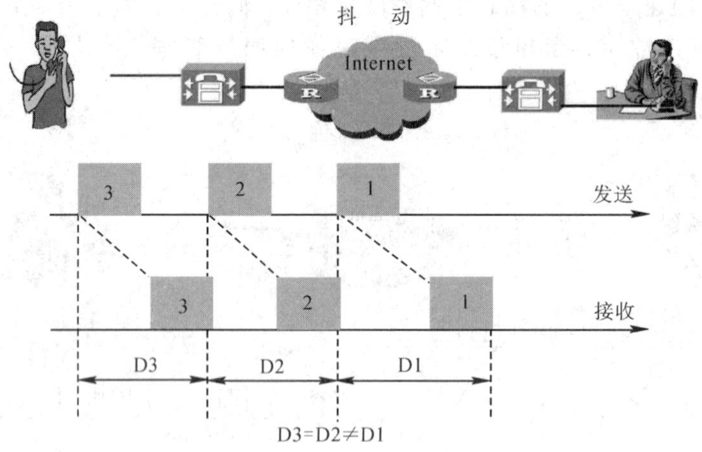

图 2.4.2-3　抖动示意

4. 带宽限制

带宽(又叫频宽)代表网络的通信线路所能传送数据的能力，其定义为在固定的时间可传输的数据量。上行带宽是指数据上传的带宽，下行带宽是指从网络上的主机下载数据的带宽。网络带宽表示在单位时间内从网络中的某一点到另一点所能通过的“最高数据率”。带宽一般用 b/s(比特秒)来表示，即每秒可传输多少比特。例如我们常说的 10 M 带宽，是指 10 Mb/s，也就是说数据传输速率为每秒 10 M。我们通常所说的将用户的带宽限制为 5 M，也就是说允许用户每秒钟传输 5 M 的数据量。带宽限制示意如图 2.4.2-4 所示。

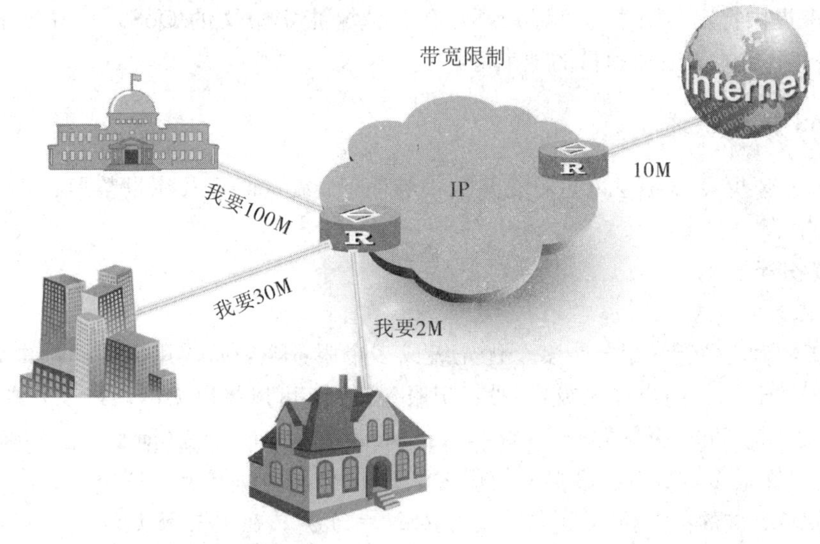

图 2.4.2-4 带宽限制示意

2.4.3 QoS 的三种模型

通常 QoS 提供以下三种服务模型：Best - Effort service(尽力而为服务模型)、Integrated service(综合服务模型，简称 Int - Serv)和 Differentiated service(区分服务模型，简称 Diff - Serv)

1. Best - Effort 服务模型

Best - Effort 是一种单一的服务模型，也是最简单的服务模型。对于 Best - Effort 服务模型，网络尽最大的可能性来发送报文，但对时延、可靠性等性能不提供任何保证。Best - Effort 服务模型是网络的缺省服务模型，通过 FIFO 队列来实现。它适用于绝大多数网络应用，如 FTP、E - Mail 等。

2. Int - Serv 服务模型

Int - Serv 是一种综合服务模型，可以满足多种 QoS 需求。该模型使用资源预留协议(RSVP)，RSVP 运行在从源端到目的端的每个设备上，可以监视每个流，以防止其消耗资源过多。这种体系能够明确区分并保证每一个业务流的服务质量，为网络提供最细粒度化的服务质量区分。比如 VoIP 业务，需要 12 k 的带宽和 100 ms 以内的延时，集成服务模型就会将其归到事先设定的一种服务等级中。

但是，Int - Serv 模型对设备的要求很高，当网络中的数据流数量很大时，设备的存储和处理能力会遇到很大的压力。Int - Serv 模型可扩展性很差，难以在 Internet 核心网络实施。这种为单一数据流进行带宽预留的解决思路在 Internet 上想要实现很难，所以该模型在 1994 年推出以后就没有使用过。

3. Diff - Serv 服务模型

Diff - Serv 是一种区分服务模型，是目前广泛应用的模型，由一系列技术组成。Diff - Serv 可以满足不同的 QoS 需求。与 Int - Serv 不同，Diff - Serv 不需要信令，即应用程序在发出报文前，不需要通知路由器。网络不需要为每个流维护状态，而是根据每个报文指定的 QoS 来提供特定的服务。可以用不同的方法来指定报文的 QoS，如 IP 包的优先级/Precedence、报文的源地址和目的地址等。

2.4.4 QoS 技术综述

网络通过这些 QoS 信息来进行流量分类与标记、流量监管及流量整形、接口限速、拥塞控制和排队等。

1. 流量分类与标记

1）流量分类

流量分类就是将流量划分为多个优先级或多个服务类，如使用以太网帧中 802.1Q 头保留的 User Priority(用户优先级)字段标记服务级别，可以将以太网帧最多分成 $2^3=8$ 类；使用 IP 报文头的 ToS(服务类型，Type of service)字段的前三位(即 IP 优先级)来标记报文，可以将报文最多分成 $2^3=8$ 类；使用 DSCP(区分服务编码点，Differentiated Services Codepoint，ToS 域的前 6 位)，则最多可分成 $2^6=64$ 类。在报文分类后，就可以将其他的 QoS 特性应用到不同的分类，实现基于类的拥塞管理、流量整形等。

对于 MPLS 网络报文，则一般是根据 MPLS 报文中的 EXP 域进行处理。EXP 域包括 3 位，虽然 RFC 3032 称其为实验域，但它通常作为 MPLS 报文的 CoS 域，与 IP 网络的 ToS 或 DSCP 域等效。

对于流量的分类，上面提到的关于以太网帧的 CoS 域、IP 报文的 ToS 域等与 MPLS 报文的 EXP 域等仅是分类的一种情况，其实几乎可以对报文的任何信息段进行分类，比如也可以根据源 IP 地址、目的 IP 地址、源端口号、目的端口号、协议 ID 等进行流量的分类。

虽然流量分类几乎可以根据报文的任何字段进行，但是流量分类标记则一般只对 802.1Q以太网帧的 CoS 域、IP 报文的 ToS 域及 MPLS 报文的 EXP 域进行标记。流量标记的主要目的就是让其他处理此报文的应用系统或设备知道该报文的类别，并根据这种类别对报文进行一些事先约定的处理。

2）标记

标记在网络边界处进行，目的在于区分数据，表明数据之间的不同，这样在网络内部队列技术就可以依据这个标记将数据划分到相应的队列，进行不同的处理。

在 IP 报文中有专门的字段进行 QoS 的标记，在 IPv4 中为 ToS，IPv6 中为 Traffic-Class。ToS 字段用前 6 bit 来标记 DSCP，如果只用前 3 bit 即为 IP 优先级。DSCP 和 IP 优先级都是标记的标准。

IP 优先级提供 0～7 共 8 种服务质量，6 和 7 都保留，所以常用的是 0～5，每个数字都对应一个名称，比如 0 对应 Routine ，这样在更改数据包优先级等配置时，既可以用数字也可以用名称。注意优先级中的数字本身并没有实际的意义，标记为 5 的数据优先级不一定就比标记为 0 的高，标记只是一个分类标准而已。真正的操作是在配置上针对不同的优先级采取不同的措施，比如什么标记的数据包属于什么队列。

IP 优先级和 DSCP 不能同时设置，如果同时设置的话只有 DSCP 生效即若标记了 DSCP 的数据包到达只能识别 IP 优先级的路由器时，路由器只会检查其前 3 bit，而且不管是 IP 优先级还是 DSCP 都是用自己的前 3 bit 和二层的 CoS 值形成映射。在二层用 CoS 字段进行标记，正常的以太网帧是没有标记的，但是在 ISL 的报头和 802.1 Q 的 Tag 中都有 3 bit 用来定义服务级别，从 0～7，不过只有 0～5 可用，6 和 7 都保留。

2. 流量监管及流量整形

流量监管、流量整形和接口限速都可以通过对流量规格的监督来限制流量及其资源的使用，它们有一个前提条件，就是要知道流量是否超出了规格，然后才能根据评估结果实施调控。一般采用令牌桶(Token Bucket)对流量的规格进行评估。

1) 令牌桶的特点

令牌桶可以看做是一个存放一定数量令牌的容器。系统按设定的速度向桶中放置令牌，当桶中令牌放满时，多出的令牌溢出，且桶中的令牌数不再增加。

2) 用令牌桶评估流量

在用令牌桶评估流量规格时，是以令牌桶中的令牌数量是否足够满足报文的转发为依据的。如果桶中存在足够的令牌可以用来转发报文(通常用一个令牌关联一个比特的转发权限)，称流量遵守或符合(conforming)这个规格，否则称为不符合或超标(excess)。

评估流量时令牌桶的参数设置包括：

(1) 平均速率：向桶中放置令牌的速率，即允许的流的平均速率，通常把平均速率设置为 CIR(承诺信息速率，Committed Information Rate)。

(2) 突发尺寸：令牌桶的容量，即每次突发所允许的最大的流量尺寸。通常把突发尺寸设置为 CBS(承诺突发尺寸，Committed Burst Size)，设置的突发尺寸必须大于最大报文长度。

每到达一个报文就进行一次评估。每次评估，如果桶中有足够的令牌可供使用，则说明流量控制在允许的范围内，此时要从桶中取走与报文转发权限相当的令牌数量；否则说明已经耗费太多令牌，流量超标。

流量监管的典型应用是监督进入网络的某一流量的规格，把该流量限制在一个合理的范围之内，或对超出的部分流量进行“惩罚”，以保护网络资源和运营商的利益。例如可以限制 HTTP 报文不能占用超过 50%的网络带宽，如果发现某个连接的流量超标，流量监管可以选择丢弃报文，或重新设置报文的优先级。流量监管广泛应用于监管进入 Internet 服务提供商 ISP 的网络流量。流量监管还包括对所监管流量的流分类服务，并依据不同的评估结果，实施预先设定好的监管动作，这些监管动作可以是：

(1) 转发：对评估结果为“符合”的报文继续正常转发的处理；

(2) 丢弃：对评估结果为“不符合”的报文进行丢弃；

(3) 改变优先级并转发：对评估结果为“符合”的报文，将之标记为其他的优先级后再进行转发；

(4) 改变优先级并进入下一级监管：对评估结果为“符合”的报文，将之标记为其他的优先级后再进入下一级的监管；

(5) 进入下一级的监管：流量监管可以逐级堆叠，每级关注和监管更具体的目标。

TS(流量整形，Traffic Shaping)是一种主动调整流量输出速率的措施。一个典型应用是基于下游网络节点的 TS 指标来控制本地流量的输出。流量整形与流量监管的主要区别在于，流量整形对流量监管中需要丢弃的报文进行缓存——通常是将它们放入缓冲区或队列内。当令牌桶有足够的令牌时，再均匀地向外发送这些被缓存的报文。流量整形与流量监管的另一区别是，整形可能会增加时延，而监管几乎不引入额外的时延。

3. 拥塞管理

在计算机数据通信中，通信信道被多个计算机共享，且广域网的带宽通常要比局域网的带宽小，因此，当一个局域网的计算机向另一个局域网的计算机发送数据时，由于广域网的带宽小于局域网的带宽，数据将不可能按局域网发送的速度在广域网上传输。此时，处在局域网和广域网之间的路由器将不能发送一些报文，即网络发生了拥塞。

如图 2.4.4－1 所示，当分公司向总公司以 100 Mb/s 的速度发送数据时，将会使 Router 2的串口 S 0/1 发生拥塞。

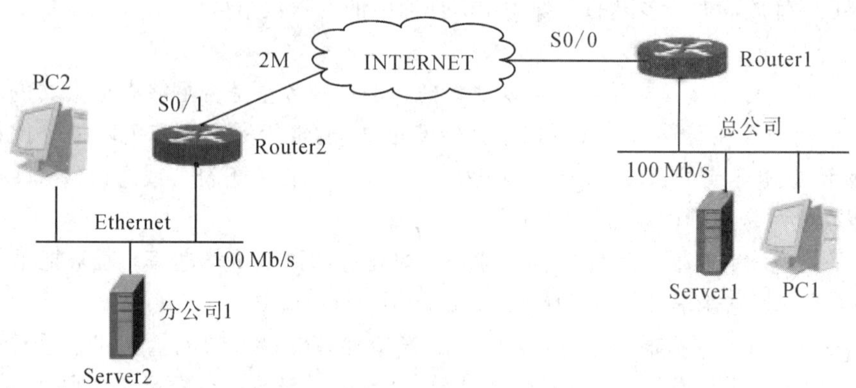

图 2.4.4－1　实际应用中的拥塞实例

拥塞管理是指网络发生拥塞时如何进行管理和控制。处理的方法是使用队列技术，即使所有要从一个接口发出的报文进入多个队列，按照各个队列的优先级进行处理。

4. 队列技术

不同的队列算法用来解决不同的问题，并产生不同的效果。常用的队列技术有 FIFO、PQ、CQ、WFQ、CBWFQ 等。

1) FIFO(先进先出队列，First In First Out Queuing)

传统的 Best－Effort 服务策略，默认应用在带宽大于 2.048 M 的接口上，只适用于对带宽和时延不敏感的流量，如 WWW、FTP 及 E－mail 等。FIFO 队列不对报文进行分类，如图 2.4.4－2 所示，当报文进入接口的速率大于接口的发送速率时，FIFO 按报文到达接口的先后顺序使报文进入队列，同时在队列的出口使报文按进队的顺序出队。每个队列内部报文的发送(次序)关系缺省时默认为 FIFO。

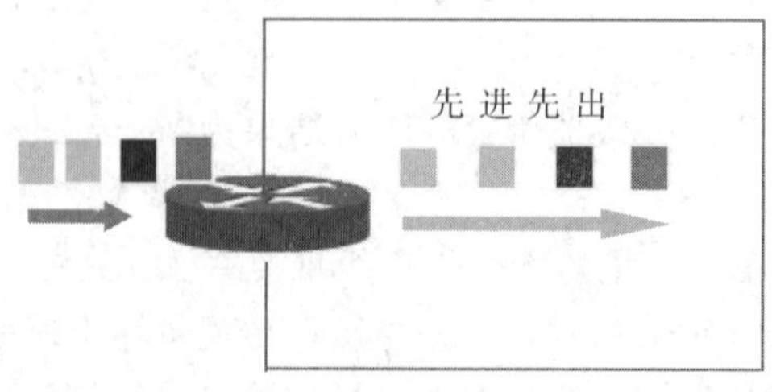

图 2.4.4－2　FIFO

2) PQ(优先队列，Priority Queuing)

PQ 队列是针对关键业务应用设计的。关键业务有一个重要的特点，即在拥塞发生时要求优先获得服务以减小响应的时延。PQ 可以根据网络协议(比如 IP，IPX)、数据流入接口、报文长短、源地址/目的地址等灵活地指定优先次序。4 类报文分别对应 4 个队列，如图 2.4.4－3 所示：从上往下依次为高优先队列，中优先队列，正常优先队列和低优先队列。高优先级队列的报文都发送完了才能发送下一个优先级的报文。这样的机制虽然能保证关键数据总是得到优先处理，但是低优先级的队列很可能因此十分拥塞。优先队列类别缺省的情况下，数据流进入正常优先队列。

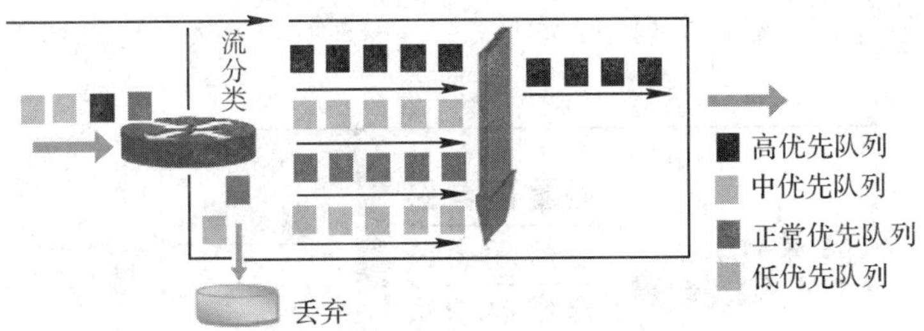

图 2.4.4－3　PQ

3) CQ(自定义队列，Custom Queuing)

CQ 按照一定的规则将分组分成 16 类(对应于 16 个队列)，分组根据自己的类别按照先进先出的策略进入相应的 CQ 队列。CQ 的 1 到 16 号队列是用户队列，如图 2.4.4－4 所示。用户可以配置流分类的规则，指定 16 个用户队列占用接口或 PVC 带宽的比例关系。在队列调度时，系统队列中的分组被优先发送。直到系统队列为空，再采用轮询的方式按照预先配置的带宽比例依次从 1 到 16 号用户队列中取出一定数量的分组发送出去。这样，就可以使不同业务的分组获得不同的带宽，既可以保证关键业务能获得较多的带宽，又不至于使非关键业务得不到带宽。队列号缺省的情况下，数据流进入 1 号队列。自定义队列的另一个优点是：可根据业务的繁忙程度分配带宽，适用于对带宽有特殊需求的应用。虽然 16 个用户队列的调度是轮询进行的，但对每个队列不是固定地分配服务时间片，即如果某个队列为空，那么马上换到下一个队列调度。因此，当没有某些类别的报文时，CQ 调度机制能自动增加现存类别的报文可占的带宽。

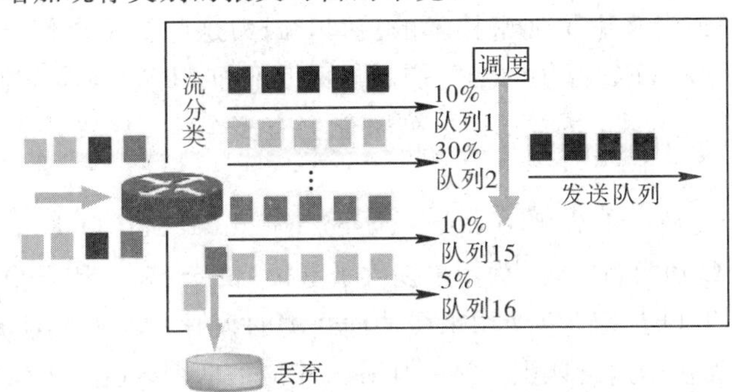

图 2.4.4－4　CQ

4) WFQ(加权公平队列，Weighted Fair Queuing)

WFQ 是为了公平地分享网络资源，尽可能使所有流的时延和抖动达到最优而推出的。它照顾了各方面的利益，主要表现在：

(1) 不同的队列获得公平的调度机会，从总体上均衡各个流的时延。

(2) 短报文和长报文获得公平的调度，即如果不同队列间同时存在多个长报文和短报文等待发送，应当顾及短报文的利益，让短报文优先获得调度，从而在总体上减少各个流的报文间的抖动。

WFQ 按数据流的会话信息自动进行流分类(相同源 IP 地址、目的 IP 地址、源端口号、目的端口号、协议号、IP 优先级的报文同属一个流)，并且尽可能多地划分出 N 个队列，以将每个流均匀地放入不同队列中，如图 2.4.4－5 所示，从而在总体上均衡各个流的时延。

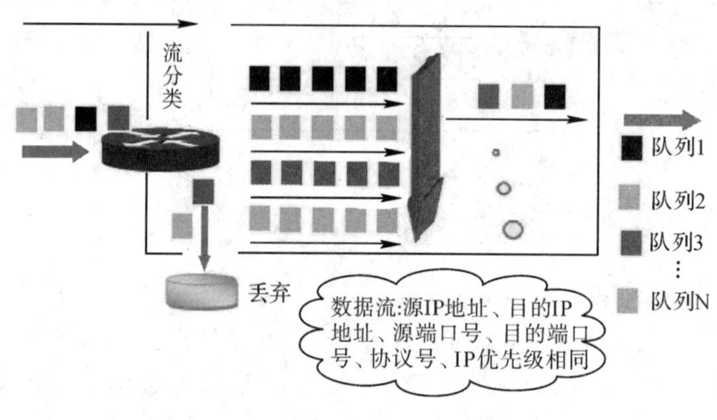

图 2.4.4－5　WFQ

在出队的时候，WFQ 按流的优先级(precedence 或 DSCP)来分配每个流应占有出口的带宽。优先级的数值越小，所得的带宽越少；优先级的数值越大，所得的带宽越多。最后，轮询各个队列，按照带宽比例从队列中取出相应数量的报文进行发送。WFQ 是传输速率在 2.048 Mb/s 以下的接口默认的队列机制。

举例来说，接口中当前共有 5 个流，它们的优先级分别为 0、1、2、3、4，则带宽总配额为所有(流的优先级＋1)的和。即 1 ＋ 2 ＋ 3 ＋ 4 ＋ 5 ＝ 15，每个流可得的带宽分别为 1/15、2/15、3/15、4/15 与 5/15。

WFQ 不支持隧道或者采用了加密技术的接口，因为这些技术要修改数据包中 WFQ 用于分类的信息。另外，WFQ 提供的带宽控制的精度不如 CBWFQ，因为 WFQ 是基于流的分类，即按队列的带宽分配，因此每个队列可能会有多个流，导致无法针对具体的数据类型指定带宽。

5) CBWFQ(基于类的公平队列，Class－Based Weighted Fair Queuing)

CBWFQ 是对 WFQ 功能的扩展，为用户提供了定义类的支持。CBWFQ 为每个用户定义的类分配一个单独的 FIFO 预留队列，用来缓冲同一类的数据。在网络拥塞时，CBWFQ对报文根据用户定义的类规则进行匹配，并使其进入相应的队列，在入队列之前必须进行拥塞避免机制(尾部丢弃或 WRED(加权随机早期检测，Weighted Random Early Detection))和带宽限制的检查。在报文出队列时，加权公平调度每个类对应的队列中的报文。

CBWFQ 提供一个紧急队列，紧急报文进入该队列，此时该队列采用 FIFO 调度，没有带宽限制。这样，如果 CBWFQ 加权公平对待所有类的队列，语音报文这类对时延敏感的数据流就可能得不到及时发送。为此将 PQ 特性引入 CBWFQ，称其为 LLQ(低延迟队列，Low Latency Queuing)，为语音报文这样的对时延敏感的数据流提供严格的优先发送服务。

LLQ 将严格优先队列机制与 CBWFQ 结合起来使用，即用户在定义类时可以指定其享受严格优先服务，这样的类称作优先类。所有优先类的报文将进入同一个优先队列，在进入队列之前需对各类报文进行带宽限制的检查。报文出队列时，先将优先队列中的报文发送完毕后才发送其他类对应队列的报文，且在发送其他队列报文时将仍然按照加权公平的方式调度。

为了不让其他队列中的报文延迟时间过长，在使用 LLQ 时将会为每个优先类指定可用最大带宽，该带宽值用于拥塞发生时监管流量。如果拥塞未发生，优先类允许使用超过分配的带宽。如果拥塞发生，优先类超过分配带宽的数据包将被丢弃。LLQ 还可以指定 Burst - size。

CBWFQ 对 WFQ 的一些改进包括：

(1) 在 WFQ 中 weight 用来指明队列优先级，而在 CBWFQ 中 weight 用来指明某类流量的优先级。数据包根据 weight 排在相应类的队列中。

(2) CBWFQ 一个队列仅有一种数据，所以可以为某类流量指定相应的带宽，而 WFQ 无法实现，因为 WFQ 是基于流，其流量种类很多，因此最后可能每个队列里都有好几种流量。

(3) CBWFQ 分类数据时除了根据 IP 地址和端口号，还可以通过 ACL 或数据输入接口，WFQ 无法实现这一点。

(4) PQ 和 CQ 都需要手动配置，在命令中可以看出，并不能依据 IP 优先级或 DSCP 来划分队列，而且配置起来比较麻烦、命令烦琐。在 WFQ 中只有一条命令，此命令的执行基本是自动化的，但这样不容易控制流量，而且需要事先进行 QoS 标记。而在 CBWFQ 中 QoS 的事先标记不是必须的，因为引入了 MQC 的概念，即通过结构化的命令行匹配特定的数据流(如果匹配的是 IP 优先级或 DSCP，则需要事先的 QoS 标记)，再制定细化的处理策略，但归入队列还是由算法自动完成，CBWFQ 是目前推荐使用的模式。

CBWFQ 和 QoS 标记看起来配置步骤十分相似，都是用 class map 和 policy map，但其实有很大不同，而且有先后顺序。QoS 标记的流程为：

(1) 用 class map 抓住数据流最本质的特点，比如特定源地址、目的地址、协议等。

(2) 用 policy map 进行标记动作，比如用 Set 命令设置 IP 优先级、DCSP、COS 等。

(3) 在接口应用该配置。

例如，如果要针对 IP 优先级使用 DSCP 策略，其步骤是：QoS 标记(匹配特殊数据流→设定优先级→应用在接口)→CBWFQ 用 class map 匹配优先级→CBWFQ 用 policy map 指定策略→CBWFQ 应用在接口。

而如果 QoS 策略不涉及 IP 优先级或 DSCP，则没有必要实现标记，而只需用 MQC 就可以完成，其步骤是：CBWFQ 用 class map 匹配特定数据流→CBWFQ 用 policy map 指定策略→CBWFQ 应用在接口。

6) RTPQ(实时优先队列，Real - Time Priority Queuing)

RTPQ 是一种解决实时业务(包括语音与视频业务)服务质量的简单的队列技术。其原理就是将承载语音或视频的 RTP 报文送入高优先级队列，使其得到优先发送，保证时延和抖动降低为最低限度，从而保证了语音或视频这种对时延敏感的业务的服务质量。

RTPQ 和 LLQ 一样是独立的队列技术，不过一般不会单独应用。RTPQ 可以同 FIFO、PQ、CQ、WFQ 和 CBWFQ 结合使用，其中 RTPQ 的优先级始终是最高的。

7) WRRQ(加权轮询队列，Weighted Round Robin Queuing)

WRRQ 是应用在交换机上的队列技术，每个交换机端口支持 4 个输出队列，调度算法在队列之间轮流调度，通过为每个队列配置一个加权值(依次为 W3，W2，W1，W0)，使其得到相应的带宽资源，比如一个 100 M 的端口，配置加权值为 50、30、10、10，那么最低优先级队列至少会获得 10 M 的带宽。

WRRQ 的方式虽然是轮询的，但是每个队列不是固定的分配服务时间，而是如果某个队列为空，就会马上切换到下一个队列调度。

HQ - WRRQ 调度模式是在 WRRQ 的基础上实现的，如在 4 个调度队列中以队列 3 为高优先级队列，如果端口出现了拥塞，则首先保证队列 3 的报文优先发送，然后对其余 3 个队列实行 WRRQ 调度。

5. 拥塞避免原理

受限于设备的内存资源，按照传统的处理方法，当队列的长度达到规定的最大长度时，所有到来的报文都会被丢弃。对于 TCP 报文，如果大量的报文被丢弃，将造成 TCP 超时，从而引发 TCP 的慢启动和拥塞避免机制，使 TCP 减少报文的发送。当队列同时丢弃多个 TCP 连接的报文时，将造成多个 TCP 连接同时进入慢启动和拥塞避免，即出现 TCP 全局同步。这样多个 TCP 连接发向队列的报文将同时减少，使得发向队列的报文的量不及线路发送的速度，减少了线路带宽的利用。并且，发向队列的报文的流量总是忽大忽小，使线路上的流量总在极少和饱满之间波动。

为了避免这种情况的发生，队列可以采用加权随机早期检测 WRED(Weighted Random Early Detection)的报文丢弃策略(WRED 与 RED 的区别在于前者引入 IP 优先权、DSCP 值和 MPLS EXP 来区别丢弃策略)。采用 WRED 时，用户可以设定队列的阈值(threshold)。当队列的长度小于低阈值时，不会丢弃报文；当队列的长度在低阈值和高阈值之间时，WRED 开始随机丢弃报文(队列的长度越长，丢弃的概率越高)；当队列的长度大于高阈值时，丢弃所有的报文。WRED 和队列机制的关系如图 2.4.4 - 6 所示。

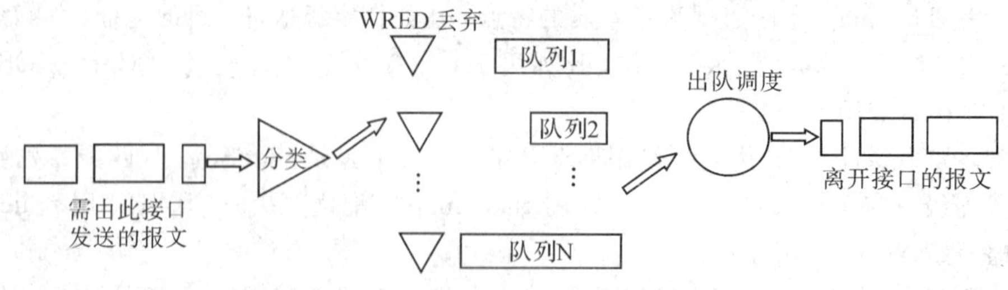

图 2.4.4 - 6　WRED 和队列机制的关系

6. 流量监管原理

流量监管(CAR，Commit Access Rate)的作用是限制进入某一网络的某一连接的流量与突发。在报文满足一定的条件时，如某个连接的报文流量过大，流量监管就可以对该报文采取不同的处理动作，例如丢弃报文或重新设置报文的优先级等。通常的用法是使用

CAR 来限制某类报文的流量，例如限制 HTTP 报文不能占用超过 50%的网络带宽等。

CAR 利用令牌桶(TB，Token Bucket)进行流量控制。如图 2.4.4-7 所示为利用 CAR 进行流量控制的基本处理过程。

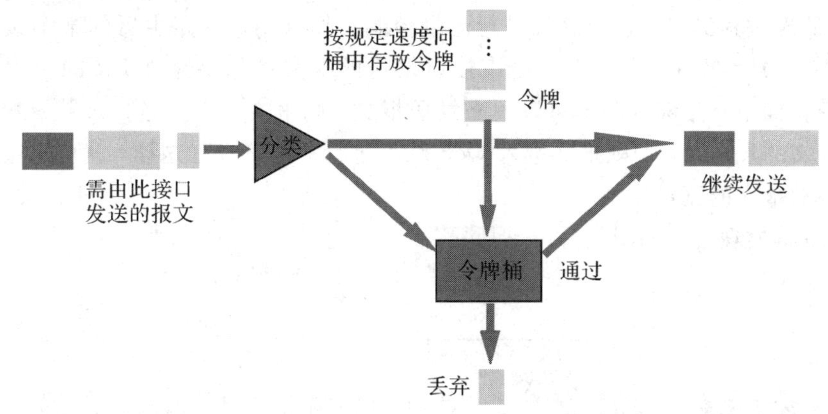

图 2.4.4-7　利用 CAR 进行流量控制的基本处理过程

首先，根据预先设置的匹配规则来对报文进行分类，如果是没有规定流量特性的报文，就直接继续发送，并不需要经过令牌桶的处理；如果是需要进行流量控制的报文，则会进入令牌桶中进行处理。如果令牌桶中有足够的令牌可以用来发送报文，则允许报文通过，报文可以被继续发送下去；如果令牌桶中的令牌不满足报文的发送条件，则报文被丢弃。这样，就实现了对某类报文的流量控制。

在实际应用中，CAR 不仅可以用来进行流量控制，还可以进行报文的标记(mark)或重新标记(re-mark)。具体来讲就是 CAR 可以设置 IP 报文的优先级或修改 IP 报文的优先级，达到标记报文的目的。

7. 流量整形原理

通用流量整形(GTS，Generic Traffic Shaping)可以对不规则或不符合预定流量特性的流量进行整形，以利于网络上下游之间的带宽匹配。

GTS 与 CAR 一样，均采用了令牌桶技术来控制流量。GTS 与 CAR 的主要区别在于：CAR 在接口的出、入方向进行报文的流量控制，对不符合流量特性的报文进行丢弃；而 GTS 只在接口的出方向对于不符合流量特性的报文进行缓冲，减少了报文的丢弃，同时满足报文的流量特性，但增加了报文的时延。

GTS 的基本处理过程如下图 2.4.4-8 所示，其中用于缓存报文的队列称为 GTS 队列。

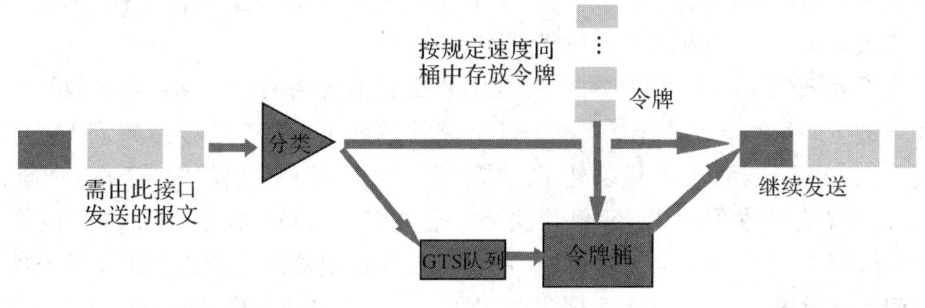

图 2.4.4-8　GTS 的基本处理过程

8. 物理接口总速率限制原理

利用物理接口总速率限制(LR，Line Rate)可以在一个物理接口上，限制接口发送报文(包括紧急报文)的总速率。

LR 的处理过程仍然采用令牌桶进行流量控制。如果用户在路由器的某个接口上配置了 LR，规定了流量特性，则所有经由该接口发送的报文首先要经过 LR 的令牌桶进行处理。如果令牌桶中有足够的令牌可以用来发送报文，则报文可以发送；如果令牌桶中的令牌不满足报文的发送条件，则报文进入 QoS 队列进行拥塞管理。这样，就可以实现对通过该物理接口的报文的流量控制。

LR 的基本处理过程如图 2.4.4-9 所示。

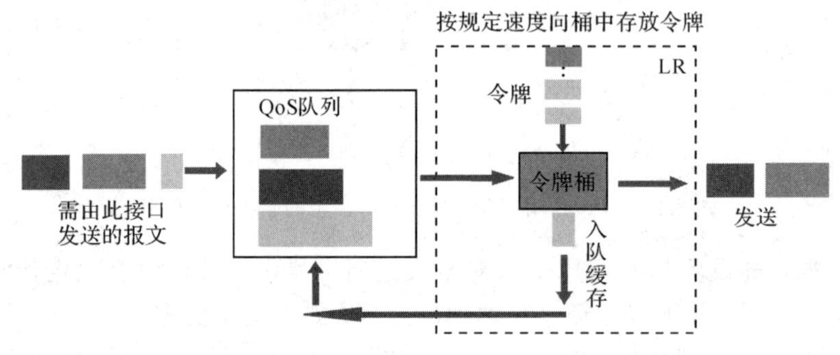

图 2.4.4-9　LR 的基本处理过程

2.5　EPON 的安全保障

2.5.1　EPON 的线路保护

EPON 技术是接入网技术中的重要技术之一，主要用于 FTTH/FTTB 的宽带接入业务，其用户群很大，一旦 EPON 网络发生故障，会产生大面积的问题，所以对 EPON 网络的保护势在必行。EPON 的线路保护的主要方式有三种：骨干光纤冗余（Type A）、OLT PON 口冗余（Type B)和全保护，而全保护方式又可分为全保护(Type C)与全保护(Type D)。

1. 骨干光纤冗余（Type A）

EPON 采用点到多点的树形拓扑结构，骨干光纤的故障会导致其所属的所有 ONU 均无法与 EPON 网络通信，采用光纤全保护倒换方式可以有效提高 EPON 系统的可靠性，但其代价较高。骨干光纤冗余（Type A）保护方式相对于光纤全保护倒换方式代价较小，但这种方式仅对 EPON 系统的骨干段光纤实现保护。

骨干光纤冗余(Type A)保护方式中，OLT 端的主备用两个 PON 模块的端口分别通过骨干光纤的主、备两条光纤连接到 2∶N 分路器的两个端口，从分路器到 ONU 侧采用常规连接。在 OLT 主用 PON 模块处于工作状态时，备用 PON 模块处于冷备份状态。如果工作光纤出现故障或主用 PON 模块失效，启用备用 PON 模块和光纤。倒换到备用 PON 模块时，冷备份的备用 PON 模块中的信号发射模块被激发到正常工作状态需要一段较长的时间。在这种方式下，OLT 端需配置主、备两个 PON 模块，骨干光纤需铺设主、备两条光纤，从而实现对骨干段光纤的保护，提高系统可靠性。

为了实现简单的骨干光纤冗余(Type A)保护，EPON 系统应由光线路终端(OLT)、工作光纤、保护光纤、2∶N 光分路器、光网络单元(ONU)组成，其中 OLT 内包括保护倒换控制模块、PON 模块和 1×2 光开关。EPON 的正常工作状态如图 2.5.1－1(a)所示，骨干光纤冗余(Type A)保护方式的网络拓扑结构如图 2.5.1－1(b)所示。

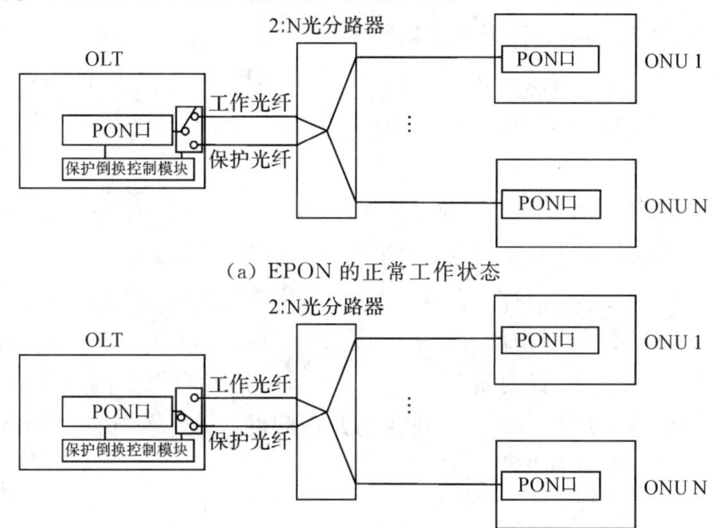

(a) EPON 的正常工作状态

(b) 骨干光纤冗余(Type A)保护方式的网络拓扑结构

图 2.5.1－1　骨干光纤冗余(Type A)

骨干光纤冗余(Type A)保护方案仅仅采用一个 OLT 端口，进入线路之前通过一个 1∶2 的光开关来实现保护。系统正常工作时，保护倒换控制模块在线监测 OLT PON 模块的工作状态和相关告警信息，当保护倒换控制模块接收到来自 OLT 的线路故障、信号劣化等告警信息时，根据预设的机制进行判断是否进行倒换，并触发光开关实现切换，从而实现 EPON 系统骨干光纤的主备倒换。光开关完成倒换后，由于骨干、备用光纤的长度不可能完全相同，为避免上行业务冲突，控制模块会同时触发 PON 模块重新发起发现、测距、注册等过程，从而完成 EPON 系统业务的保护倒换。这种方式减少了 OLT 的成本，实现效果则与标准方式差异不大(可以对线路失效进行保护，但是无法对 OLT 板卡失效进行保护)。骨干光纤冗余(Type A)保护方式不能有效防止从分路器到用户 ONU 之间的线路故障造成的影响，如果 OLT 的 PON 口出现故障，可以考虑采用 OLT PON 口冗余(Type B)的保护方式。

2. OLT PON 口冗余 (Type B)

OLT PON 口冗余(Type B)保护方式的网络拓扑结构如图 2.5.1－2 所示。

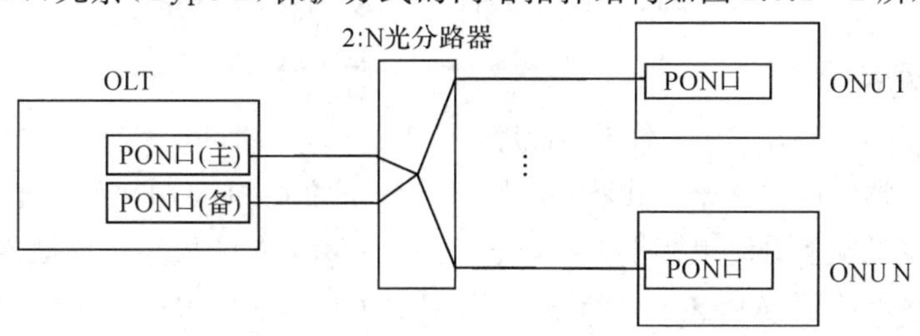

图 2.5.1－2　OLT PON 口冗余 (Type B)保护方式的网络拓扑结构

在OLT PON口冗余(Type B)保护方式中，OLT和ONU都要提供冗余的光口。ONU的两个上行光口以双归属的方式连接到两个常规分路器上，两个分路器则通过不同的光纤连接到OLT的两个PON口上。OLT备用模块采用热备份方式，可在每个ONU上进行切换，切换时需要切换协议。OLT PON口冗余(Type B)方式中OLT和ONU均需配置主、备两个PON模块，骨干光纤需铺设主、备两条光纤，且需设置两台分路器以及对每个ONU铺设主、备两条接入光纤，从而实现对EPON系统中每个网元的保护，提高系统的可靠性。OLT PON口冗余(Type B)网络拓扑结构的线路部署非常复杂，在实际应用中实现难度非常大。

OLT PON口冗余(Type B)光纤保护倒换一般在以下两种情况时进行：① 自动倒换：由故障发生触发，如信号丢失等；② 强制倒换：由管理事件触发。值得注意的是，PON的保护由于要ONU重新注册，因此无法实现类似SDH的50 ms以内的保护能力。PON的保护功能的意义不在于提供不中断业务的可靠性，而是可以尽量缩短线路故障的抢修时间，提升客户满意度。比如，针对某些重点客户，若采用没有保护的PON，当线路出现故障后，维护人员可能须在几个小时内赶到现场处理问题，但是若有保护功能，则仅需要几分钟就可以恢复业务的正常使用。

3. 全保护(Type C)

全保护(Type C)方式时骨干、备用的OLT PON端口均处于工作状态，使用2个1∶N光分路器，并在PON端口前内置光开关装置，由ONU检测线路状态并决定骨干线路，具体的倒换应由ONU完成。倒换时若ONU注册在同一个PON板上则无须重新注册，以加快倒换时间；若ONU设置在不同的PON板上虽然可实现板间保护，但倒换时ONU需重新注册。全保护(Type C)方式实现了OLT PON口、骨干光纤、分光器、ONU上连光纤的冗余保护，其网络拓扑结构如图2.5.1－3所示。

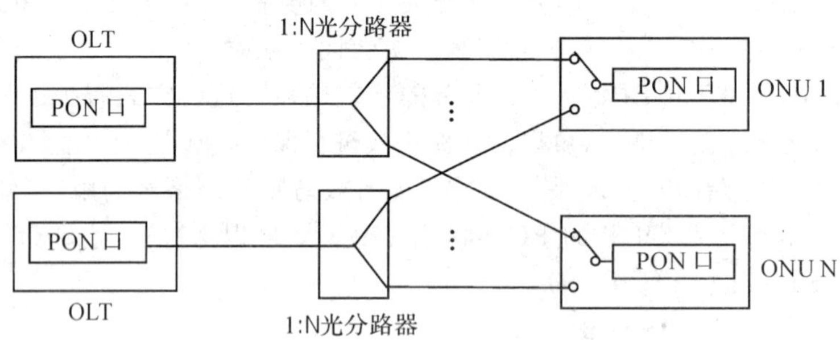

图2.5.1－3　全保护(Type C)方式的网络拓扑结构

4. 全保护(Type D)

在全保护(Type D)方式中，骨干、备用的OLT PON端口均处于工作状态；骨干、备用的ONU PON端口同样处于工作状态，但只有骨干的ONU PON承载业务，备用ONU PON只完成协议的交互；使用2个1∶N光分路器；由ONU检测线路状态，并决定承载业务的主用线路，且倒换由ONU完成。全保护(Type D)方式的网络拓扑结构如图2.5.1－4所示。

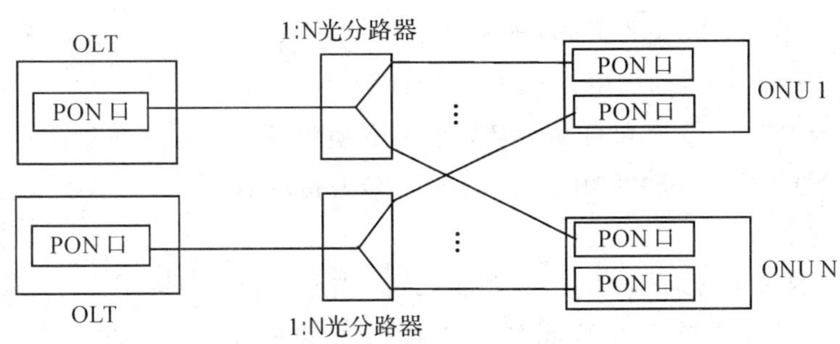

图 2.5.1－4　全保护(Type D)方式的网络拓扑结构

2.5.2　OLT 上联口保护

1. 以太网上联口保护方式

1) STP/RSTP/MSTP 方式的上联口保护

STP/RSTP/MSTP 通过有选择性地阻塞网络冗余链路来达到消除网络二层环路的目的，同时具有链路的备份功能。

MSTP/RSTP/STP 方式下的倒换是通过设备运行 STP/RSTP/MSTP 协议来实现的，当检测到某一个骨干端口出现异常时，设备将此端口备份或者替换直接设置为 Forwarding 状态，实现端口和线路切换。

2) Trunk/LACP 链路聚合方式的上联口保护

Trunk 链路聚合技术是将 OLT 多个上联接口的数条物理链路(物理连接)组合在一起，从逻辑上形成一条链路，多个上联接口在正常工作中可以同时有效传输数据，进行负荷分担。在某条上联链路发生故障时，其他的上联接口可以保持正常工作，从而保证业务不中断。

Trunk 的倒换比较简单，通过检测到以太网上联端口出现链路故障后，通知 LACP 业务模块从 Trunk 组中删除该端口，其触发条件就是检测到 Trunk 组中的某一个端口链路故障。

3) UAPS 方式的上联口双上联/归属保护

UAPS 主要实现上联口的自动保护切换功能，使得正在工作的上联口出现故障时能自动及时地将业务切换到备用的上联口上，从而保持业务不中断。

通过配置一对或者多对上联接口，UAPS 可提供 M＊(N＋N)备份，即系统上联口可分为多组，每组可包含多对骨干、备用的上联口，处于工作状态的上联口进行数据转发，处于备用状态的上联口不进行数据转发。当组中工作状态的端口有链路故障时，该组所有上联口进行自动保护切换。

保护组中工作端口中只要有一个端口被检测到链路故障，系统就发起该组的切换请求，试图对该组进行切换，如果距离该组上次切换时间间隔小于保护时间，则延期到保护时间结束时进行切换，如果在保护时间结束之前，工作端口中链路故障的端口全部恢复为链路正常状态，则也发起自动切换。UAPS 组切换时该组中所有端口都进行切换，即所有的工作端口切换为备用端口，所有的备用端口切换为工作端口。

2. TDM 上联口保护

PON 系统提供 TDM 业务上联，通过 STM－1 接口把 TDM 业务送入 SDH 传输网，在 OLT 和上联 SDH 设备间采用 1＋1 的链型保护。

倒换方式支持手工倒换和自动倒换，手工倒换包括强制、手动及锁定等；当检测到 TDM 接口有信号丢失(LOS)、帧丢失(LOF)、告警指示信号(MS－AIS)以及单板被拔出等告警时会进行自动倒换。

TDM 接口自动进行保护倒换。保护倒换支持恢复(revertive)和非恢复(non－revertive)方式，区别是前者在检测到工作接口告警消除后，经过一个等待恢复时间(WTR)会自动将业务倒换回工作接口，后者切换后将保持现有接口工作直接至下一次倒换，其中 WTR 时间可以设置。

2.5.3 ONU 设备接入和认证保护

ONU 设备一般部署于用户家中或楼道、小区等位置，存在仿冒、伪装、欺诈和侵入网络等安全风险，必须对 ONU 的接入进行认证。

ONU 的认证主要有 MAC 认证和逻辑标识认证(LOID)两种方式。MAC 是 ONU 的物理地址，LOID 是事先配置于 ONU 中的逻辑标识。ONU 在接入 PON 网络并在 OLT 注册后，必须提供 MAC 或逻辑标识 LOID 进行认证，ONU 的 MAC 和 LOID 信息可通过网管系统配置于 OLT 进行比对，也可将 ONU 的 MAC 或 LOID 信息发送至后台的认证系统进行集中认证。只有认证通过的 ONU 才是合法 ONU，才可被允许接入 PON 网络。

2.5.4 用户的认证和绑定

用户的接入认证和业务认证主要基于 PPPoE 或 DHCP 在 BRAS 进行。为避免用户账号被盗用和同享等安全风险，还必须提供用户账号、物理线路和设备的绑定。目前主要采用 PPPoE＋和 DCHP Option 82 两种技术实现用户的绑定。

相对于 DSLAM 系统，用户的端口、线路和设备信息只在 DSLAM 插入一次，在 PON 系统中，可在 ONU 将用户的端口、线路、PVC、VLAN 等信息插入到 PPPoE 或 DHCP 报文交换过程中，并在 OLT 再次将 OLT 的端口、板卡、VLAN 等信息插入到 PPPoE 或 DHCP 报文交换过程中，通过后台 Radius 等认证系统对事先登记的上述物理信息进行比对，认证通过用户才可接入并实现上述信息与用户 MAC 等信息的绑定。

2.5.5 业务隔离保护

PON 系统层面的用户和业务隔离主要基于 VLAN 实现，PUPV 可以实现不同用户之间各业务的隔离；PUPSPV 可以实现不同用户之间各业务的隔离，也可实现同一用户不同业务之间的隔离。

PON 技术上行采用突发方式实现不同 ONU 之间的天然隔离。PON 口和 PON MAC 之间也可实现物理隔离。

在 ONU 的用户端，还可基于 PVC、端口隔离等方式实现用户和业务的隔离。

2.5.6　信息安全保护

传统的以太网最初是为私有网络设计的，因此对物理层和数据链路层的安全性考虑甚少。在EPON系统中，EPON的下行信道以广播方式发送，任何一个ONU都可以接收到OLT发送给所有ONU的数据包，这对于公网上的许多应用是不安全的。在PON上解决安全性的措施是OLT对下行信息(包括所有的数据帧和OAM帧)加密，针对每个LLID进行搅动，其中每个LLID有独立的密钥。

802.3 ah标准中每个ONU只能接收带有属于自己的LLID的数据报，其余的数据报丢弃不再转发。不过ONU端如果只是简单地根据LLID进行过滤显然是不够的。一般可以采用加密的方式来保障下行数据的信息安全。802.3 ah并没有定义采用什么样的加密算法。业界一般认为，采用成熟的AES-128加密算法是较为合理的方案。较多的厂家在EPON系统中提供AES-128的加密功能。但是，考虑到知识产权和国家安全等方面的因素，国内无法普遍使用AES-128的加密算法，于是，中国电信制订了自己的企业标准即采用了三重搅动(Triple Churning)的方式加密，具体包括EPON系统对下行数据进行搅动加密；搅动由OLT提出密钥更新要求，ONU提供3字节搅动密钥，OLT使用此密钥完成搅动功能；在启用搅动功能后，对所有的数据帧和OAM帧进行搅动。密钥的更新和同步过程采用基于面向厂商扩展OAMPDU帧的方式。

2.5.7　网络安全

典型的网络安全措施包括广播/多播/DLF抑制、MAC防盗用、MAC地址表保护、MAC帧过滤、非法组播源控制、防DoS攻击、用户侧环网检测、流量镜像等。

(1) 广播/多播/DLF抑制：为了防止形成广播风暴，ONU/OLT对协议特定的广播包(DHCP，ARP)、多播包(IGMP等)、DLF包和其他二层广播报文进行速率限制。

(2) MAC防盗用：防止用户盗用其他用户的MAC地址，拒绝向存在MAC地址重复的用户提供业务。

(3) MAC地址表保护：防止MAC泛洪攻击，限制从每个用户端口学习到的MAC地址数量。

(4) MAC帧过滤：针对MAC源地址和/或目的地址设置过滤条目，对于特定的MAC帧进行过滤。

(5) 非法组播源控制：为防止组播资源被盗用，PON设备阻止从用户端口发出的组播流，PON设备支持对网络端合法组播源的配置和对非法组播源进行过滤的配置。

(6) 防DoS攻击：对特定的ICMP/DHCP/IGMP等协议消息进行限速，有效防止针对设备的DoS攻击。

(7) 用户侧环网检测：OLT/ONU的单个或多个以太网端口/DSL端口发生环路时，关闭该环回端口并告警，不影响其他端口和系统的正常工作。

(8) 流量镜像：通过配置或自动识别，把某个端口或子接口的流量镜像到特定端口输出或远程输出，以供特殊系统进行进一步的分析，排除网络安全威胁，流量镜像提供本地镜像和远程镜像功能图的远程流量镜像功能。

2.5.8 设备安全

典型的设备安全措施包括：

(1) 设备管理账号和权限控制：对通过网管、CLI、Telnet 等各种方式登录设备进行账号和密码认证，对该账号对设备的管理权限进行控制，基于 AAA 机制实现认证、授权、审计。

(2) 系统日志：对通过网管、CLI、Telnet 等各种方式对设备和系统的各种操作进行日志记录，并可将日志传送到后台的网管系统及其他系统和平台，对系统和设备的操作人员和活动进行查询和追溯。

(3) 系统告警：当设备发生各种故障和安全问题时提供系统告警，如 ONU 提供 Dying Gasp 等。

(4) 系统监控：对系统负荷、电源、风扇等关键部件的运行状态进行监控和提供告警。

(5) 设备环境监控：设备提供环境监控和告警，如对环境温度、湿度、烟雾、水渍、门禁等进行监控和提供告警。

2.5.9 系统冗余和备份

对风扇、电源和供电、主控交换板、上联板等关键部件和板件提供冗余备份保护。可手工切换或在主用部件和板件故障时自动切换到备用部件和板件。

2.5.10 系统保护

PON 系统采用集中控制架构，控制模块位于主控交换板上，主控交换板支持 1∶1 的备份和保护。

主控交换板的主备倒换有以下三种方式：

(1) 人工干预下被动倒换，当需要更换单板或人工发现异常时可以通过 EMS 或 CLI 下命令倒换。

(2) 软件异常自动倒换，当主用板软件运行异常后，主用板放弃主用并重启，备用板自动切换成主用。

(3) 控制模块对单板内的主要模块进行实时检测，当检测到硬件异常时，主用板放弃主用并重启，备用板自动切换成主用。

2.6 EPON 系统典型应用类型

2.6.1 EPON 系统结构

EPON 网络采用一点至多点的拓扑结构取代点到点结构，大大节省了光纤的用量和管理成本。EPON 包括无源网络设备及以太网技术，其中无源网络设备代替了 ATM 和 SDH 网元，并且 OLT 由许多 ONU 用户分担，因此建设费用和维护费用低。而利用以太网技术，采用标准以太帧，无须任何转换就可以承载目前的主流业务——IP 业务，十分简单、高效，最适合宽带接入网的需要。

按照 ONU 在光接入网中所处的具体位置不同，可以将光接入网划分为三种基本不同的应用类型，如图 2.6.1 - 1 所示。

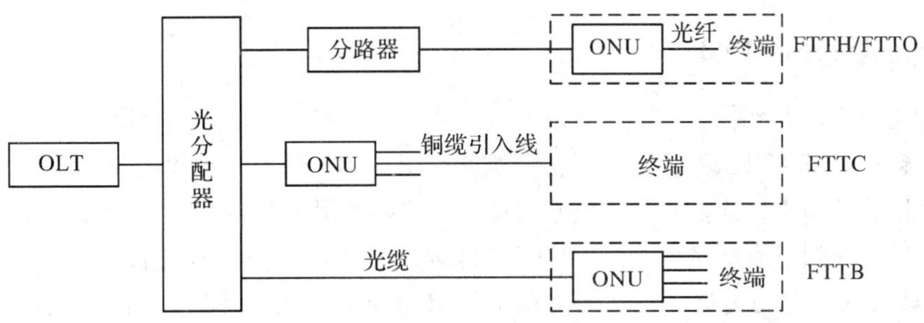

图 2.6.1 - 1 光接入网的应用类型

2.6.2 光纤到路边(FTTC)

1. 定义

光纤到路边(FTTC)是指光终端设备或 ONU 部署在交接箱(即 FP 处)，采用铜线接入到用户，离用户的距离应在 0.3～2 km 范围内。

FTTC 采用光纤到路边、小区内交接箱或行政村/自然村内，用铜线作为光纤的延伸至最终用户。在确实难以实现光纤到户方式的情况下，FTTC 是对光纤到户的一种补充接入方式，在能保障用户 20 M 接入带宽的前提下可适当选用 FTTC 进行光接入网建设。采用 FTTC 方式，ONU 部署在路边或小区交接间内，一个交接箱/间内可能只部署一个 ONU，也可能有多个 ONU。采用 xDSL 技术，可利用双绞线进行传输，传输距离宜控制在500 m 内，现阶段宜采用 ADSL2＋技术。

ONU 可提供多路 DSL 端口和语音口等多种接口，为用户提供综合接入。语音和宽带接口的比例可根据实际情况灵活配置，对于公众用户语音和宽带的配比可按 2∶1 考虑。

光纤到路边(FTTC)的网络结构如图 2.6.2 - 1 所示。

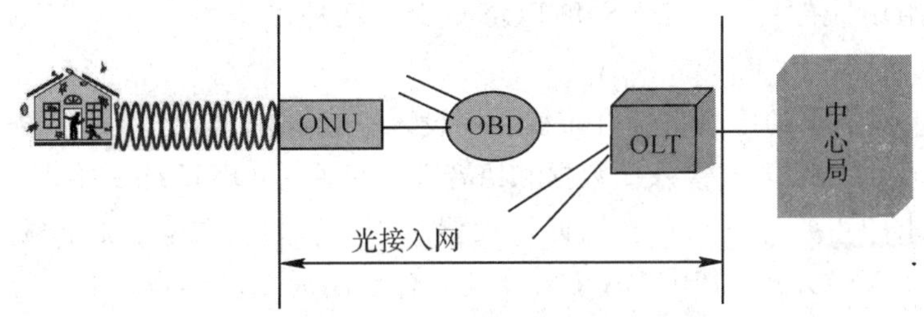

图 2.6.2 - 1 光纤到路边(FTTC)网络结构

2. 适用场景

FTTC 主要适用于公众客户的综合业务接入。

有中、低带宽需求的不具备综合布线且铺设入户光纤困难的住宅，同时在楼内难以选择设备安装机房时可采用 FTTC＋DSL 方式，此时可把用户端设备安装在小区中心机房/交接间或路边有源交接箱内。数据和语音业务可通过 ONU 统一接入，对于语音需求远大于数据需求的商务客户和科技园区可考虑设置独立设备接入语音。

农村地区可在自然村或行政村设置 ONU 设备，通过 FTTC＋DSL 方式实现用户数据和语音业务的综合接入。

2.6.3 光纤到楼(FTTB)

1. 定义

光纤到楼宇(FTTB)采用光纤到楼层或单元，ONU 或光终端设备部署在传统的分线盒(用户引入点)即 DP 处，采用铜线方式接入用户，离用户的距离应在 500 m 以内。在确实难以实现光纤到户方式的情况下，FTTB 是对光纤到户的一种补充接入方式，在能保障用户 20 M 接入带宽的前提下可适当选用 FTTB 进行光接入网建设。

采用 FTTB 方式，ONU 部署在楼层交接间内，一栋楼内可能只部署一个 ONU，也可能有多个 ONU。光纤之后向下延伸的铜线接入技术可选以下几种：

(1) 采用以太网技术通过五类线传输，五类线全程长度不超过 100 m；

(2) 采用 xDSL 技术，可利用双绞线传输，传输距离应控制在 500 m 以内。

光纤到楼(FTTB)网络结构如图 2.6.3-1 所示。

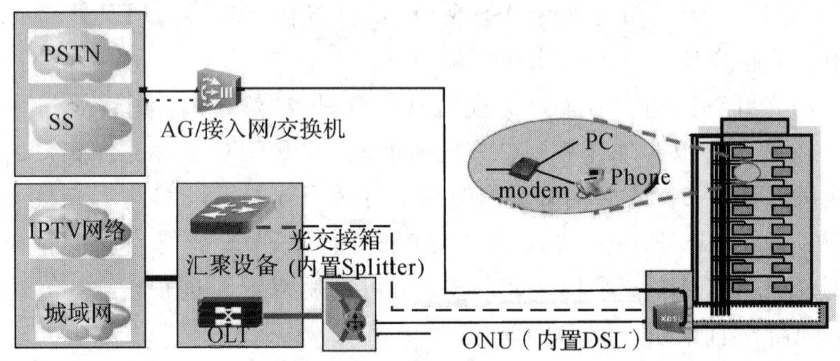

图 2.6.3-1 光纤到楼(FTTB)网络结构

2. 适用场景

FTTB 应用场景有 PON+LAN 和 PON+DSL 两种。

1) PON+LAN

有中、高带宽需求的已具备综合布线且铺设入户光纤困难的住宅、商务楼宇或科技园区，采用 FTTB+LAN 方式接入。数据和语音业务可通过 ONU 统一接入，对于语音需求远大于数据需求的商务客户和科技园区可设置独立设备接入语音。校园宽带接入可采用 FTTB(PON+LAN)方式，其中 LAN 部分应结合校园局域网建设，主要为用户提供宽带接入。对于大客户和商务客户也可通过 PON 接入实现专线接入和点对多点的专网接入。采用以太网技术通过五类线传输，五类线全程长度不超过 100 m。ONU 可提供多路 LAN 端口、语音口和 El 等多种接口，为用户提供综合接入。语音和宽带接口的比例可根据实际情况灵活配置，对于公众用户建议语音和宽带的配比初期可按 2∶1 考虑。

2) PON+DSL

有中等带宽需求的不具备综合布线且铺设入户光纤困难的的住宅、商务楼宇或科技园区，可采用 FTTB(PON+DSL)方式。数据和语音业务可通过 ONU 统一接入，对于语音需求远大于数据需求的商务客户和科技园区可设置独立设备接入语音。采用 xDSL 技术，可利用双绞线传输，传输距离宜控制在 500 m 内，现阶段采用 ADSL2+技术。ONU 可提供多路 DSL 端口、语音口和 El 等多种接口，为用户提供综合接入。语音和宽带接口的比例可根据实际情况灵活配置，对于公众用户语音和宽带的配比可按 2∶1 考虑。

2.6.4　光纤到户(FTTH)

1. 定义

光纤到户(FTTH)指骨干段、配线段和引入段全程采用全光纤接入，并将 ONT 部署到公众用户家中，直接提供 UNI 接口连接公众用户家庭网络，为用户提供语音、数据等多种业务，可提供最大 100 M 甚至更高的带宽扩展能力。目前实现 FTTH 的主要技术为 PON 技术。PON 技术采用无源光分配网，中间没有任何有源设备，达到了真正的全透明的网络。FTTH 从业务节点设备一直到用户的传输媒质全部为光纤，中间没有任何铜缆，具备了利用光纤为用户提供高带宽的基础。

光纤到户(FTTH)网络结构如图 2.6.4－1 所示。

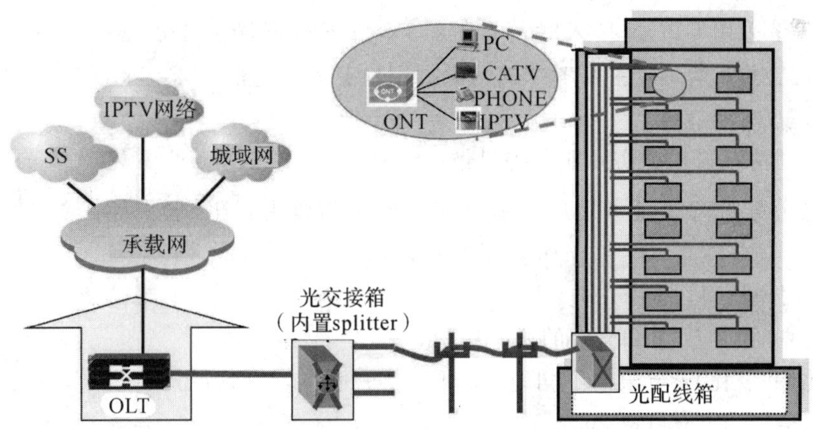

图 2.6.4－1　光纤到户(FTTH)网络结构

2. 适用场景

FTTH 是未来 3～5 年光纤接入网的发展目标，应首选 FTTH 作为公众用户接入网建设的主要方式。当确实难以实现 FTTH 方式时，在能保障用户 20 M 接入带宽的前提下可适当选用其他方式(FTTB/C)进行光接入网建设。城市新建小区及具备敷设入户光纤条件的城市原有小区可进行 FTTH 的改造。对于原有小区改造的情况可把光缆和分光器先安装和布放到楼道分纤盒内，业务开通时再进行入户光缆的布放。对于老城区平房、城乡结合部和农村地区可先把光纤布放到院内，业务开通时再进行入户光缆的布放。

2.6.5　光纤到办公室(FTTO)

1. 定义

光纤到办公室(FTTO)是利用光纤传输媒质连接局端和公司或办公室用户的接入方式，引入光纤由单个公司或办公室用户独享，ONU 之后的设备或网络由用户管理。采用 FTTO 方式，ONU 一般放置在企业、单位的中心机房内，以获得最优越的保障设施条件，同时也方便与用户设备对接。光纤之后向下延伸采用以太网技术通过五类线传输，五类线全程长度不超过 100 m。ONU 可提供多路 LAN 端口和语音口等多种接口，为用户提供综合接入。语音和宽带接口的比例可根据实际情况灵活配置。

2. 适用场景

点对多点的 FTTO 方式主要通过 PON 技术实现，适用于中小企业专线接入、专网建设和网吧的综合业务接入。

2.7 PON 系统的容量测算

PON 系统网络带宽的容量测算包括单 PON 口接入用户数的测算和 OLT 上联口带宽的测算。

2.7.1 单 PON 口接入用户数的测算

由于 PON 口下行速率是固定的，如采用 EPON 接入时，单个 PON 口下行可提供 1000 M 带宽；采用 GPON 接入时，单个 PON 口下行可提供 2500 M 带宽。因此，在对 PON 口下行容量计算时，主要考虑的是根据用户业务带宽的需求，来预算 PON 口所能接入的用户数。

带宽规划情况需根据实际业务提供情况计算，计算公式为

$$\frac{\sum(\text{业务分配带宽}\times\text{业务用户比率}\times\text{集中比}\times\text{流量占空比})\times\text{总用户数}}{\text{带宽冗余系数}}\leqslant 1000\ \text{M}$$

式中，业务用户比率、总用户数：OLT 上联带宽规划时对应 OLT 带的所有用户，PON 系统内带宽规划时对应该 PON 带的所有用户；

集中比(并发比)：可根据不同地区、不同客户群的实际情况进行设定，可取 30%；

流量占空比：一般可取 50%。

假设为高速率用户提供的主要业务为：高清电视+标清电视、高速上网和 2 路 IP 话音业务，其中，标清频道数为 100 套，高清频道数为 10 套，高速率用户业务及带宽需求如表 2.7.1 - 1所示。

表 2.7.1 - 1　高速率用户业务及带宽需求

业务类型	提供节目	所占带宽	并发比
标清电视	100 套	100×3 M=300 M	100%组播
高清电视	10 套	10×8 M=80 M	100%组播
标清点播	多个节目源	3 M/路	30%
高清点播	多个节目源	8 M/路	30%
高速上网	—	4 M	33%
IP 话音	2 路	200 k	100%

设 n 为单个 PON 口接入的宽带用户数，各业务所需要的带宽如下：

直播(用户数大于频道数情况下)：300 M(100 路标清)+80 M(10 路高清)

点播(高清、标清各占 50%)：$n\times30\%\times(8\ \text{M}+3\ \text{M})$

高速上网：$n\times33\%\times4\ \text{M}$

IP 话音：$n\times 200$ k

为了保证各业务的服务质量，所有业务所需总计带宽必须小于一个 PON 所能提供的带宽能力。

取 EPON 接入时有效带宽为 1000 M，则

$$380\ \text{M}+n\times 30\%\times(8\ \text{M}+3\ \text{M})+n\times 33\%\times 4\ \text{M}+n\times 0.2\ \text{M}\leqslant 1000\ \text{M}$$

解得 $n\leqslant 128$

所以此 OLT 单个 PON 口下用户的最大接入数为 128 户。

2.7.2　OLT 上联口带宽的测算

对 OLT 上联的带宽测算，需要考虑该 OLT 所有 PON 口所带的全部 ONU 产生的流量(一般 OLT 包含多个 PON 口)，其计算公式为

$$\frac{\sum(\text{业务分配带宽}\times\text{业务用户比率}\times\text{集中比}\times\text{流量占空比})\times\text{总用户数}}{\text{带宽冗余系数}}$$

式中，业务用户比率、总用户数：OLT 上联带宽规划时对应 OLT 带的所有用户，PON 系统内带宽规划时对应该 PON 带的所有用户；

集中比(并发比)：可根据不同地区、不同客户群实际情况进行设定，可取 30%；

流量占空比：一般可取 50%；

带宽冗余系数：建议 OLT 上联取 65%。

习　　题

一、单选题

1. EPON 为了分离同一根光纤上多个用户的来去方向的信号，采用以下两种复用技术：上行数据流采用(　　)技术，下行数据流采用(　　)技术。

A. 广播　　B. FDMA　　C. CDMA　　D. TDMA

2. 有关 OLT 说法正确的是(　　)。

A. 通常放置在中心机房　　B. OLT 即光网络终端

C. 通常放置在用户侧　　D. 无源光分路器

3. LLID 位于帧的前导码中，共 2 字节，其中 8～14 bit 标识(　　)。

A. 端口号　　B. SCB 位　　C. ONU 的 ID　　D. OLT 的 ID

4. 有关 ONU 说法错误的是(　　)。

A. 选择接收 OLT 发送的广播数据

B. 响应 OLT 发出的测距及功率控制命令，并作出相应的调整

C. 不对用户的以太网数据进行缓存，而是直接在 OLT 分配的发送窗口中向上行方向发送

D. 其他相关的以太网功能

5. 下列对 EPON 速率描述正确的是(　　)。

A. 上行 155 Mb/s / 下行 622 Mb/s　　B. 上行 2.5 Gb/s / 下行 2.5 Gb/s

C. 上行 1.244 Gb/s / 下行 2.488 Gb/s　　D. 上行 1.25 Gb/s / 下行 1.25 Gb/s

6. (　　)接入是光纤接入的终极目标。

A. FTTH　　B. FTTP
C. FTTB　　D. FTTC

7. MPCP 帧中由 ONU 发出的帧包括(　　)。

A. GATE　　B. REPORT
C. REGISTER_REQ　　D. REGISTER_ACK

8. PON 网络中分光器最大支持(　　)级分光，超过这个级别就会出现光太弱的情况。

A. 1　　B. 2　　C. 3　　D. 4

9. EPON 系统主要组网方式是(　　)。

A. 环形　　B. 总线形　　C. 星形　　D. 树形

10. OLT 的接收机和 ONU 的发射器工作在(　　)模式。

A. 快速　　B. 交织　　C. 突发　　D. 同步

二、思考题

1. PON 系统的工作关键技术有哪些？延时补偿的过程是怎样的？
2. 画图并说明 EPON 的上下行工作原理，并对关键点进行解释。
3. 简述 ONU 的注册过程。
4. 为什么要测距？具体的测距过程是怎样的？
5. 从协议标准、速率、分光比、覆盖距离以及封装模式比较 APON、EPON、GPON。
6. 运营商为某用户提供的主要业务为：高清电视＋标清电视、高速上网和 2 路 IP 话音业务，其中，标清频道数为 80 套，高清频道数为 20 套。高速率用户业务及带宽需求如表2－1所示。请规划出该 PON 口所能接入的用户数。

表 2－1　高速率用户业务及带宽需求

业务类型	提供节目	带宽	并发比
标清电视	80 套	4 M/套	100％组播
高清电视	20 套	10 M/套	100％组播
标清点播	多个节目源	3 M/路	30％
高清点播	多个节目源	8 M/路	30％
高速上网	—	4 M/套	40％
IP 话音	2 路	200 k	100％

7. 请写出服务质量(QoS)中的三种模型，并简单解释。
8. DBA 工作过程是怎样的？
9. EPON 的线路保护的方式有哪些？画出每种保护方式的网络拓扑图。

业务配置篇

第 3 章

EPON 设备认知

3.1 OLT 设备认知

3.1.1 OLT 功能

EPON 网络由 OLT(光线路终端，Optical Line Terminal)、ODN(连接 OLT 和 ONU 的光分配节点)和 ONU(光节点，Optical Network Unit)三部分组成。在 PON 技术应用中，OLT 设备是重要的终端设备。OLT 上连局端设备，如果光信号过于强(有时因为距离短，光信号损耗小)则需要加上衰减器。OLT 下连 ONU，在 OLT、ONU 两者之前接入分光器。OLT 的主要功能有：

(1) 与前端(汇聚层)交换机用网线相连，用单根光纤与用户端的分光器互联；

(2) 实现对用户端设备 ONU 的控制、管理、测距等功能；

(3) OLT 设备是光电一体的设备，可将电信号转化成光信号以便传输。

OLT 属于接入网的业务节点侧设备，通过 SNI 接口与相应的业务节点设备相连，主要完成 PON 网络的上行接入和 PON 口通过 ODN 网络(光纤和无源分光器组成)与 ONU 设备相连的功能，一般采用 1∶32 或 1∶64 组成整个 PON 网络。一般 PON 口通过单根光纤与 ODN 网相连，分光器采用 1∶n(n=2、4、8、16、32、64 等)，ONU 下行采用广播方式发送数据，ONU 设备选择性地接收数据。ONU 上行采用共享方式 4。

OLT 位于本地交换局端或远端，为 ONU 所需业务提供必要的传输方式，OLT 的具体网络定位如图 3.1.1-1 所示。

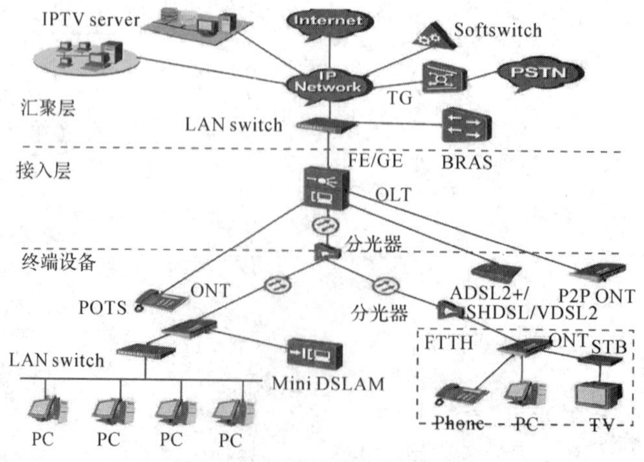

图 3.1.1-1　OLT 的网络定位

OLT 核心功能模块包括数字交叉连接、传输复用和 ODN 接口。数字交叉连接部分提供网络端与 ODN 端的连接；传输复用部分利用 ODN 的发送和接收通道提供必要的服务，包括复用需要送至各 ONU 的信息及识别各 ONU 送来的信息；ODN 接口部分提供光物理接口，用于与 ODN 相关的一系列光纤相连，当与 ODN 相连的光纤出现故障时，ODN 启动自动保护倒换功能，通过 ODN 保护光纤与别的 ODN 接口相连来恢复服务。

OLT 服务功能模块提供业务端口功能，可支持一种或多种不同业务的服务。

OLT 通用功能模块提供供电功能和操作管理与维护(OAM)功能。

3.1.2　中兴 OLT 设备认识

1. 概述

ZXA10 C200 系统是中兴技术有限公司推出的 OLT 设备，可支持多种功能，包括：

(1) 支持话音业务、数据业务和视频业务三网合一的 Triple - Play 业务的开展，主要为：

① 话音业务以 VoIP 方式提供；

② 数据业务提供大带宽的上下行数据业务流量的能力；

③ 视频业务支持基于 IP 数据的 VOD/IPTV 和基于第三波长 CATV 两种方式。

(2) 支持 EPON 线卡、GPON 线卡。

(3) 提供完善的 QoS 控制：采用动态带宽分配、优先级控制、多种流量分类机制、多队列调度等技术、支持 SLA；能够满足 VoIP 业务、VPN 业务和上网业务等不同业务的 QoS 需求。

(4) 系统关键部件支持主备倒换，包括核心交换、电源以及管理等的冗余热备份。

(5) 丰富的用户系列终端，将 EPON 技术与 xDSL、WLAN、以太网和 VoIP 技术有机融合，提供满足各种应用场景的终端设备。

(6) 电源采用全分布式供电，每个单板有自己的供电模块，外部电源两路冗余输入，确保供电可靠。

(7) NetNuMen 网管系统(中兴公司自主研发的网管系统)支持对 ZXA10 C200 系列的局端和用户端设备的统一管理维护，支持图形化界面、SNMP 的管理接口以及 Telnet 管理方式。

2. ZXA10 C200 技术特点

1) 设备外观介绍

ZXA10 C200 的外观如图 3.1.2 - 1 所示

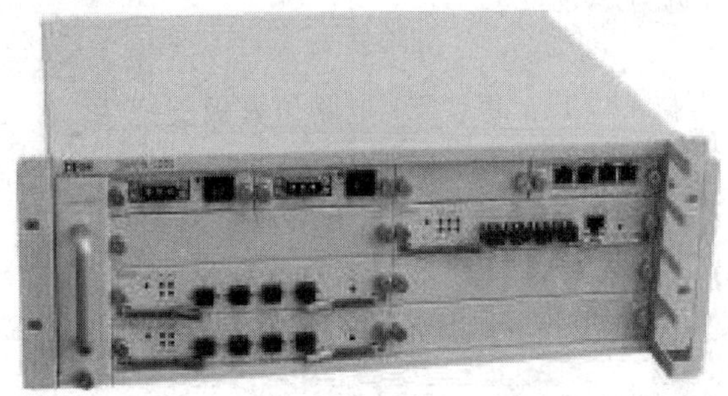

图 3.1.2 - 1　ZXA10 C200 的外观

ZXA10 C200 设备高度为 3 U，采用横插板方式，共 6 个插槽。

2）设备容量

ZXA10 C200 设备单框最多可插 5 块 PON 板，提供 20 个 EPON 口，最大可以连接 1280 个 EPON 光网络终端(ONT/ONU)。

3）设备的 PON 口

单个 EPON 端口支持 32 或 64 个分支，最大传输距离为 20 km。下行波长 1490 nm，上行波长 1310 nm，视频 CATV 波长 1550 nm。

4）物理结构和电气指标

体积：132.6 mm×482.6 mm×374.7 mm(高×宽×深)。

重量：满配置 25 kg。

功耗：最大功率 300 W。

供电：出线方式采用前出线，支持三路电源输入，－48 V(－38 ～－57 V)。

工作温度：－5～45℃。

3. ZXA10 C220 技术特点

1）设备外观介绍

ZXA10 C220 的外观如图 3.1.2－2 所示。

图 3.1.2－2　ZXA10 C220 的外观

ZXA10 C220 机框高 19 英寸，600 mm 深/7U 高(6U 板卡＋1U 风扇)，满配功耗为 400W。机框配置 2 块主控交换板＋10 块线卡＋2 块上行卡，共 14 个槽位。

2）设备容量

ZXA10 C220 设备高 6U，采用竖插板方式，共 10 个 PON 版插槽。背板数据总线带宽为 800 G，TDM 总线带宽为 59.712 G。

3）上联网络接口

上联 TDM 接口：支持 E1/T1，每块 E1 电路仿真板支持 32 路，提供 75 Ω 和 120 Ω 两种类型。单框可提供 320 路 E1/T1。

IP 数据网络接口：EIG(4 个 GE 光接口)、EIGM(2 个 GE 光口＋2 个电口)、EIT1F 板(1 个 10 G 的光口)。

视频网络接口：支持 FE/GE 接口，提供 IPTV 业务。支持 RF 接口，提供 CAYV 1550 nm业务。

4）PON 接口

单个 PON 端口最大可支持 1：64 的分支。

4. 单板介绍

1）主控交换板

ZXA10 C200 的主控交换板如图 3.1.2 - 3 所示。

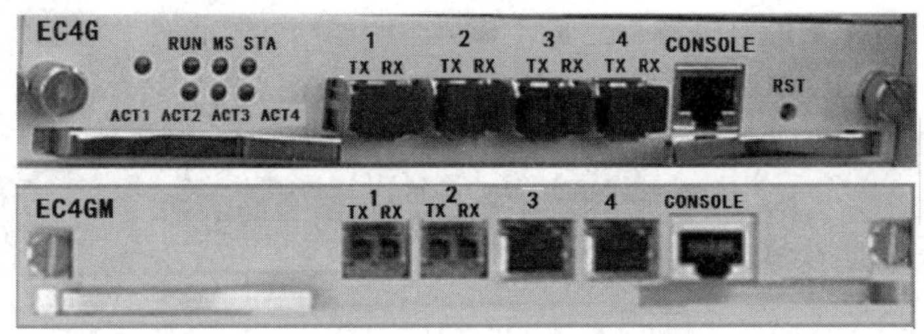

图 3.1.2 - 3　主控交换板

ZXA10 C200 主控交换处理板必须放置在 4 或 5 槽位，支持主备，每个 ZXA10 C200 设备至少配置 1 块 EC4G 或 EC4GM。可同时承担 4 GE 光接口或 2 GE 光接口+2 电接口的上联接口板作用。该板具有 68 G 的交换能力，最大支持 24 GE 和 4×10 GE 交换容量，可用于交换、汇聚各线卡的以太网数据业务，对系统中各个 PON 线卡的数据进行无阻塞交换，同时也可承担系统控制功能，完成整个系统的管理。

ZXA10 C220 主控交换处理板 GCSA 必须放置在 7 或 8 槽位，完成整个系统的交换、时钟处理和管理功能。单板包括 T 网和以太网交换芯片，具有数字交换容量 136 G，TDM 交换容量 15 G，可对系统中各个 PON 线卡的数据进行无阻塞交换。

2）EPFC 板

EPFC 板如图 3.1.2 - 4 所示。

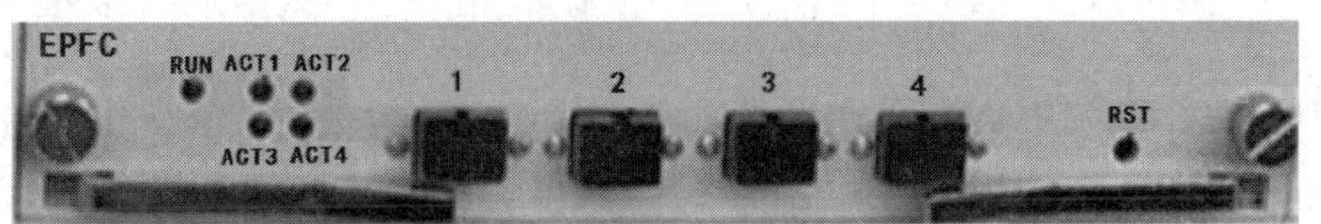

图 3.1.2 - 4　EPFC 板

EPFC 板是局端 EPON 业务板，完成 EPON 的 OLT 端功能，背板侧提供 4 GE 容量，具备无阻塞包转发能力。每块单板支持 4 路 EPON 的 PON - C 端口，每路上下行速率 1.25 Gb/s。提供 4 个 GE 分别到主备交换板的切换机制。

EPFC 板下联 ONT，每个 PON 口可接 32 个 ONT 或 64 个 ONT/ONU，支持 802.3ah 标准的多点控制协议(MPCP)、OAM、ONU 动态发现、自动注册和动态测距、DBA 以及 IGMP snooping，每个 PON 支持 256 个组播组，支持与多种公司 PON - R ONU 对接。

3）以太网接口板 EIG

以太网接口板 EIG 如图 3.1.2 - 5 所示。

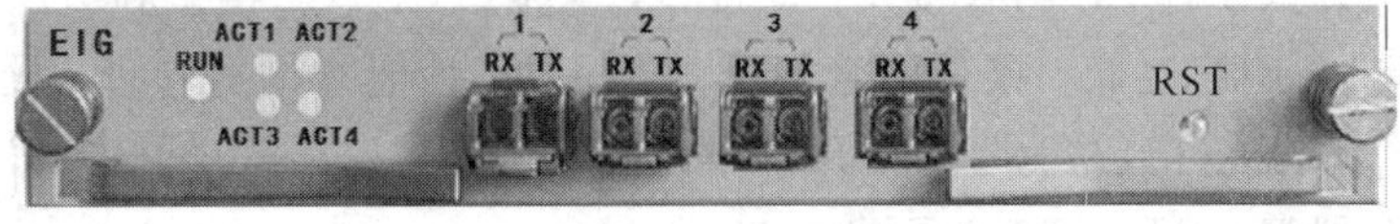

图 3.1.2 - 5　以太网接口板 EIG

EIG 板提供 4 路千兆以太网光接口，由四个 GE 光模块和背板驱动器组成，背板驱动器主要完成核心板的主备倒换和信号的再生，实现从背板来的 GE 信号的再生，光模块负责完成电光转换。CPLD 从背板送来的点灯信号中选取相应接口的点灯信息，驱动 LED 灯，进行接口点灯，反映接口链路状态。

4）以太网接口板 EIGM

以太网接口板 EIGM 如图 3.1.2－6 所示。

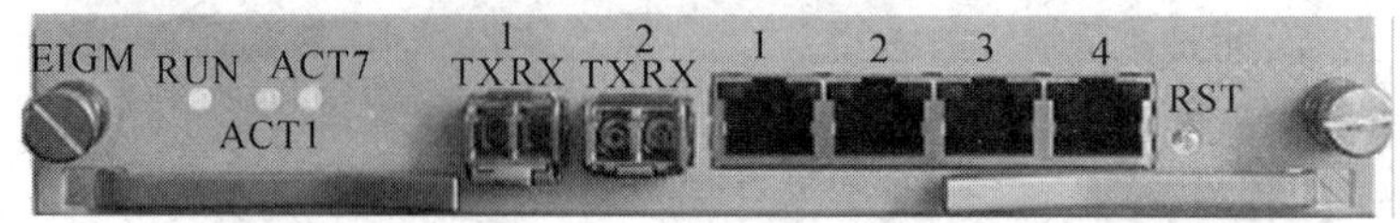

图 3.1.2－6　以太网接口板 EIGM

光电混合千兆以太网板(EIGM)提供 2 路 1000 M 以太网光接口和 4 路 10 M/100 M/1000 M 以太网电接口。

单板可工作在两种配置模式下：两路光口与 3 号、4 号(标号顺序见面板)电口同时工作；电口 1 号、2 号、3 号、4 号同时工作。

5）电源板 PFB

电源板 PFB 如图 3.1.2－7 所示。

图 3.1.2－7　电源板 PFB

在 ZXA10 C200 系统中，采用分布式供电方式，电源板提供主备，支持在线更换。

面板上有电源指示灯(PWR)、电源开关以及电源插座，提供－48 V 电源输出以及系统的电源过滤、过压、低压检测。

6）管理接口板 MCIB

管理接口板 MCIB 如图 3.1.2－8 所示。

图 3.1.2－8　管理接口板 MCIB

管理接口板提供 4 种 FE 网管接口：Q 接口，A 接口，STC1 接口和 STC2 接口。网管管理 Q 接口用来与网管互联，接受网管的配置、维护、性能查询等管理，接口形式为 10/100 M自适应。A 功能网口是为了今后的扩展功能，例如连接 radius 服务器，软交换设备或视频认证服务器等。STC 接口为预留接口。

7）风扇板 FAN

风扇板 FAN 提供系统风扇，支持带电插拔，可以根据环境情况自动开关风扇，并能自动检测风扇状态，面板上有 2 个固定螺丝以及一个拉手。

3.1.3　华为 OLT 设备认知

1. 概述

SmartAX MA5680T 光接入设备(以下简称 MA5680T)是华为技术有限公司推出的 EPON/GPON 一体化接入产品，提供大容量、高速率和高带宽的数据、语音和视频业务接入。SmartAX MA5680T 具有以下特点：

(1) 可以作为 PON 系统中 OLT 设备、终端 ONT 设备或者其他 ONU 设备配合使用，以满足多种 FTTx 组网应用，满足基站传输、IP 专线互联、批发等业务组网需求。

(2) 支持 P2P FE 光接入业务，通过与光接入终端配合，可为用户提供点对点的 FTTH 接入。

(3) 支持 GPON/EPON 接入，其 GPON/EPON 一体化接入能力，可以有效解决双绞线接入的带宽瓶颈问题，满足用户对高带宽业务的需求。

(4) 具备强大的 QoS 能力，适应电信业务的安全性要求，对安全性方面的协议进行了深入研究和应用，充分保障了系统安全和用户接入安全，为各种业务管理的开展提供了基础。具备良好的管理、维护和监控功能，便于日常管理和故障诊断。

2. 技术特点

1) 设备外观

MA5680T 19 英寸业务框外观如图 3.1.3 - 1 所示。

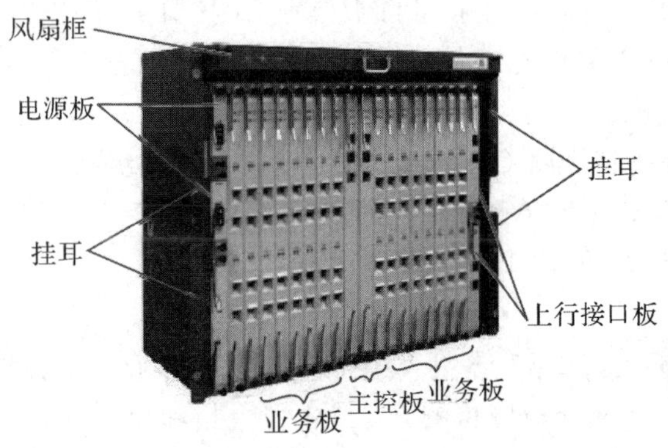

图 3.1.3 - 1　MA5680T 19 英寸业务框外观

MA5680T 支持 19 英寸业务框，该业务框支持 21 个槽位。

(1) 最左边槽位从上到下分为 3 部分，上面两部分为电源接入板槽位，固定配置两块电源板，电源板为双路输入，互为备份，槽位编号为 19、20。下面为通用接口板，槽位编号为 0。

(2) 1～6 槽位为业务板槽位。7、8 槽位为主控板槽位。一个机框可以配两块主控板，实现业务控制，主备功能。9～16 槽位为业务板槽位。

(3) 最右边槽位分为上、下两个部分，为 GIU(通用接口单元)槽位，槽位编号为 17、18。支持上行板，提供上行口。可以双配，实现业务保护。

(4) 所有单板支持热插拔。

2）运行环境

工作环境温度：长期工作环境温度为－5～＋45℃，短期工作环境温度为－25～＋55℃。

工作环境湿度：5%～95% RH。

3）供电

MA5680T 需直流供电，支持三路电源输入，－48 V(－38～－57 V)。

3. 设备的单板介绍

1）主控板

SCUN 主控板为系统控制管理单元。SCUN 主控板支持本地和远程维护、主备倒换、负荷分担功能，支持到业务板的 GE 或 10GE 通道，支持环境监控量接入，支持 M2XA、CKMC 和 FLBA 扣板，支持 4 个 SFP GE 上行光口。

SCUL 主控板为系统控制管理单元，支持本地和远程维护、主备倒换，支持到业务板的 GE 或 10GE 通道，支持环境监控量接入，支持配置 CKMA 时钟扣板，搭配 BITS 接口板实现时钟跟随锁相功能，支持配置 CKMC 时钟扣板实现 1588 V2 时间、时钟同步，支持 VoIP 逻辑扣板。

2）业务板

GPBD 业务板支持 8 端口 GPON 接口板，支持 8 个 GPON SFP 接口(单纤双向)，支持 Class B＋和 Class C＋光模块，支持温度查询和高温关断功能。

TOPA TDM 业务板支持 Native TDM 功能(配置 NH1A/O2CE 扣板)，支持 CESop 功能(配置 EH1A/CSSA 扣板)，支持 TDM 信号 E1 接口上行(配置 NH1A/EH1A 扣板)，支持 TDM 信号 STM－1 光口上行(配置 O2CE/CSSA 扣板)。

3）上行接口板

GICF 上行接口板支持 2 路 GE 光接口板，支持上行或级联。

GICK 上行接口板支持上行和级联，支持 2 个 SFP GE 光口或电口(光电自适应)，支持以太网时钟同步，支持 IEEE 1588 V2 协议。

4）电源接口板

PRTE 电源接口板支持 1 路 －48 V 电源输入，支持输入电源滤波限流，支持输入欠压检测、输入电源有无检测和故障检测，支持告警上报和单板在位信号上报，支持故障告警 ALARM 指示灯。

3.2 ODN 系列器件

3.2.1 MODF

现有的 ODF 主要用于光通信设备之间的连接与配线，面向的是传输层，其故障率不高。随着 FTTH 的实施，现有的铜缆网络将逐渐被光缆所代替，ODF 也将取代目前的 MDF，转而面向接入层和实际用户。这样一来，线路故障和用户端设备故障的数量将会变得很大，给维护部门带来很大的压力。在这种情况下，光总配线架(MODF，Main Optical fiber Distribution Frame)的使用可以提供在线测试口，实现在线测试和集中测试，降低维护工作量，方便跳线、操作、架间连接和线缆管理。

1. MODF 的概念及适用范围

光总配线架(MODF)具有直列和横列成端模块，直列端连接外线光缆，横列端连接光通信设备，可通过跳纤进行通信路由的分配连接，且具备水平、垂直、前后走纤通道，便于大容量跳纤维护管理扩容，具有链路测试端口的配线连接设备。

MODF 主要用于机房内设备光缆与室外光缆的集中成端、连接调度和监控测量，MODF 如图 3.2.1－1 所示。

图 3.2.1－1　MODF 架示意

2. 机架结构

1) 机架主要结构

MODF 由连接外线光缆的直列端、连接光通信设备的横列端配线架组成，两者可以是相互独立的光纤配线架，也可以采用一体架结构。

MODF 主要由机架顶座、底座、骨架、门(需要时)、光缆固定开剥单元、直列模块和跳纤收容单元、横列模块、水平走线槽及附件等组成。

MODF 也可以采用熔配分离的方式，单独设立光纤熔纤架。

MODF 机架可满足多个机架并架要求，方案水平走纤通道相互连接及跳纤走纤。机架可满足上进缆或下进缆，且外线缆和设备缆的布放区域相对独立，互不干扰，具有可兼容带状、束状光缆固定的光缆固定开剥装置。

MODF 机架高度有 2600 mm、2200 mm 及 2000 mm 三种。

2) 线路端结构

MODF 线路端由 72 芯一体化单元框组成，每个 72 芯一体化单元框由 6 个 12 芯一体化托盘组成。12 芯一体化托盘具有光纤熔接和成端功能，外线光缆光纤在托盘内与尾纤熔接并在托盘上成端。

一体化托盘上的适配器应具备向左(右)倾斜 30°左右的功能，在一体化托盘上的适配器可左右互换出纤。同一 MODF 的一体化托盘尺寸通用、可互换。

3）设备端结构

MODF 设备端结构由光纤终端单元组成。光纤终端单元是只具备光纤成端功能而无光纤熔接功能的面板型结构。光纤终端单元由适配器和适配器座板组成，适配器安装在座板上。所有光纤终端单元上的适配器的倾斜方向保持一致。每块光纤终端单元的容量有 72 芯、96 芯两种。同一 MODF 的光纤终端单元尺寸通用、可互换。

光纤终端单元可整体向下翻转。光纤终端单元可以转动到 90°，并且不会剐蹭走线槽道内的其他跳纤。

3. 功能介绍

1）光缆固定与保护

MODF 具有光缆引入、固定和保护装置，光缆固定在机架上时，光缆及缆中纤芯不会受到损伤；MODF 配置的纤环和绕线柱可以避免跳纤在转角处与架体直接接触；固定后的光缆金属护套及加强芯可通过高压防护装置可靠接地。

2）光纤终结功能

MODF 具有的光纤终结装置便于光缆纤芯及尾纤接续操作、施工、安装和维护；能固定和保护接头部位平直而不位移，避免外力影响，保证盘绕的光缆纤芯、尾纤不受损伤。

3）调纤功能

通过光纤连接器插头，能迅速方便地调度光缆中的纤芯。

4）水平走线功能

MODF 具有水平走线装置，用于跳纤在架内或架间跳接时路由的承载。

4. 使用方法

MODF 根据不同实际情况有不同的使用方法，包括：

(1) 依据机房上线洞的情况，MODF 可采取下进线或上进线方式，如图 3.2.1－2 所示。

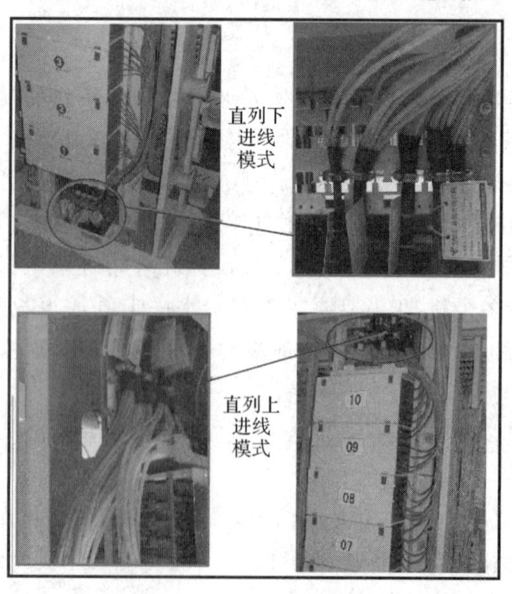

图 3.2.1－2　MODF 上/下进线方式

(2) 室外光缆成端在线路侧一体化单元框上，并在一体化单元内与尾纤熔接后插入适配器成端上列；机房内各种光设备跳纤在设备侧光纤终端单元后端插入适配器成端上列，如图 3.2.1－3 所示。

图 3.2.1－3　光缆在 MODF 线路侧和设备侧成端

(3) 跳纤在线路侧和设备侧前端成端，如图 3.2.1－4 所示。

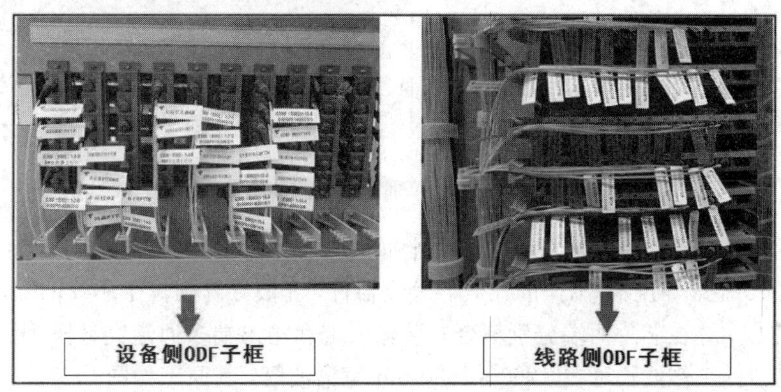

图 3.2.1－4　跳纤在 MODF 线路侧和设备侧前端成端侧

(4) 架体直列侧的左侧固定光缆，右侧存挂跳纤，如图 3.2.1－5 所示。

图 3.2.1－5　光缆/跳纤安置方式

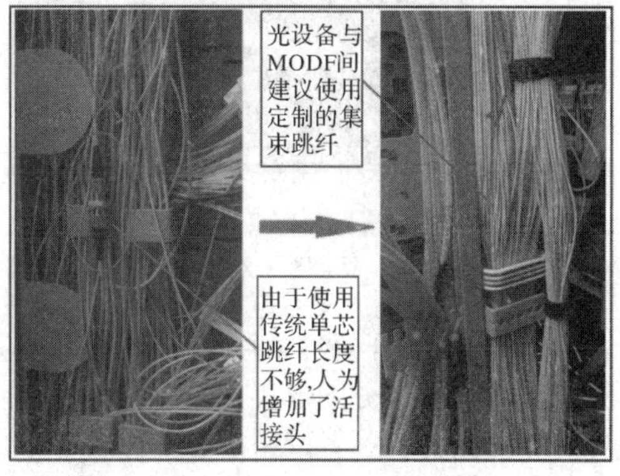

图 3.2.1－6　集束跳纤的应用

(5) 根据光设备与 MODF 设备侧的实际长度，可以定做集束跳纤，这样可以杜绝了因为布放跳纤时路由不合理或使用长度不合理的尾纤而造成机房跳纤杂乱无章的现象，如图 3.2.1－6 所示。

3.2.2 光分路器

光分路器是用于实现特定波段光信号的功率集合及再分配功能的光无源器件，光分路器可以是均匀分光的，也可以是不均匀分光的。

1. 类型及基本原理

根据制作工艺，光分路器可分为熔融拉锥(FBT)光分路器和平面光波导(PLC)光分路器两种类型。按器件性能覆盖的工作窗口光分路器可分为：单窗口型光分路器、双窗口型光分路器、三窗口型光分路器和全宽带型光分路器。

(1) 熔融拉锥(FBT)光分路器是将两根光纤扭绞在一起，然后在施力条件下加热并将软化的光纤拉长形成锥形，并稍加扭转，使其熔接在一起。熔融拉锥(FBT)光分路器一般能同时满足 1310 nm 和 1490 nm 波长的正常分光，其原理如图 3.2.2-1 所示。

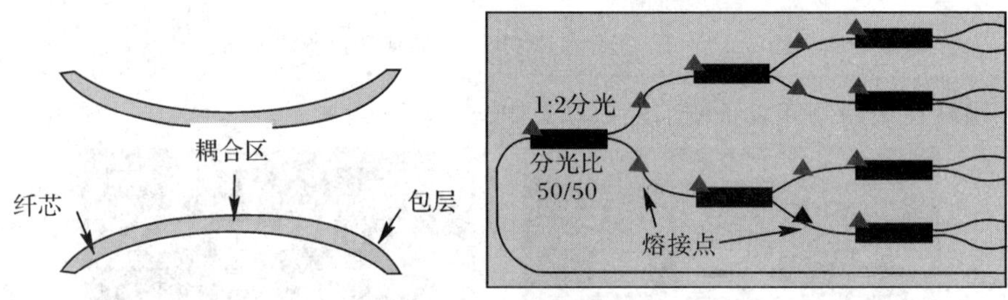

图 3.2.2-1 熔融拉锥(FBT)光分路器原理

(2) 平面光波导(PLC)光分路器是基于平面波导技术的一种光功率分配器，用半导体工艺(光刻、腐蚀、显影等技术)制作的光波导分支器件，光波导阵列位于芯片的上表面，分路功能在芯片上完成，并在芯片两端分别耦合封装输入端和输出端多通道光纤阵列。平面光波导(PLC)光分路器的工作波长可在 1260～1650 nm 宽谱波段，其原理如图3.2.2-2所示。

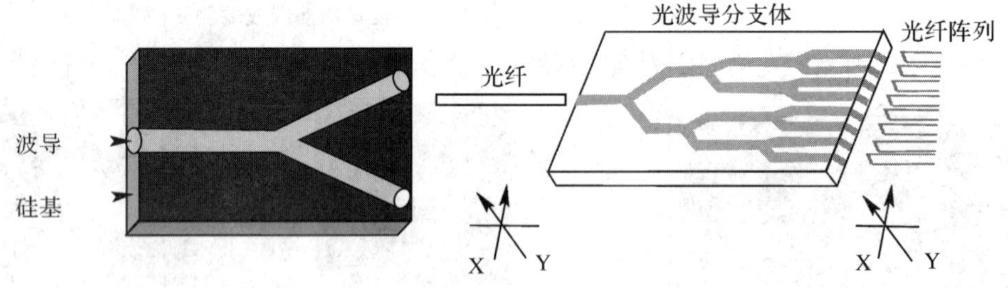

图 3.2.2-2 平面光波导(PLC)光分路器原理

光分路器有一个或两个输入端以及两个以上输出端，光功率在输出端为永久性分配方式。光分路器按功率分配形成规格来看，可表示为 M×N，也可表示为 M∶N。其中，M 表示输入光纤路数，N 表示输出光纤路数。

2. 功能及性能要求

1) 工作波长要求

考虑到 PON 网络应用需求，包括 EPON/GPON、10G PON、ODN 在线测试等的波长要求，光分路器应能支持 1260～1650 nm 工作波长。

2）光学性能要求

在工作温度范围内均匀分光的光分路器设备（含插头）安装前应满足表 3.2.2－1 的光学性能指标要求。

表 3.2.2－1　均匀分光光分路器光学性能指标

规格		1×2	1×4	1×8	1×16	1×32	1×64	1×128
光纤类型		G.657.A						
工作波长		1260～1650 nm						
最大插入损耗（分贝）		≤4.1	≤7.4	≤10.5	≤13.8	≤17.1	≤20.4	≤23.7
端口插损均匀性（分贝）		≤0.8	≤0.8	≤0.8	≤1.0	≤1.5	≤2.0	≤2.0
波耗（分贝）	出端截止	≥50	≥50	≥50	≥50	≥50	≥50	≥50
	出端开路	≥18	≥20	≥22	≥24	≥28	≥28	≥30
方向性（分贝）		≥55	≥55	≥55	≥55	≥55	≥55	≥55
注：不带插头光分路器的插入损耗在表中要求的基础上减少不小于 0.2 分贝，其他指标要求相同； 2×N 均匀分光的光分路器的插入损耗在表中要求的基础上增加不大于 0.3 分贝，端口插损均匀性是指同一个输入端口所对应的输出端口间的一致性，其他指标要求相同； 插入损耗在 1260～1300、1600～1650 nm 波长区间最大插入损耗在表中要求基础上增加 0.3 分贝。								

3. 产品形态及适用场合

（1）盒式光分路器。盒式光分路器采用盒式封装，端口为带插头尾纤型，一般安装在托盘、光缆分光分纤盒、光缆交接箱内。1/2：2/4/8/16/32 光分路器盒体的最大尺寸为 130 mm×80 mm×18 mm、1/2：64 光分路器盒体的最大尺寸为 130 mm×80 mm×29 mm。盒式光分路器如图 3.2.2－3 所示。

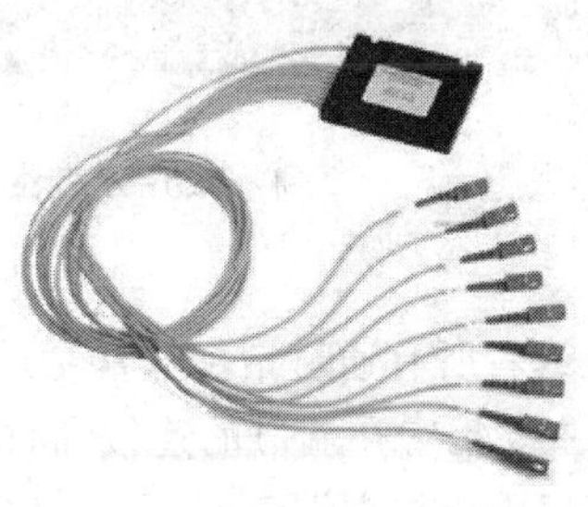

图 3.2.2－3　盒式光分路器

（2）机架式光分路器。机架式光分路器采用机架式封装，端口为适配器型，一般安装在 19 英寸标准机架内。机架式光分路器的最大尺寸为 483 mm×44.5 mm×260 mm。机架式光分路器如图 3.2.2－4 所示。

图 3.2.2－4　机架式光分路器

(3) 微型光分路器。微型光分路器的端口可为不带插头尾纤型或带插头尾纤型，一般安装在光缆接头盒、插片式光分盒内。不带插头型微型光分路器的最大封装尺寸为 70 mm×12 mm×6 mm；带插头型 1/2∶2/4/8/16 微型光分路器的最大封装尺寸为 70 mm×12 mm×6 mm、1/2∶32微型光分路器的最大封装尺寸为 80 mm×20 mm×6 m、1/2∶64 微型光分路器的最大封装尺寸为 100 mm×40 mm×6 mm。微型光分路器如图 3.2.2－5 所示。

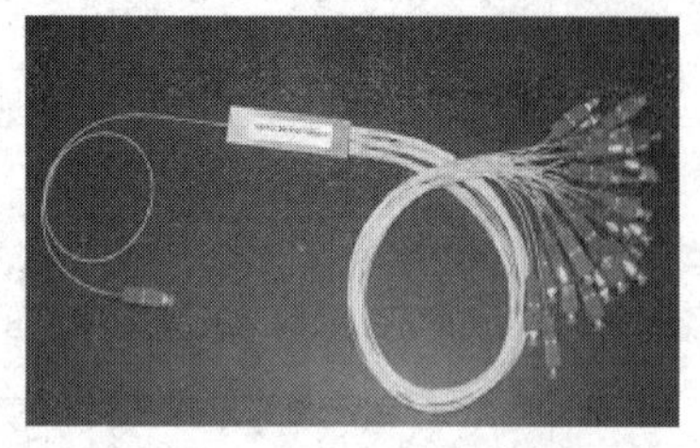

图 3.2.2－5　微型光分路器

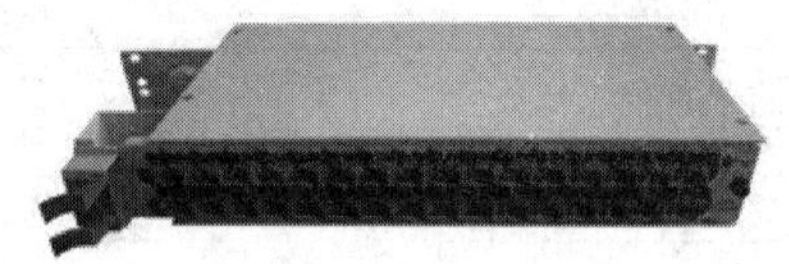

图 3.2.2－6　托盘式光分路器

(4) 托盘式光分路器。托盘式光分路器的端口为适配器型，一般安装在光纤配线架、光缆交接箱内。1/2∶2/4/8/16 分路器托盘占用 1 个 12 芯一体化托盘空间、1/2∶32/64 分路器托盘占用 2 个 12 芯一体化托盘空间，其中 1/2∶64 光分路器托盘需采用 LC 型适配器。托盘式光分路器如图 3.2.2－6 所示。

(5) 插片式光分路器。插片式光分路器的端口为适配器型，一般安装在光缆分光分纤盒内以及使用插箱安装在光纤配线架、光缆交接箱、19 英寸标准机架内。插片式光分路器的基本插片单元外形尺寸为 130 mm×100 mm×25 mm、占 1 个槽位。插片式光分路器如图 3.2.2－7 所示。

图 3.2.2－7　插片式光分路器

4. 常见故障处理

光分路器输出端的某个通道或者所有通道指标异常是最为常见的故障。通常情况下光分路器不良的可能性比较小，故障主要集中在端口的连接器件上，而连接器件的故障又主要集中在插针体的端面上和适配器接口中。根据端口的不同，故障的处理方法也有所不同。

(1) 对于带插头尾纤型端口，可清洁异常通道的光纤活动连接器。清洁时应使用蘸有酒精的无脂棉纸，擦拭时应沿着陶瓷面的角度向一个方向擦拭，不应来回擦拭，以防止损坏端面。

(2) 对于适配器型端口，可清洁异常通道的适配器。清洁时应使用专用擦拭棒蘸酒精后将适配器及其内部的插针体的端面进行清洁。

3.2.3　免跳接光缆交接箱

1. 基本功能与原理

免跳接光缆交接箱可方便地实现光缆的成端、光纤的跳接与调度、尾纤余长的收容，并且可以通过灵活地增加光分路器数量，以实现光分端口的扩容等功能，从而可以降低产品和工程建设的成本、减少故障环节。其基本原理是光缆交接箱内的配光缆尾纤端接后存储(不连接适配器)，配光缆尾纤可直接连接主干光缆成端的适配器或端口为适配器型的光分路器。

2. 适用场合

免跳接光缆交接箱一般设置在光缆汇聚点，在FTTH/O接入方式下，处于第一级分光点位置，其具体应用场景如图3.2.3-1所示。

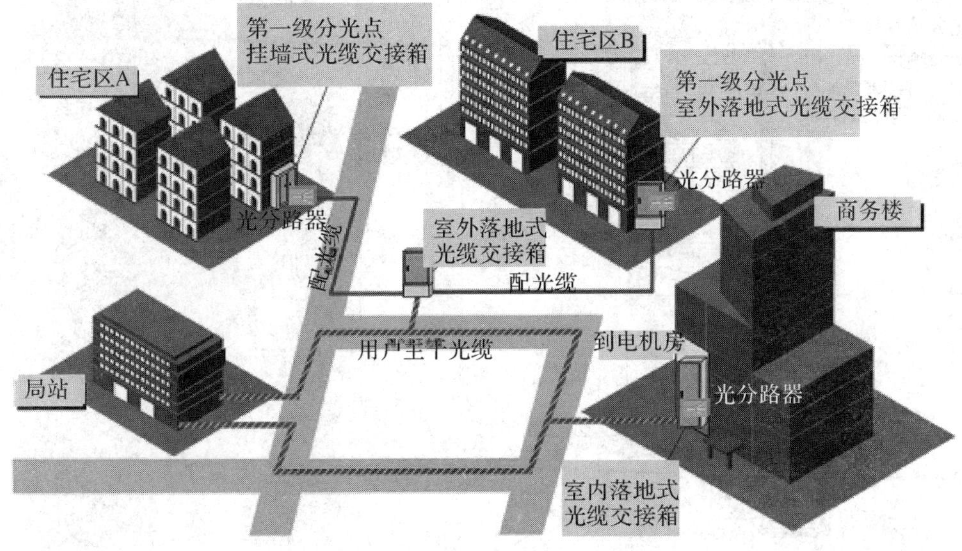

图3.2.3-1　免跳接光缆交接箱应用场景

3. 设置要求

光缆交接箱是用户光缆线路中的主干与配光缆的集中点。交接箱安装位置应选择在便于施工、便于维护、不易受外界损坏、不妨碍交通、没有严重电磁干扰及无化学腐蚀的地方。

4. 产品种类与安装方法

免跳接光缆交接箱一般采用落地、挂墙、架空等安装方式。根据安装环境要求，产品可分为室外落地式、室内落地式和室内外挂墙式，并可根据安装需求采用SC型或LC型双芯适配器，其主要产品类型规格如表3.2.3-1所示。

表3.2.3-1　免跳接光缆交接箱类型规格

序　号	描　述	容　量
1	室外落地式免跳接光缆交接箱	48/96/144/264 288/576
2	室内外挂墙式免跳接光缆交接箱	48/144/192
3	室内落地式免跳接光缆交接箱	96/144/192/288

5. 几种典型的交接箱

（1）室外落地式免跳接光缆交接箱结构如图 3.2.3－2 所示。

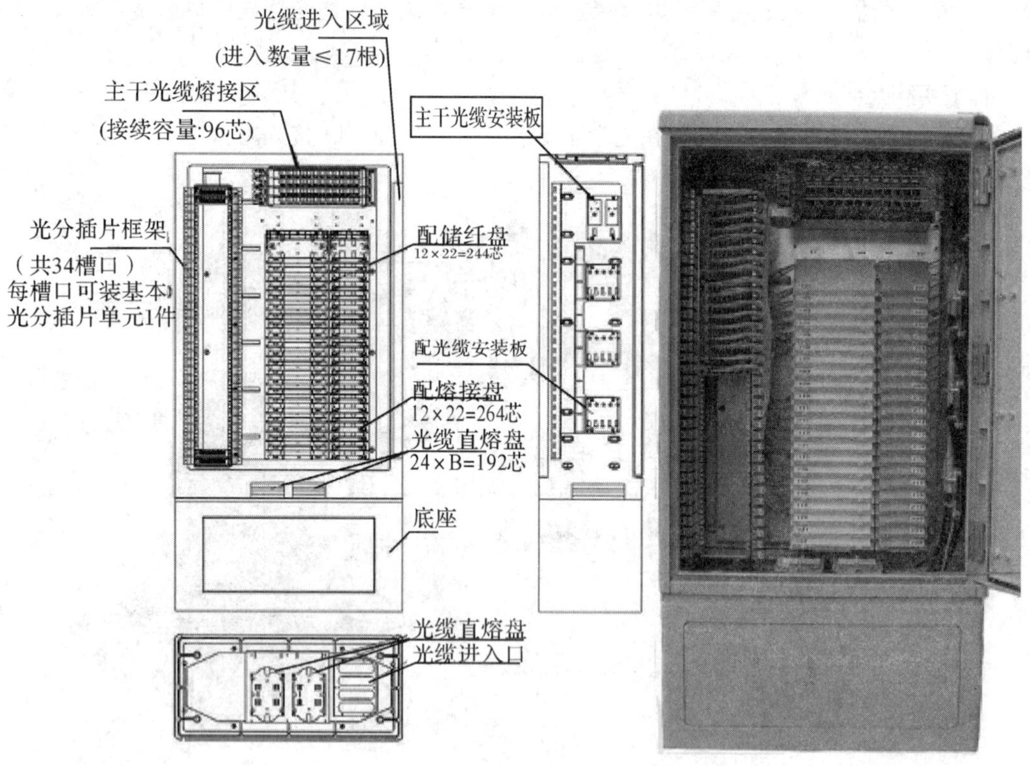

图 3.2.3－2　室外落地式免跳接光缆交接箱结构

（2）室内外挂墙式免跳接光缆交接箱结构如图 3.2.3－3 所示。

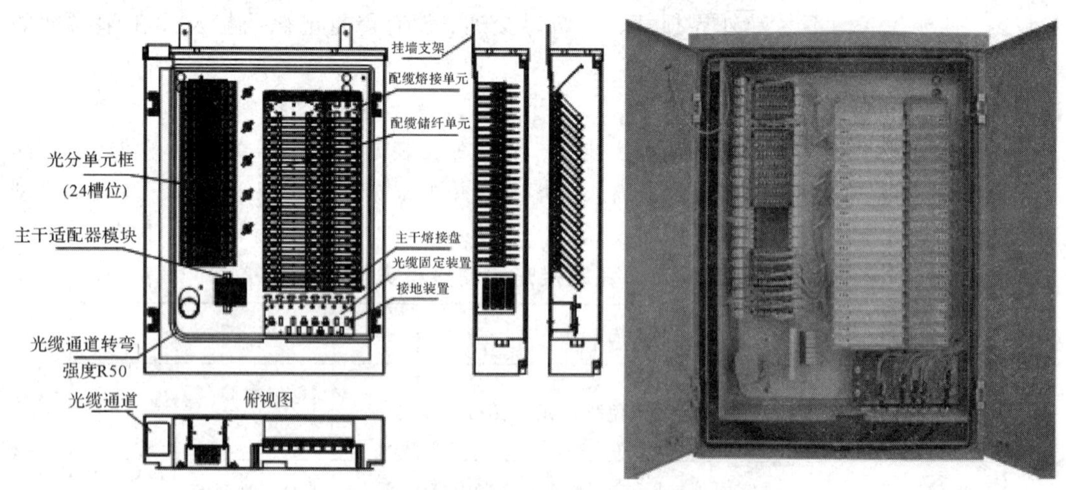

图 3.2.3－3　室内外挂墙式免跳接光缆交接箱结构

(3) 室内落地式免跳接光缆交接箱结构如图 3.2.3－4 所示。

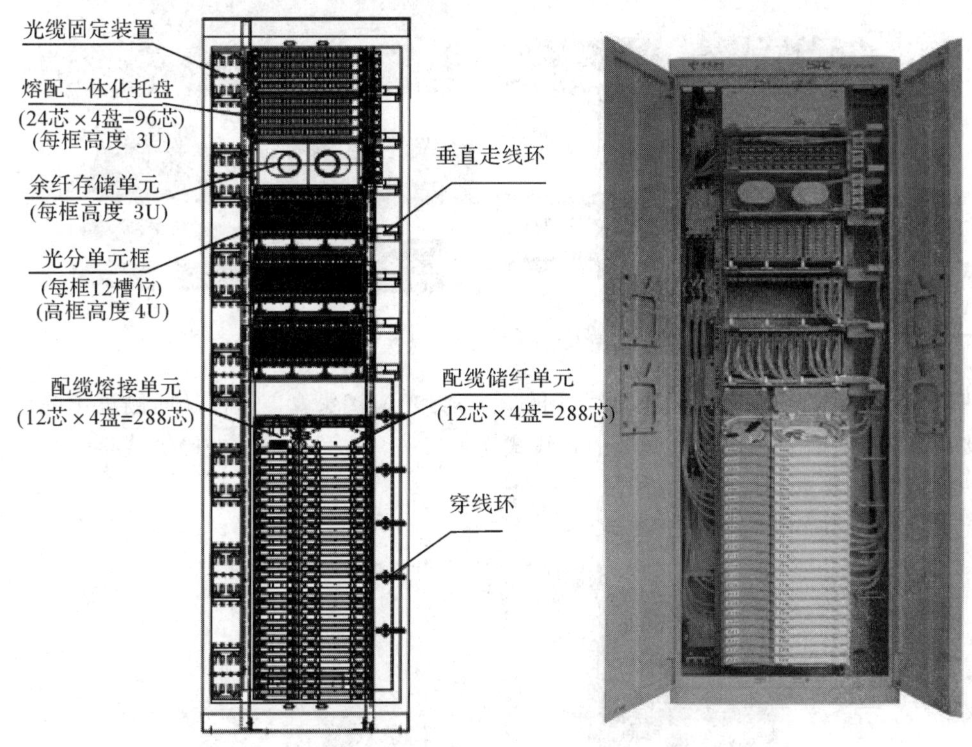

图 3.2.3－4　室内落地式免跳接光缆交接箱结构

6. 维护检修工作

光缆交接箱是用户光缆装设在局外的交接设备，是用户主干与配光缆的集中点，为此光缆交接箱应设有专人负责管理，以确保通信和设备的安全。

(1) 设专人定期检查维修，发现问题并做好记录。

(2) 设专人定期检查核对纤芯、光分路器端口的使用情况，做到图表、资料与实用相符。

(3) 定期检查交接箱箱体和底隔板，有无裂缝进潮现象及有无锈蚀现象以便采取措施修复。

(4) 检查交接箱内有无存放杂物，保证设备的安全。

3.2.4 光缆接头盒

光缆接头盒是相邻光缆间提供光学、密封和机械强度连续性的接续保护装置，主要用于各种结构的光缆在架空、管道、直埋等敷设方式上的直通和分支连接。盒体采用增强塑料，强度高、耐腐蚀、结构成熟、密封可靠、施工方便。光缆接头盒广泛用于通信、网络系统、CATV 有线电视、光缆网络系统等。光缆接头盒如图 3.2.4－1 所示。

光缆接头盒按外形结构分为帽式和卧式；按光缆敷设方式分为架空型、管道型和直埋型；按光缆连接方式分为直通接续型和分歧接续型；按密封方式分为热收缩密封型和机械密封型。

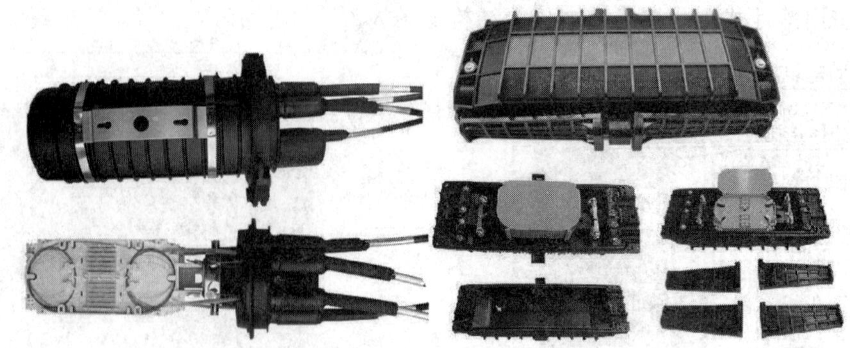

图 3.2.4 - 1　光缆接头盒

目前在 FTTH 网络部署中，最常用的有两类光缆接头盒，一种是同侧进出光缆的帽式接头盒，另一种是两侧进出光缆的直线式光缆接头盒亦称为卧式或哈夫式接头盒。

1. 帽式接头盒

帽式接头盒如图 3.2.4 - 2 所示。

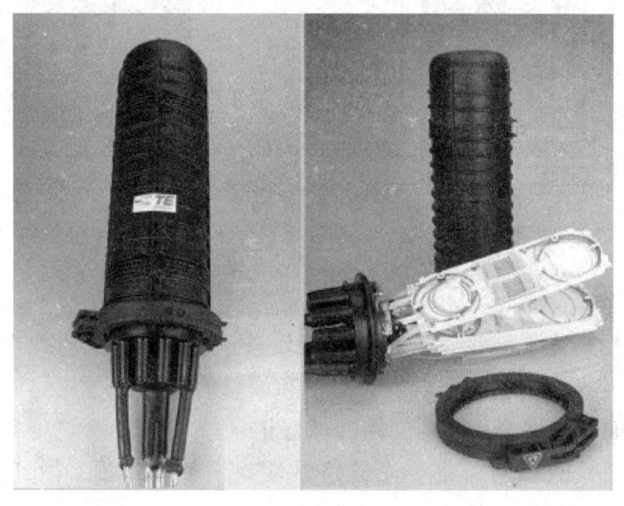

图 3.2.4 - 2　帽式接头盒

根据 FTTH 网络的特点，其接头盒应具有以下三个基本要素：

(1) 多分支附件。可实现将一个光缆进出口转化为 2、4、6 根光缆同时出入。

(2) 可重复开启。无需特别工具，可快速重复开启接头盒。更无需更换密封材料。

(3) 12 型，24 型或 48 型翻叶式熔接托盘可选。配合多款热缩套管固定座，可用于各种光纤的存储，并可在熔接托盘上放置分光器，以达到节省管道资源、减少故障点的功能。

自从最早的帽式接头盒在 1986 年面世以来，帽式接头盒不论在干线还是在接入网的建设中，一直以其优异的性能、可靠的连接、快速的安装和方便的维护在外线设施中得到大规模的应用。帽式接头盒具备 FTTH 网络所要求的三个基本要素，其主要特点如下：

(1) 外形尺寸为 410×Φ150mm(不含卡箍)，最大可安装 4 张熔接盘，最大接续熔量为 96 芯。外形尺寸为 540×Φ150mm (不含卡箍)，最大可安装 6 张熔接盘，最大接续熔量为 144 芯。

(2) 具有在一端绞接的页式熔接盘，方便安装及日后的维护管理，页式熔接盘如图3.2.4－3所示。

(3) 翻页式熔接盘可提供光纤的弯曲半径保护，可根据实际需要进行大圈收容或小圈收容，如图 3.2.4－4 所示。

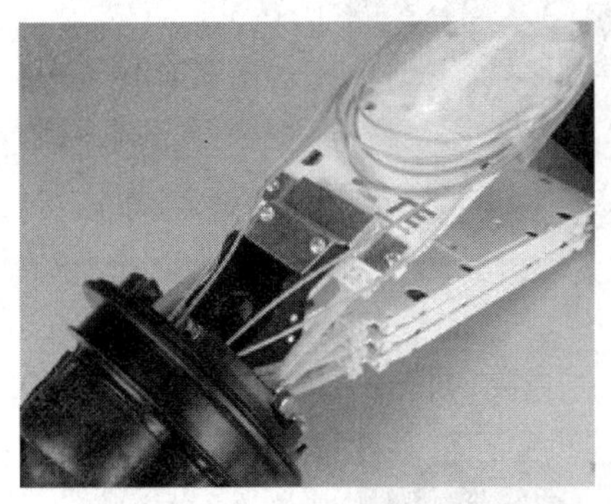

图 3.2.4－3　页式熔接盘

图 3.2.4－4　翻页式熔接盘收容

(4) 各个熔接盘互不影响，避免了过渡管打结导致损耗增加。页式熔接盘隔离如图3.2.4－5所示。

图 3.2.4－5　页式熔接盘隔离

(5) 光纤可在各盘间转接，加强了灵活性。

(6) 机械密封和热缩密封相结合。壳体和基座采用 O 型密封圈密封。光缆和基座采用热缩管密封。壳体可反复多次重复开启。机械密封和热缩密封如图 3.2.4－6 所示。

图 3.2.4－6　机械密封和热缩密封

(7) 锁紧装置采用卡箍固定，方便重复开启，性能可靠，开启和锁紧只需短短几秒钟时间。锁紧装置如图 3.2.4－7 所示。

图 3.2.4 - 7　锁紧装置

(8) 多达 8 个独立的配线光缆进出口和一个椭圆型主干进出缆口，最大可提供 1 进 8 出多根光缆的接续。出缆口如图 3.2.4 - 8 所示。

图 3.2.4 - 8　出缆口

(9) 使用专用的分支叉配合收缩比达 1∶8 的热缩管，可快速密封椭圆型口的过路光缆。

(10) 适合多种直径规格的光缆。椭圆型口适用于 10～25 mm 的过路光缆。分支光缆口适用于 4～11 mm 的分支光缆。

(11) 适用于架空，管道，直埋等各种场合和松套，骨架，带状等光缆。架空安装如图 3.2.4 - 9 所示。

(12) 可对光缆进行桥接，分配，分支和修理。

(13) 可兼容光分路器等光无源器件的安装，兼容光无源器件安装如图 3.2.4 - 10 所示。

图 3.2.4 - 9　架空安装

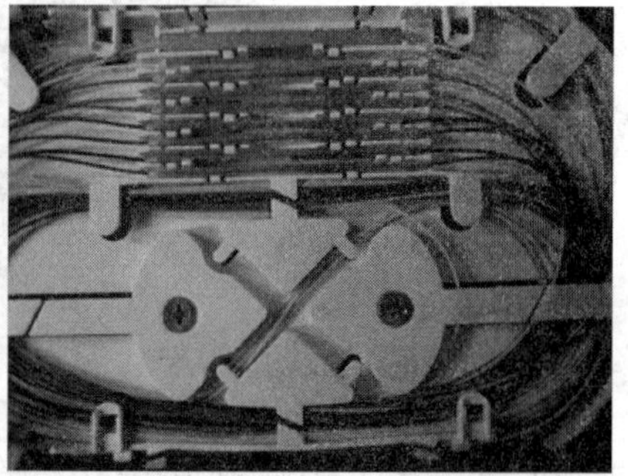

图 3.2.4 - 10　兼容光无源器件安装

2. 直线式光缆接头盒

直线式光缆接头盒如图 3.2.4－11 所示。

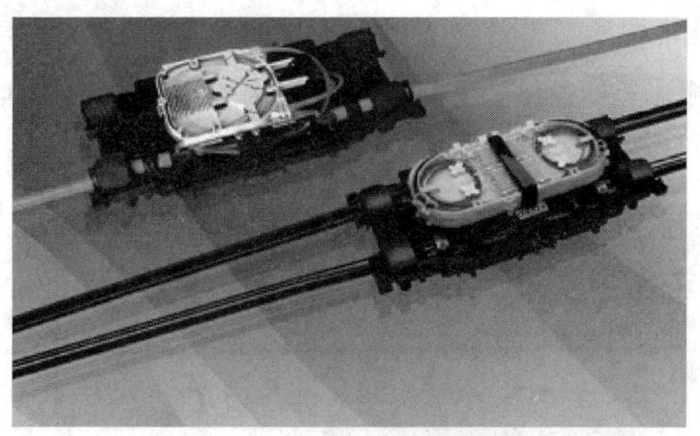

图 3.2.4－11　直线式光缆接头盒

为通信外线网络中光缆机械接续和密封保护而设计的直线式光缆接头盒，可应用于架空、管道、直埋等各种场合。直线式光缆接头盒配备光缆进缆附件及大芯数的光纤熔接盘，最大容量可达 96 芯(带状 192 芯)。盒体采用粘胶条密封，可多次重复开启，无需更换密封材料，满足 FTTH 网络的三个基本要素。其主要特点包括：

(1) 机械方式凝胶密封，直线式设计，适用于架空、管道、直埋等各种应用场合。

(2) 两端各有两个光缆进口，分缆附件供选择。光缆进口如图 3.2.4－12 所示。

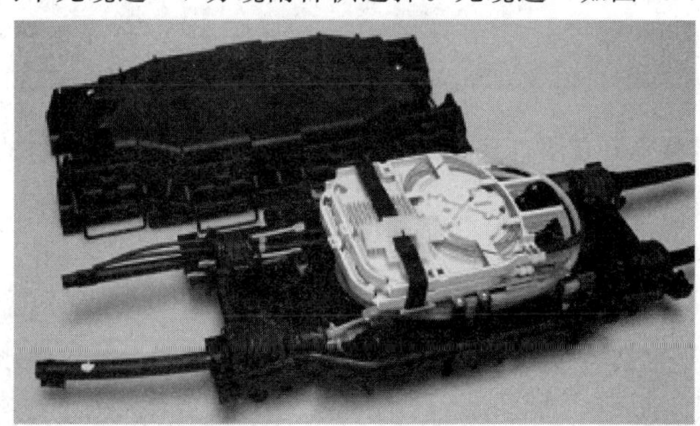

图 3.2.4－12　光缆进口

(3) 适用于各种类型光缆，例如层绞式光缆、中心束管或骨架式光缆等。

(4) 一般用于 12～72 芯光缆接续，极限容量可扩展到 192 芯。

(5) 光缆进出口采用凝胶条密封，无需加热，无需更换密封材料，光缆出口密封如图 3.2.4－13 所示。

图 3.2.4－13　光缆出口密封

(6) 由于整个盒体采用凝胶密封，所以开启或关闭无需特别工具，无需重复开启套件。

(7) 采用方便的卡扣装置，直线式光缆接头盒的卡扣式设计便于接头盒安装和重复开启，减少了操作人员拧螺丝的烦恼，更降低了人为因素对密封性能所造成的影响，卡扣装置如图 3.2.4-14 所示。

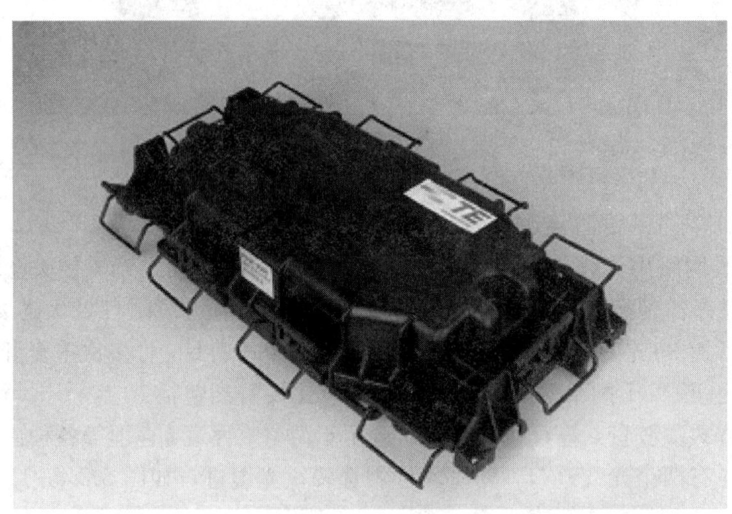

图 3.2.4-14　卡扣装置

(8) 翻页式的熔接盘，方便查找光路和进行割接，且有多种款式的翻页式的熔接盘可供选择，如图 3.2.4-15 所示。

(9) 根据需要，直线式光缆接头盒翻页式的熔接盘可安置分光器。

(10) 可加装气门和接地线，满足干线网络要求，气门和接地线如图 3.2.4-16 所示。

图 3.2.4-15　翻页式的熔接盘

图 3.2.4-16　气门和接地线

(11) 密度大，外形尺寸为 368 mm×182 mm×106 mm 的直线式接头盒，最大容量为 96 芯(带状 192 芯)。

(12) 可配合专为 FTTH 网络而设计的入户光缆分支组件，每个光缆口可分支 6 根圆缆(0～5 mm)或 8 字缆、4 根圆缆(7～9 mm)，光缆分支组件如图 3.2.4-17 所示。

图 3.2.4－17　入户光缆分支组件

3. 应用场景

帽式接头盒和直线式光缆接头盒均可用于外线设施的架空、管道、直埋等各种应用场合，其应用场景如图 3.2.4－18 所示。

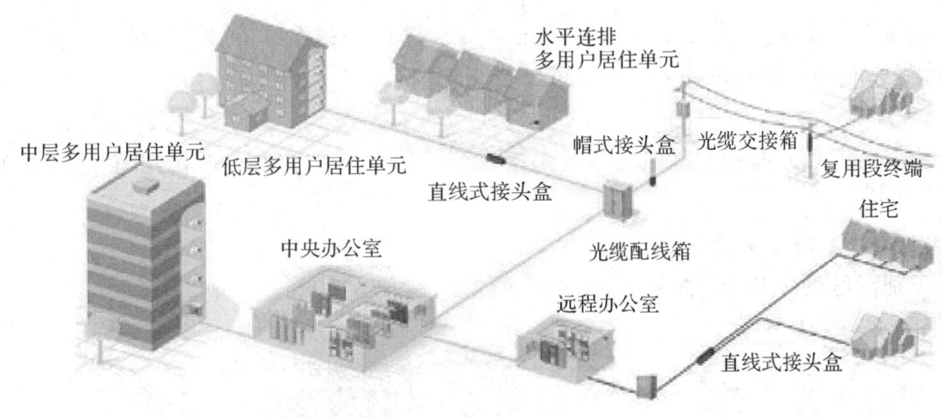

图 3.2.4－18　接头盒应用场景

1）架空安装

帽式接头盒和直线式光缆接头盒均可悬挂安装在任何钢丝绳索上，如图 3.2.4－19 所示。

(a) 帽式接头盒　　(b) 直线式光缆接头盒

图 3.2.4－19　接头盒架空安装

2）管道安装

配合各种安装件，可将帽式接头盒或直线式光缆接头盒安装在各种入井或手孔中，如图3.2.4－20所示。

图 3.2.4－20　接头盒管道安装

3）直埋安装

帽式接头盒和直线式光缆接头盒均完全符合信息产业部标准 YD/T814.1（光缆接头盒）的检测标准和白蚁侵蚀检测报告，可进行直埋安装。

4）干线解决方案

干线安装时帽式接头盒和直线式光缆接头盒适用于最大 144 芯带状光缆和 96 芯束状光缆。

5）别墅区解决方案

对于别墅区的 FTTH 解决方案，可在所选的帽式或直线式光缆接头盒中设置光分路器，如图 3.2.4－21 所示。

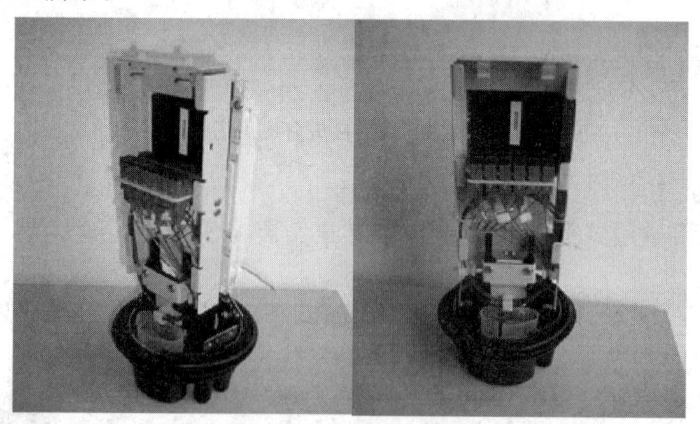

(a) 帽式接头盒　　(b) 直线式光缆接头盒

图 3.2.4－21　别墅区光缆接头盒应用

4. 安装注意事项

1）帽式接头盒安装注意事项

(1) 适用于在－1～ 45℃ 范围安装。

(2) 必须注意保持施工环境的清洁以便进行光线的熔接和确保密封材料的密封性能。

(3) 安装接头盒光缆入口的密封热缩管时不可用明火，应使用热风枪(350℃以上)。

2) 直线式光缆接头盒安装注意事项

(1) 适用于在－5～40℃范围安装。

(2) 必须注意保持施工环境的清洁以便进行光纤的熔接和确保密封材料的密封性能。

3.2.5　光缆分纤盒

1. 种类与适用场合

光缆分纤盒是光缆的终端设备，也是用于光缆分配纤序和连接入户蝶形引入光缆或光跳纤的设备。光缆分纤盒一般安装于内、外墙和电杆上，其具体应用场景如图 3.2.5－1 所示。

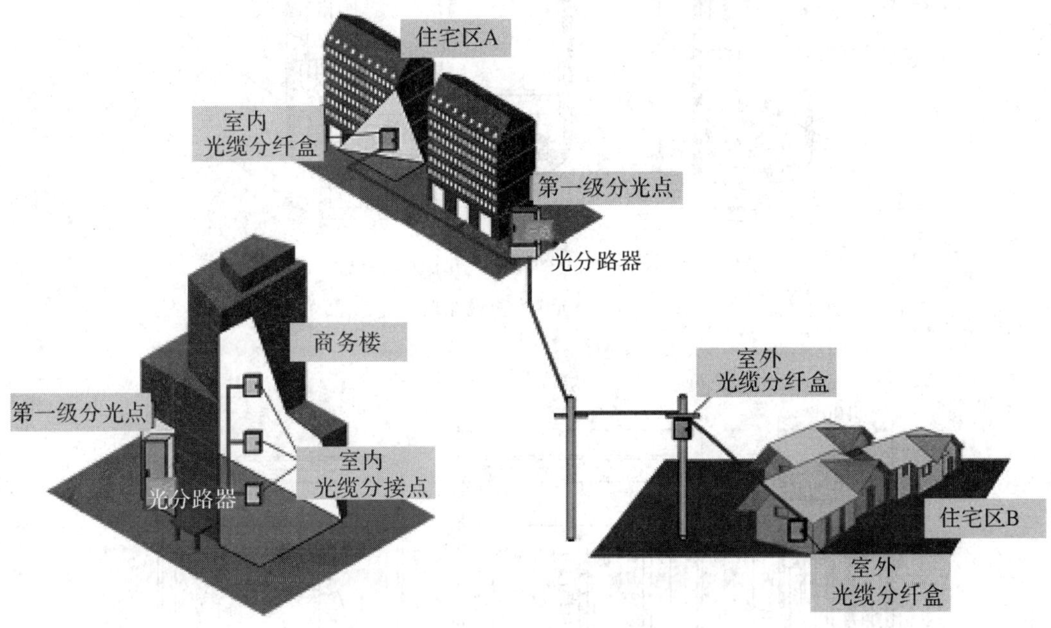

图 3.2.5－1　光缆分纤盒应用场景

2. 基本结构

光缆分纤盒采用双层结构，上层主要由 SC 型适配器组成，下层主要由光纤熔接盘片、光缆固定和接地装置及蝶形引入光缆盘绕固定装置组成，产品满足室内外壁挂和抱杆安装，其主要产品类型规格如表 3.2.5－1 所示。

表 3.2.5－1　光缆分纤盒类型规格

序号	分类型号	光纤活动连接适配器数量	外形尺寸(mm) (高)×(宽)×(深)
1	6 芯光缆分纤盒	6	250×170×70
2	12 芯光缆分纤盒	12	328×220×100
3	24 芯光缆分纤盒	24	440×280×115

光缆分纤盒的盒体防护性能达到 GB 4208－2008 中 IP55 级要求，一般采用 SMC 等非金属材料制成，其结构如图 3.2.5－2 所示。

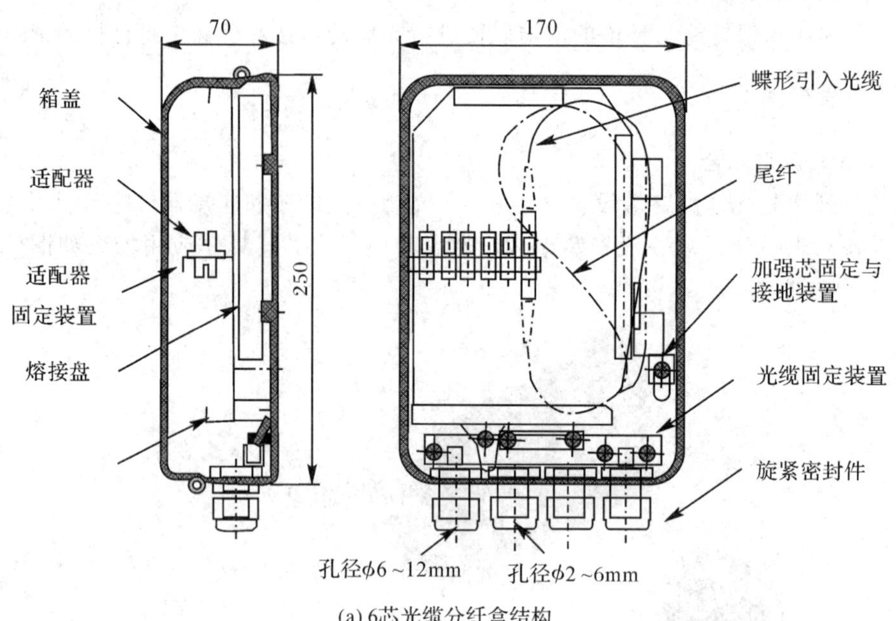

(a) 6芯光缆分纤盒结构

上层
下层
100
220
328
孔径φ6～12mm

(b) 12芯光缆分纤盒结构

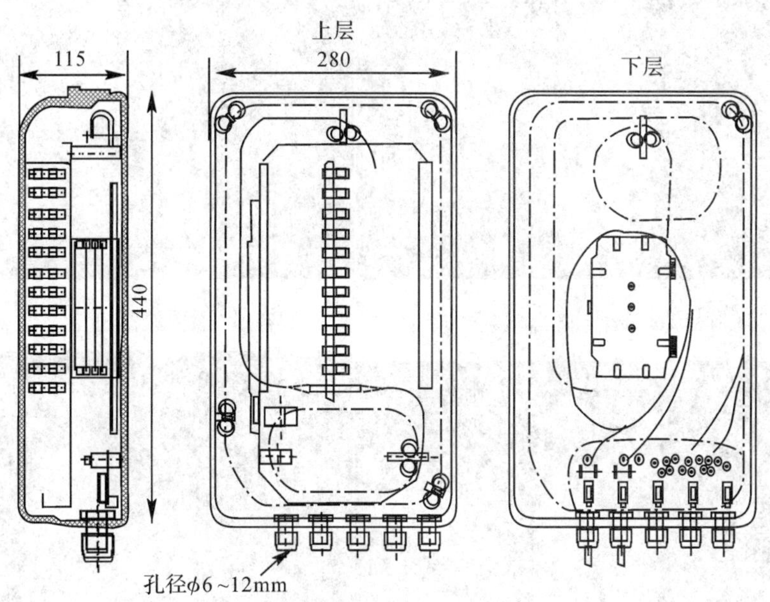

(c) 24芯光缆分纤盒结构

图 3.2.5－2　光缆分纤盒结构

3. 安装方法

(1) 将所需布放的尾纤按图 3.2.5－3 方式与适配器连接。

(2) 按图 3.2.5－3 中的走线方式与位置，将尾纤引入光纤熔接盘进行熔接，光缆除在此熔接尾纤外还可对光缆进行分支。

(3) 熔接完毕后，用固定扣将尾纤绑扎固定。

(4) 将所需布放的蝶形引入光缆，从箱体下线缆孔进入箱体内。

(5) 从进线孔位置开始按图 3.2.5－3 中的走线方式与位置，将蝶形引入光缆引至所需连接的适配器处，计算好长度后将多余的蝶形引入光缆剪除。

(6) 现场组装光纤活动连接器制成后，按图 3.2.5－3 的走线方式与位置整理蝶形引入光缆，并予以固定绑扎。

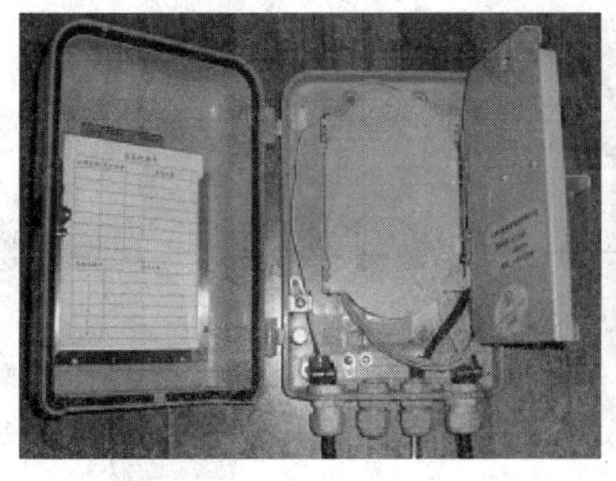

6芯光缆分纤盒下层布线

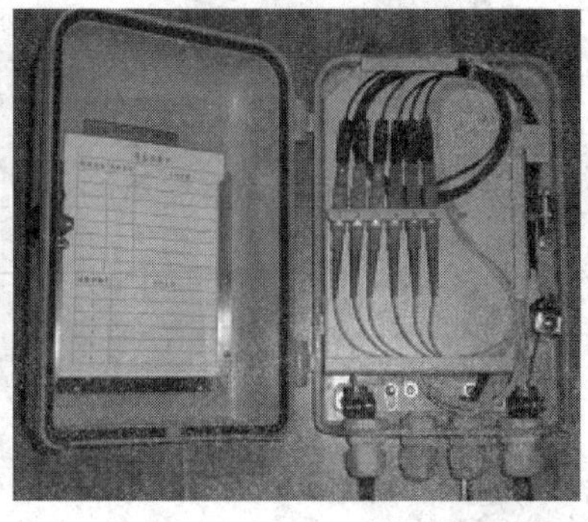

6芯光缆分纤盒上层布线

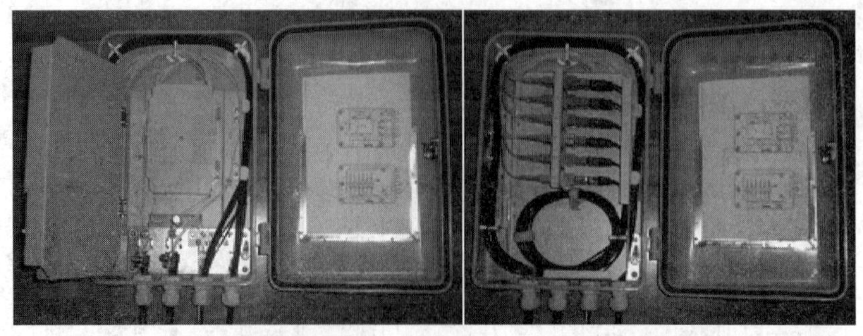

12芯光缆分纤盒下层布线　　12芯光缆分纤盒上层布线

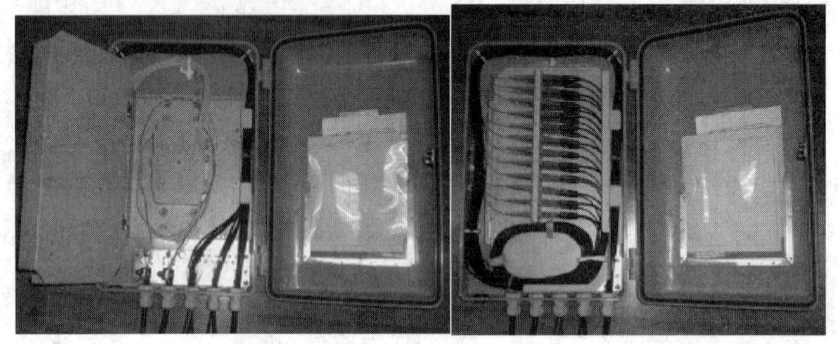

24芯光缆分纤盒下层布线　　24芯光缆分纤盒上层布线

图 3.2.5－3　光缆分纤盒结构

3.2.6　光缆分光分纤盒

1. 功能与适用场合

光缆分光分纤盒主要用于安装光分路器并连接入户蝶形引入光缆的线路终端设备。光缆分光分纤盒一般设置在第二级分光点，并可安装在内、外墙和电杆上，其具体应用场景如图 3.2.6－1 所示。

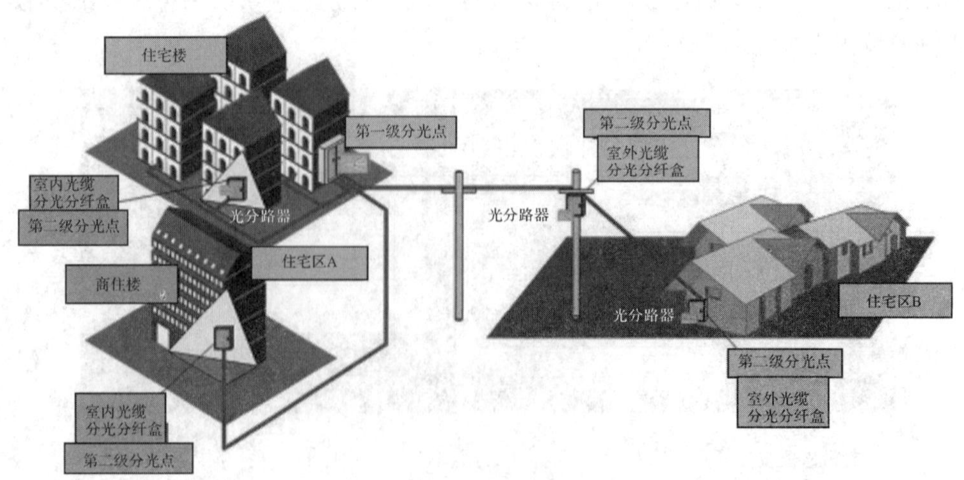

图 3.2.6－1　光缆分光分纤盒应用场景

2. 产品种类与基本结构

光缆分光分纤盒采用模块化、免跳接结构，可通过灵活的增加插 196 片式光分路器(以下简称光分插片)数量，以实现端口的扩容。一般光缆分光分纤盒采用挂墙、架空等安装方式，根据安装环境的不同可分为室外型和室内型，其主要产品类型规格如表 3.2.6－1 所示。

表 3.2.6－1　光缆分光分纤盒类型规格

序号	分类型号	基本光分插片单元数	外形尺寸(mm) (高)×(宽)×(深)
1	室内挂壁式二槽位光缆分光分纤盒	2	350×340×100
2	室内挂壁式四槽位光缆分光分纤盒	4	460×340×100
3	室内壁嵌式二槽位光缆分光分纤盒	2	280×260×90
4	室内壁嵌式四槽位光缆分光分纤盒	4	345×260×90
5	室外光缆分光分纤盒	2	385×295×100

1) 室内挂壁式光缆分光分纤盒

室内挂壁式光缆分光分纤盒采用双层结构，上层主要由光分插片固定装置及蝶形引入光缆盘绕固定装置组成；下层配有光纤熔接盘片、上联尾纤的停泊装置以及光缆固定接地装置等，产品满足室内壁挂安装，盒体防护性能达到 GB 4208－2008 中 IP53 级要求，一般采用金属材料制成，其产品结构如图 3.2.6－2 所示。

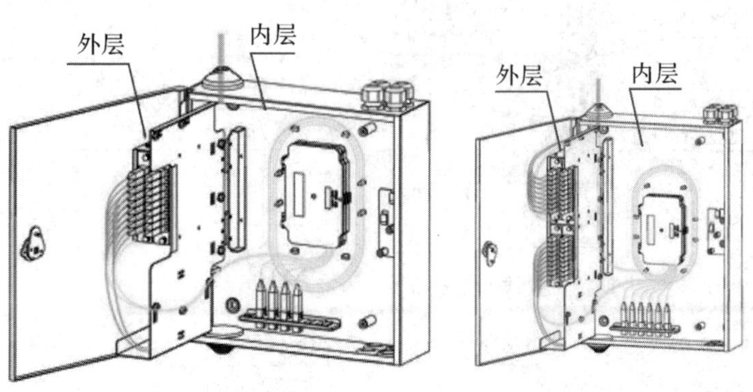

(a) 二槽位光缆分光分纤盒结构　　(b) 四槽位光缆分光分纤盒结构

图 3.2.6－2　室内挂壁式光缆分光分纤盒结构

光缆从盒体下层右侧上方或下方进入。光缆在开剥后用喉箍固定在光缆固定板上，同时固定好加强芯，并将金属挡潮层及加强芯接地。按要求将开剥后的光纤引入熔接盘进行熔接，光缆除在此熔接尾纤外还可对光缆进行分支，室内挂壁式光缆分光分纤盒能满足 4 根光缆同时进入。室内挂壁式光缆分光分纤盒盒体内光缆布线和固定方式如图 3.2.6－3 所示。

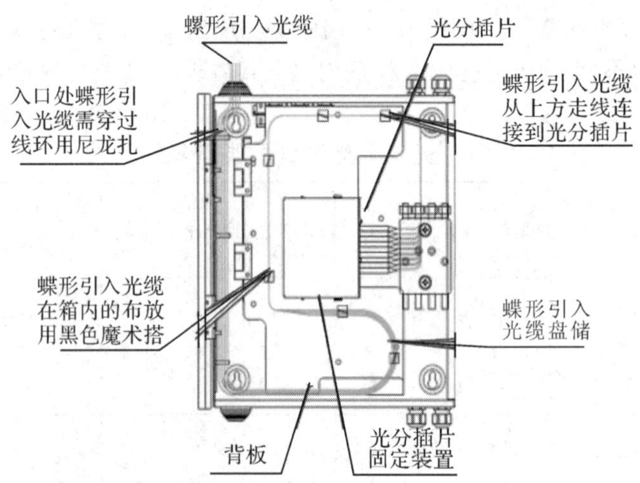

（a）二槽位盒体内光缆布线和固定方式

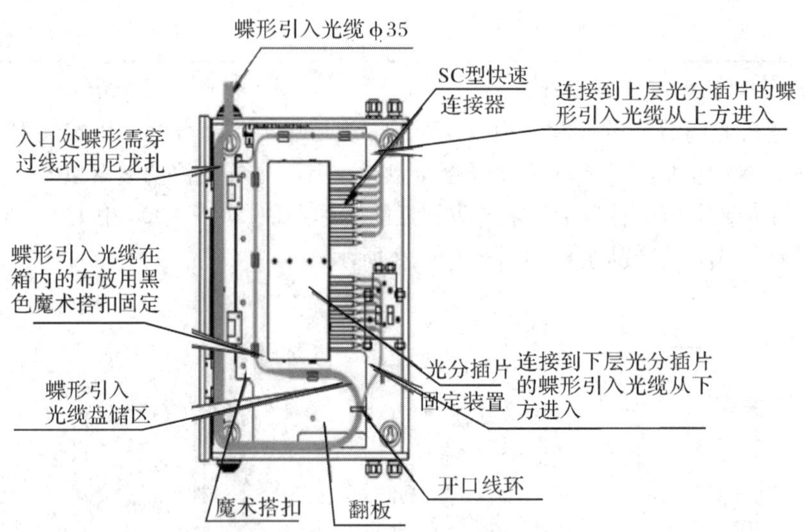

(b) 四槽位盒体内光缆布线和固定方式

图 3.2.6－3　室内挂壁式光缆分光分纤盒盒体内光缆布线和固定方式

2）室内壁嵌式光缆分光分纤盒

室内壁嵌式光缆分光分纤盒采用双层结构，上层主要由光分插片固定装置及蝶形引入光缆盘绕固定装置组成；下层配有光纤熔接盘片和上联尾纤的停泊装置以及配光缆的固定接地装置等，产品满足室内壁嵌安装，可装入外形尺寸大于 500mm（高）×450mm（宽）×150mm（深）的嵌壁式箱体内，一般采用金属材料制成，其结构如图 3.2.6－4 所示。

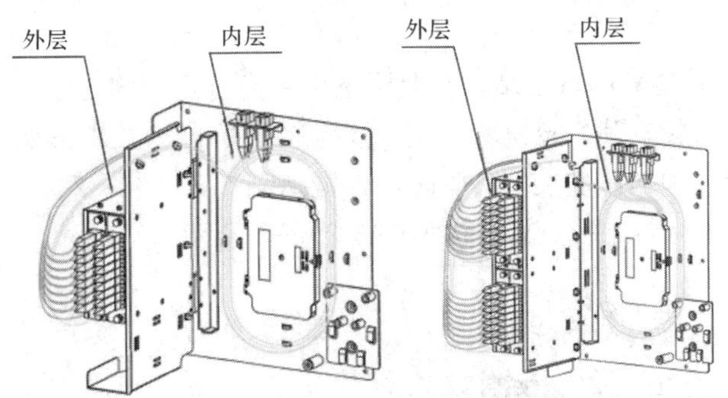

（a）二槽位光缆分光分纤盒结构　（b）四槽位光缆分光分纤盒结构

图 3.2.6－4　室内壁嵌式光缆分光分纤盒结构

光缆在开剥后用喉箍固定在光缆固定板上，同时固定好加强芯，并将金属挡潮层及加强芯接地。按要求将开剥后的光纤引入熔接盘进行熔接，光缆除在此熔接尾纤外还可对光缆进行分支，室内壁嵌式光缆分光分纤盒能满足 4 根光缆同时进入。室内壁嵌式光缆分光分纤盒盒体内光缆布线和固定方式如图 3.2.6－5 所示。

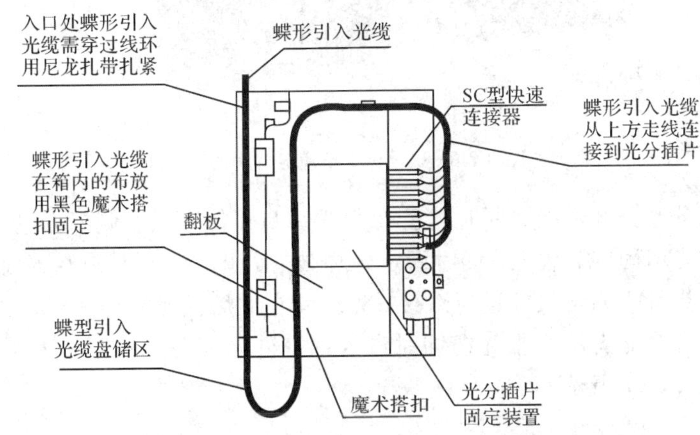

(a) 二槽位盒体内光缆布线和固定方式

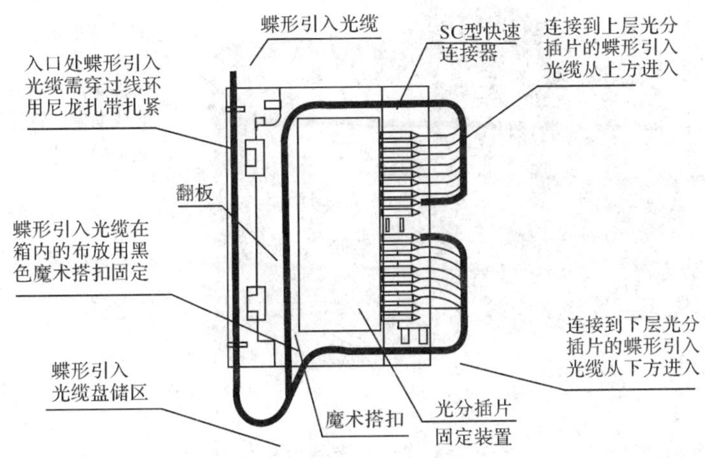

(b) 四槽位盒体内光缆布线和固定方式

图 3.2.6－5　室内壁嵌式光缆分光分纤盒盒体内光缆布线和固定方式

3）室外光缆分光分纤盒

室外光缆分光分纤盒采用双层结构，上层主要由光分插片固定装置和上联尾纤的停泊装置；下层配有光纤熔接盘片、光缆的固定、接地装置及自承式蝶形引入光缆固定装置组成，产品满足室外壁挂和抱杆安装，盒体防护性能达到 GB 4208－2008 中 IP55 级要求，一般采用 SMC 等非金属材料制成，其结构如图 3.2.6－6 所示。

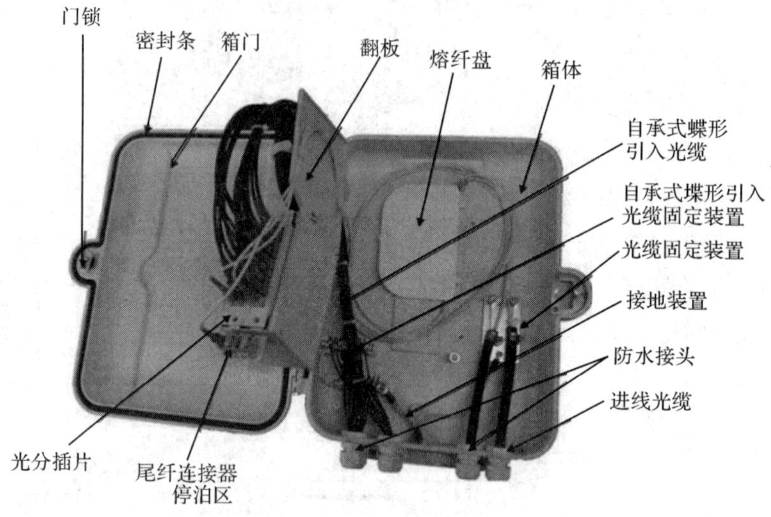

图 3.2.6－6　室外光缆分光分纤盒结构

室外光缆分光分纤盒能够同时满足 2 根光缆从箱体下层右侧下方进入，光缆在开剥后用喉箍固定在光缆固定装置上，同时固定好加强芯，并将金属挡潮层及加强芯接地。按要求将开剥后的光纤引入熔接盘进行熔接，光缆除在此熔接尾纤外还可对光缆进行分支，室外光缆分光分纤盒能满足 2 根光缆同时进入。室外光缆分光分纤盒盒体内光缆布线和固定方式如图 3.2.6－7 所示。

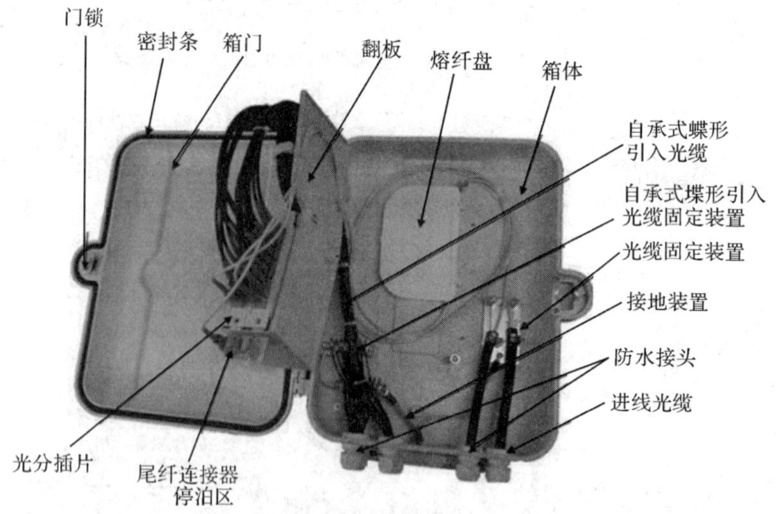

图 3.2.6－7　室外光缆分光分纤盒盒体内光缆布线和固定方式

3. 安装要求

光缆分光分纤盒安装必须稳固，箱体横平竖直，箱门应有完好的锁定装置，接地良好。光缆分光分纤盒的编号、光缆及纤序编写等标示正确、完整、清晰、整齐。

3.2.7　光纤光缆

1. 光纤

光纤是光导纤维(Optical Fiber)的简称。光纤是由玻璃、塑料和晶体等对某个波长范围透明的材料制成的，是一种介质光波导，具有把光封闭在其中进行传播的导波结构。

光纤主要由纤芯、包层和护套(包括涂敷层)三部分组成，光纤构造示意如图3.2.7-1所示。

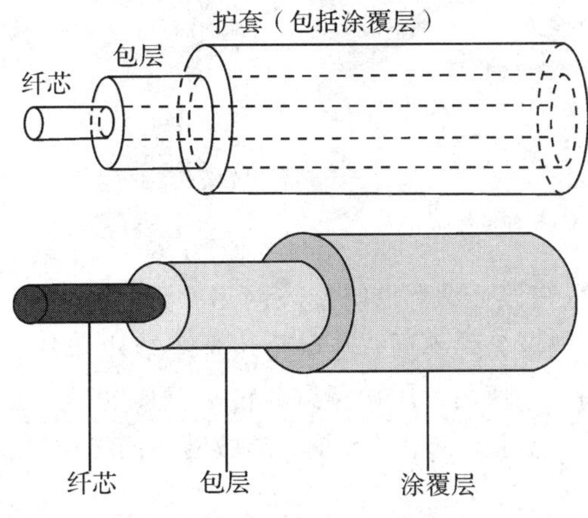

图3.2.7-1　光纤构造示意

纤芯的作用是传导光波。

包层的作用是将光波封闭在光纤中传播。纤芯和包层均由石英材料构成，为了形成光波导效应，必须使纤芯折射率高于包层折射率(即 n1＞n2)，因而两者石英材料的掺杂情况不同。

涂敷层的作用是保护光纤不受水汽的侵蚀和机械的擦伤，同时增加光纤的柔韧性，涂敷层一般采用环氧树脂或硅橡胶材料。在涂敷层外，有时为了增加光纤的机械强度，满足成缆要求，在涂覆层外面还加有塑料外套。

2. 光缆

光缆由缆芯、加强元件和护层组成。

缆芯是光缆结构主体，主要是用于妥善安置光纤。缆芯结构可分为层绞式、骨架式、带式和束管式四种。

加强元件主要承受敷设安装时所加的外力，一种放在缆芯中心，一种放在护层中。

护层主要是对已成缆的光纤芯线起保护作用，避免受到外界机械力和环境损坏。护层可分为内护层(多用聚乙烯或聚氯乙烯等)和外护层(多用铝带和聚乙烯组成的LAP外护套加钢丝铠装等)。

光缆还必须有防止潮气浸入光缆内部的措施，一种是在缆芯内填充油膏，称为充油光缆；另一种是采用主动充气方式，称为充气光缆。常用光缆结构如图3.2.7-2所示。

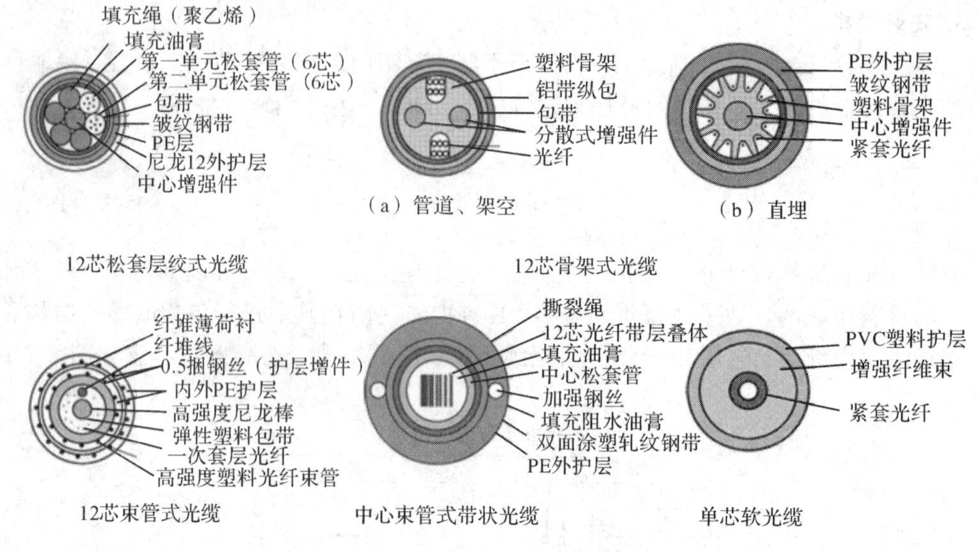

图 3.2.7－2　常用光缆结构

3. 蝶形光缆

蝶形光缆即 FTTH 入户段光缆，也叫接入网用蝶形引入光缆。它是一种新型用户接入光缆，依据应用环境和敷设条件不同，合理设计光缆结构和各项技术参数，集合了室内软光缆和自承式光缆的特点，使用专用设备配合精密模具生产，是 FTTX 网络解决最佳备选产品，在组建智能大楼、数字小区、校园网、局域网等网络中发挥其独特的作用。

蝶形光缆有以下特点：

(1) 采用 UV 着色光纤、并带光纤直接挤制护套，这在国内属领先工艺，在完全保证光纤各项性能指标优于国家相关标准的基础上，彻底解决紧套光缆剥离难等问题。

(2) 光缆外径小、重量轻、成本低、柔软性能和弯曲性能好，应用广泛。

(3) 轻便易敷设，施工成本低、速度快、灵活快捷。

(4) 光缆有很强的抗侧压和抗扩张能力，自承式结构能满足 50 米以下飞跨拉设。

(5) 采用 FRP 加强材料，确保光缆在室外使用时对雷击和强电环境的安全要求。

(6) 采用无卤阻燃材料，达到光缆在室内使用对阻燃性能的要求。

(7) 紧套结构使产品既无油膏污染又有很好的防水要求。

引入光缆的方式有多种，包括单芯配线引入室内光缆、多芯配线引入室内光缆、自承式架空引入室内光缆、蝶形引入光缆以及接入网用蝶形引入光缆等。

(1) 单芯配线引入室内光缆结构如图 3.2.7－3 所示。

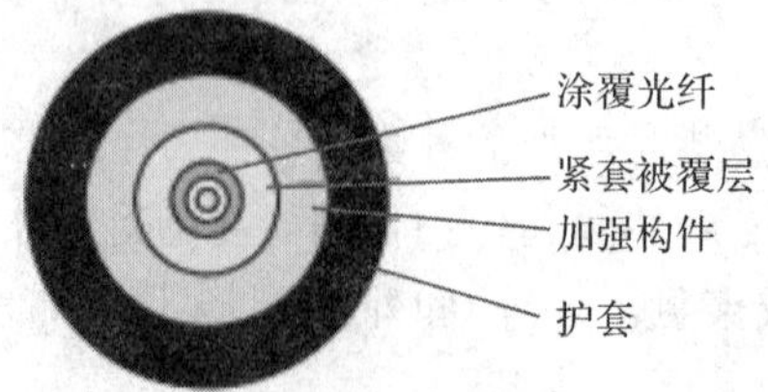

图 3.2.7－3　单芯配线引入室内光缆结构

单芯配线引入室内光缆参数如表 3.2.7－1 所示。

表 3.2.7－1　单芯配线引入室内光缆参数

项目		指标
光纤规格		G.657A2
光纤数量		1 芯
紧套光纤	外径	550±50 μm、850±50 μm
	壁厚	175±25 μm、275±25 μm
	材料	LSZH
加强元件		Kevlar
护套	外径	2.0±0.1～3.0±0.1 mm
	材料	LSZH

单芯配线引入室内光缆机械和环境性能如表 3.2.7－2 所示。

表 3.2.7－2　单芯配线引入室内光缆机械和环境性能

项目	单位	参数值
拉伸(长期)	N	60～300
拉伸(短期)	N	150～600
压扁(长期)	N/10 cm	250～1000
压扁(短期)	N/10 cm	500～2000
最小弯曲半径(动态)	mm	10D
最小弯曲半径(静态)	mm	5D
使用温度	℃	－30～＋60
安装温度	℃	－40～＋60
储藏/运输温度	℃	－40～＋60

(2) 多芯配线引入室内光缆结构如图 3.2.7－4 所示。

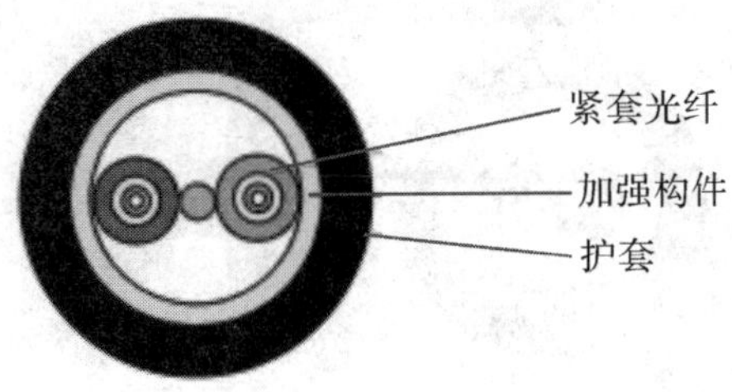

图 3.2.7－4　多芯配线引入室内光缆结构

多芯配线引入室内光缆参数如表 3.2.7－3 所示。

表 3.2.7－3 多芯配线引入室内光缆参数

项目		指标
光纤规格		G.657A2
光纤数量		2～4 芯
紧套光纤	外径	550 mm
	壁厚	175±25 μm、275±25 μm
	材料	LSZH
加强元件		Kevlar
护套	外径	3.0±0.1～3.5±0.1 mm
	材料	LSZH

多芯配线引入室内光缆机械和环境性能如表 3.2.7－4 所示。

表 3.2.7－4 多芯配线引入室内光缆机械和环境性能

项目	单位	参数值
拉伸(长期)	N	60～300
拉伸(短期)	N	150～600
压扁(长期) 压扁(短期) 最小弯曲半径(动态)	N/10 cm N/10 cm mm	250～1000 500～2000 10D
最小弯曲半径(静态)	mm	5D
使用温度 安装温度 储藏/运输温度	℃ ℃ ℃	－30～＋60 －40～＋60 －40～＋60

(3) 自承式架空引入室内光缆结构如图 3.2.7－5 所示。

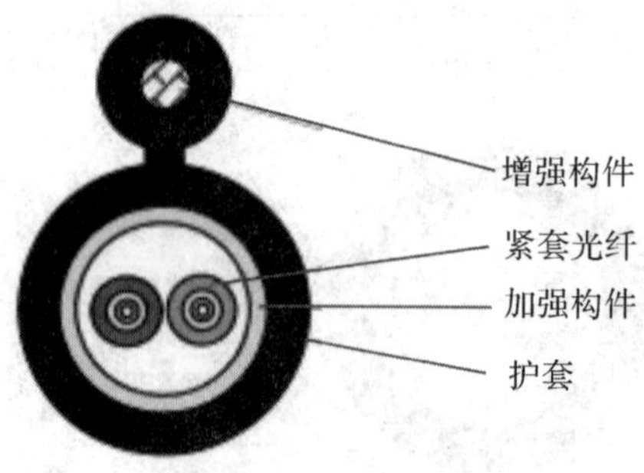

图 3.2.7－5 自承式架空引入室内光缆结构

自承式架空引入室内光缆参数如表 3.2.7－5 所示。

表 3.2.7－5　自承式架空引入室内光缆参数

项目		指标
光纤规格		G.657A2
光纤数量		1～2 芯
紧套光纤	外径	550±50 μm、850±50 μm
	壁厚	175±25 μm、275±25 μm
	材料	LSZH
加强元件		Kevlar
护套	外径	3.0×5.6±0.1 mm
	材料	LSZH

自承式架空引入室内光缆机械和环境性能如表 3.2.7－6 所示。

表 3.2.7－6　自承式架空引入室内光缆机械和环境性能

项目	单位	参数值
拉伸(长期)	N	300
拉伸(短期)	N	600
压扁(长期)	N/10 cm	1000
压扁(短期)	N/10 cm	2000
最小弯曲半径(动态)	mm	10D
最小弯曲半径(静态)	mm	5D
使用温度	℃	－30～＋60
安装温度	℃	－40～＋60
储藏/运输温度	℃	－40～＋60

(4) 蝶形引入光缆。目前蝶形引入光缆结构有四种：普通蝶形引入光缆、自承式蝶形引入光缆、管道式蝶形引入光缆以及 8 字形自承式铠装蝶形引入光缆。

① 普通蝶形引入光缆结构如图 3.2.7－6 所示。

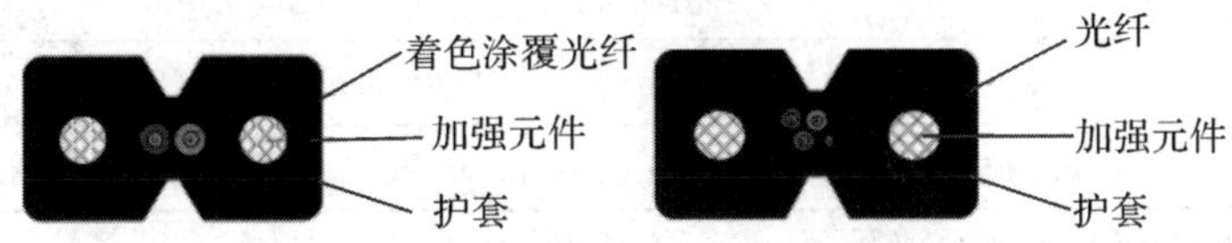

图 3.2.7－6　普通碟形引入光缆结构

普通蝶形引入光缆规格如表 3.2.7－7 所示。

表 3.2.7－7　普通蝶形引入光缆规格

项目	参数
光纤类型	G.657A2
光纤数量	2～4 芯
着色光纤直径	250±15 mm

续表

项目		参数
加强元件规格	GFRP	0.45～0.5 mm
	KFRP	0.5～0.6 mm
	钢丝	0.5 mm
光缆外形尺寸		(3.0±0.1) mm×(2.0±0.1) mm
护套材料		LSZH

② 自承式蝶形引入光缆结构如图 3.2.7－7 所示。

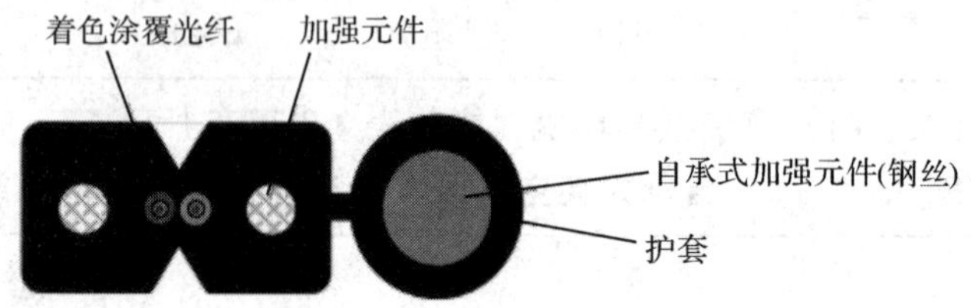

图 3.2.7－7　自承式碟形引入光缆结构

自承式蝶形引入光缆规格如表 3.2.7－8 所示。

表 3.2.7－8　自承式蝶形引入光缆规格

项目		参数
光纤类型		G.657A2
光纤数量		2 芯
着色光纤直径		250±15 mm
自承式加强元件规格		1.0(钢丝) mm
加强元件规格	GFRP	0.45～0.5 mm
	KFRP	0.5～0.6 mm
	钢丝	0.5 mm
光缆外形尺寸		(5.1±0.1) mm×(2.0±0.1) mm
护套材料		LSZH

③ 管道式蝶形引入光缆结构如图 3.2.7－8 所示。

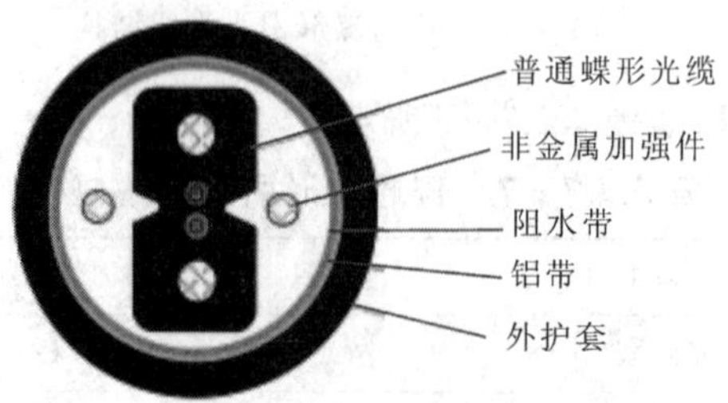

图 3.2.7－8　管道碟形引入光缆结构

管道蝶形引入光缆规格如表 3.2.7－9 所示。

表 3.2.7－9　管道蝶形引入光缆规格

<table>
<tr><td colspan="2">光缆规格</td><td>7.0±0.2 mm</td></tr>
<tr><td colspan="2">内蝶形光缆规格</td><td>(3.0±0.1) mm×(2.0±0.1) mm</td></tr>
<tr><td rowspan="3">内蝶形光缆
加强元件规格</td><td>GFRP</td><td>0.45～0.5 mm</td></tr>
<tr><td>KFRP</td><td>0.5～0.6 mm</td></tr>
<tr><td>钢丝</td><td>0.5 mm</td></tr>
<tr><td colspan="2">内蝶形光缆材料</td><td>LSZH</td></tr>
<tr><td colspan="2">非金属加强件</td><td>1.0～1.2 mm</td></tr>
<tr><td colspan="2">阻水带宽度</td><td>25 mm</td></tr>
<tr><td colspan="2">铝塑复合带宽度</td><td>17 mm</td></tr>
<tr><td colspan="2">着色涂覆光纤尺寸</td><td>250±15 μm</td></tr>
<tr><td colspan="2">光缆外形尺寸</td><td>7.0 mm</td></tr>
<tr><td colspan="2">外护套材料</td><td>PE</td></tr>
</table>

④ 8 字形自承式铠装蝶形引入光缆结构如图 3.2.7－9 所示。

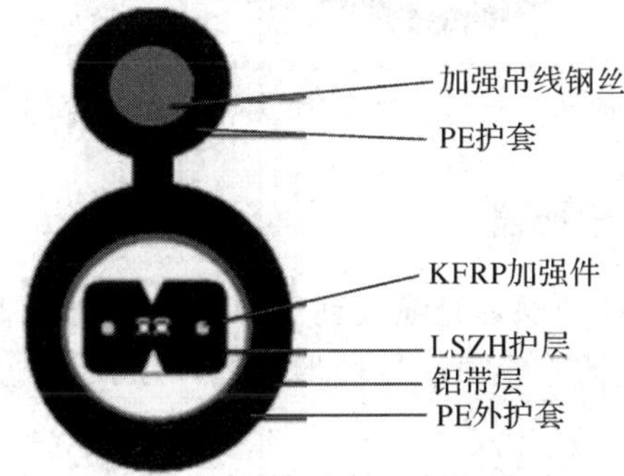

图 3.2.7－9　8 字形自承式铠装碟形引入光缆结构

8 字形自承式铠装蝶形引入光缆典型技术参数如表 3.2.7－10 所示。

表 3.2.7－10　8 字形自承式铠装蝶形引入光缆典型技术参数

结构	光纤数量	金属加强件	光缆尺寸	光缆短期拉伸力	光缆长期拉伸力	单位重量
GJYXC8A	1～4 芯	Φ1.0 mm	11.0×7.0 mm	800 N	400 N	45 kg/km

注：光缆静态最小弯曲半径 20H，动态弯曲半径 7.5H，H 为光缆的短轴长；

光缆适用温度范围：－40～－60℃；

钢丝外护壁厚：0.6 mm；

蝶形缆 PE 护套壁厚：0.8 mm。

(5) 接入网用蝶形引入光缆(简称：蝶形光缆，俗称：皮线光缆)，主要应用于 FTTH 网络建设中入户端的接入。按照蝶形光缆的结构和使用场景，可分为室内用蝶形引入光缆、自承式蝶形引入光缆及管道铠装蝶形引入光缆，这三种蝶形光缆结构分别如图 3.2.7－10、图 3.2.7－11、图 3.2.7－12 所示。

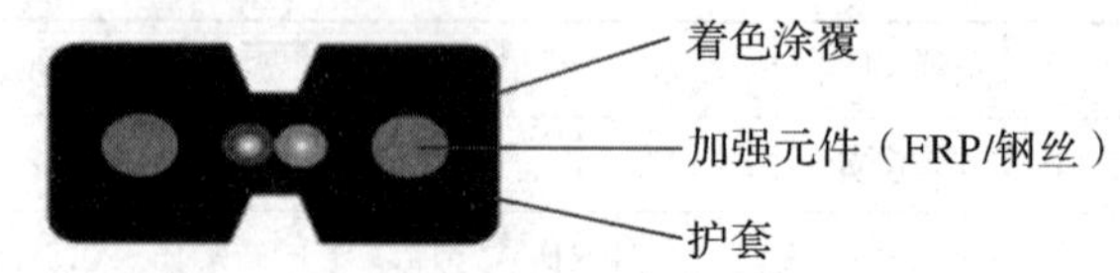

图 3.2.7－10　室内用蝶形引入光缆结构

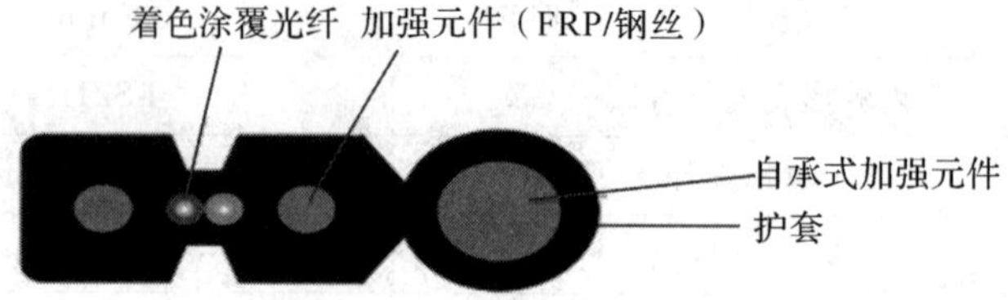

图 3.2.7－11　自承式蝶形引入光缆结构

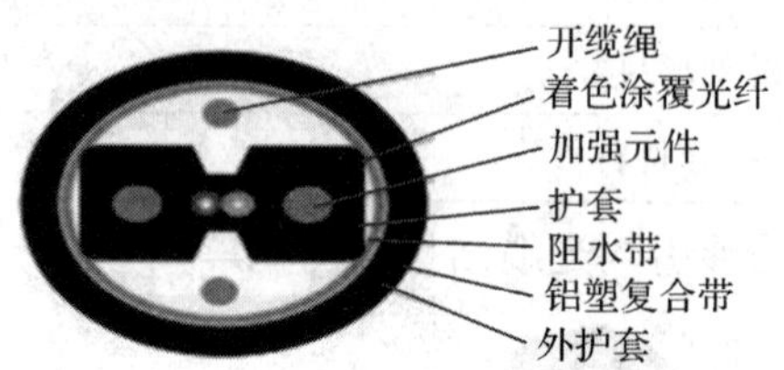

图 3.2.7－12　管道铠装蝶形引入光缆结构

3.2.8　光纤信息面板及适配器

在 FTTH 建设中，当用户蝶形光缆放到用户终端如用户墙面、门头或多媒体信息箱中时，可采用光纤快速接续插头或预端接蝶形光缆，为了保护光纤插头并规范成端端口，可采用光纤信息面板。

光纤信息面板分为明装式和暗装式两种，两种光纤信息面板的外观、尺寸与强电开关插座接近，均为 86 式，安装尺寸也为 60 mm，此安装尺寸与明装、暗装接线盒的安装尺寸相同。光纤信息面板均采用阻燃材料，可兼容 SC、FC 或 LC 型光纤端口。

暗装式光纤信息面板一般配合暗装接线盒使用，光纤端口为斜向下方。该方式的优点在于面板和强电面板的大小完全相同，厚度类似，视觉上整体感更强。但由于暗装接线盒的大小及深度受限，如一般暗装接线盒厚度为 50 mm，加厚型厚度为 60 mm，及部分光纤快速接续插头或预端接蝶形光缆长度偏长，因此在面板上安装后，插头尾部的光纤会抵到暗装接线盒的上表面，使得光纤不能自然弯曲，其合理的弯曲半径得不到保障，因此，在 FTTH 建设中，不建议大量使用暗装式光纤信息面板，如必须使用时建议最好配合 L 型光纤信息插座使用。

明装式光纤信息面板是针对 FTTH 光纤入户的要求专门设计的，可以满足光纤快速接续插头的成端、尾纤的暂存、冷接子的固定、蝶形光缆或尾纤的固定等多种功能，外形尺寸一般为 86 mm×86 mm，具备两个垂直向下的光纤出口，86 mm×86 mm 明装式光纤信息板如图 3.2.8－1 所示。

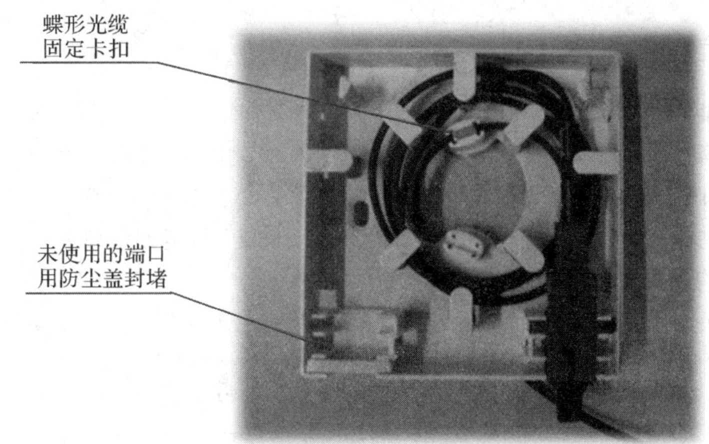

图 3.2.8－1　86 mm×86 mm 明装式光纤信息面板

在墙面或用户多媒体综合信息箱内还可使用 86 mm×100 mm 明装式光纤信息面板，该面板具有通用的 60 mm 间距安装尺寸，通过外形的增加可满足更长蝶形光缆的盘绕，也可避免部分光纤插头长度过长、尾部光纤弯曲半径不能满足要求的情况，另外盒体除了能够满足冷接子的固定外，还可满足光纤热熔管的固定，86 mm×100 mm 明装式光纤信息面板如图 3.2.8－2 所示。

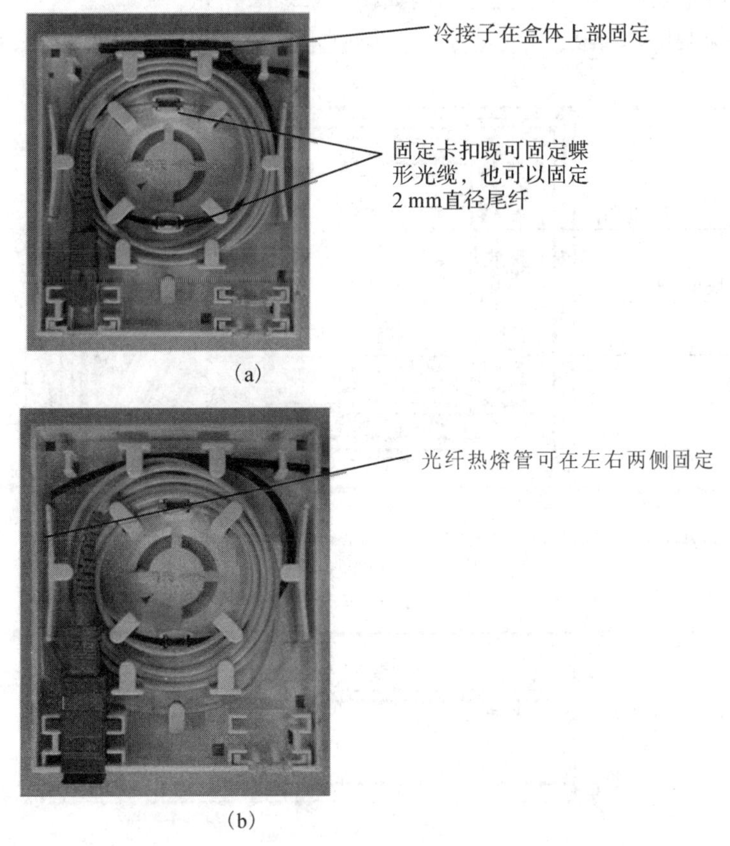

图 3.2.8－2　86 mm×100 mm 明装式光纤信息面板

3.2.9 综合信息箱

1. 基本功能与材质要求

综合信息箱一般壁嵌式安装在用户住宅内的客厅、书房、壁橱等室内环境中，主要用于安装 ONU 和家庭网关等设备，提供各类弱电信息布线在户外与户内间的端接、汇聚、配线以及设备供电。产品一般采用非金属复合材料制成，以满足无线信号的穿透。

2. 产品结构与配置

综合信息箱由壁嵌式箱体、内部结构件、蝶形引入光缆盘绕柱、220 伏电源插座及其他备附件组成，其尺寸规格如表 3.2.9－1 所示。

表 3.2.9－1　综合信息箱尺寸规格

外形	（高）×（宽）×（深）
外形尺寸	330 mm×480 mm×135 mm
底盒尺寸	300 mm×450 mm×120 mm

综合信息箱箱内右侧为双层翻板结构，上层用于安装 ONU 和家庭网关设备，并采用翻转盒体方式固定，翻转铰链转动角度大于 70°；下层配有蝶形引入光缆盘绕柱；箱内左侧为模块化配线或网络设备固定支架；翻转盒体顶部配置 220 伏三联三极电源插座。箱门为单开门，并开有散热孔，综合信息箱结构如图 3.2.9－1 所示。

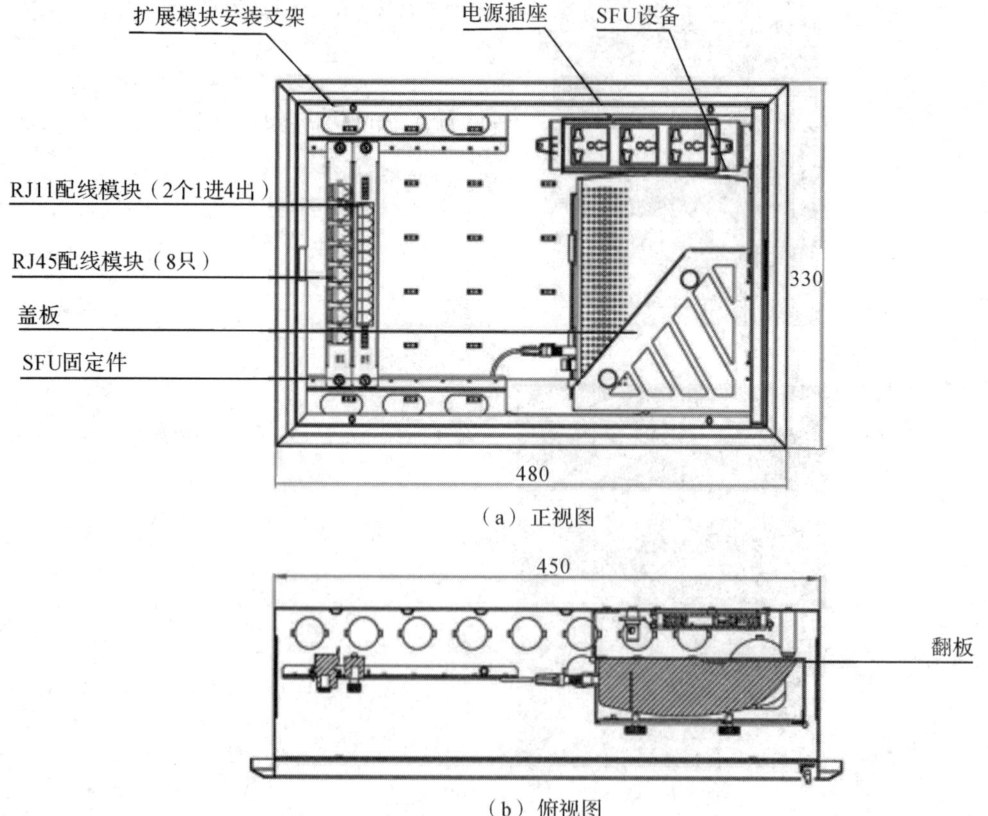

（a）正视图

（b）俯视图

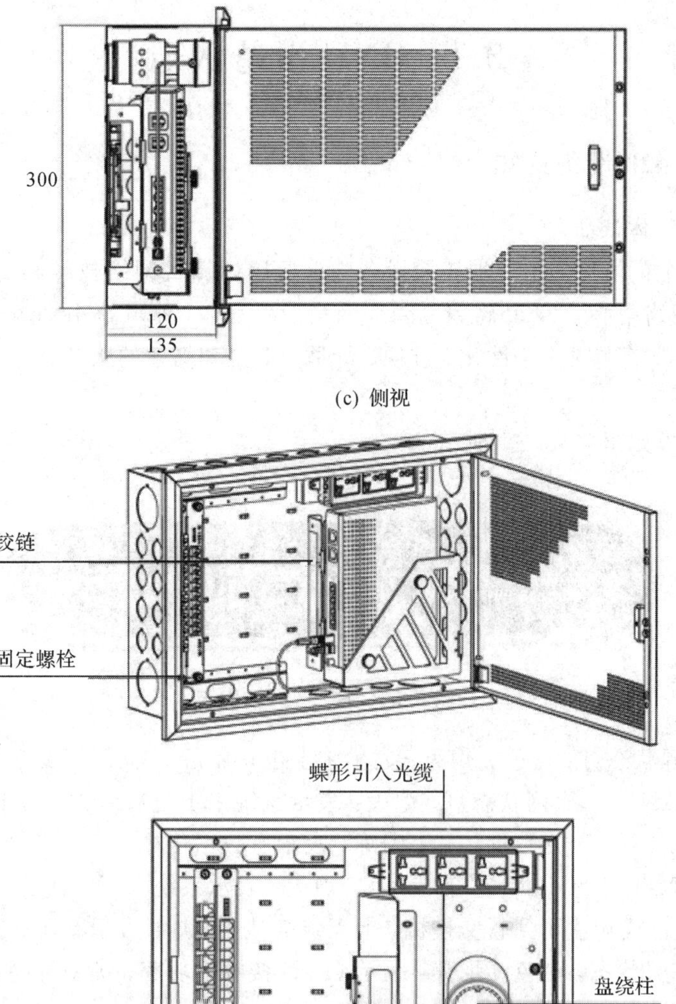

(c) 侧视

(d) 整体结构

图 3.2.9－1　综合信息箱结构

综合信息箱内可根据用户需求安装标准外形尺寸的模块化配线与网络设备，各类模块化配线与网络设备在箱体内的安装位置具有通用性和互换性，综合信息箱模块配置如表3.2.9－2所示。

表 3.2.9－2　综合信息箱模块配置

家庭信息箱	蝶形引入光缆盘绕柱	箱体（含门与固定装置）	220 伏电源插座（三联）	RJ11 配线模块	RJ45 配线模块	视频分配模块
	1个	1个	1个	1个	1个	1个

3.3 ONU 设备认知

3.3.1 中兴 F420 设备认知

1. F420 的整体认知

F420 是一个模块化的用户端接入设备，它运用计算机网络技术和宽带光网络接入技术，建立家庭网络中心。F420 将家庭内的网络设备互联，来共享 Internet 网络连接，为用户提供各种丰富、多样化、个性化、方便、舒适、安全和高效的服务。

1）前面板

F420 前面板如图 3.3.1－1 所示。

图 3.3.1－1　F420 前面板

POW：电源状态灯，蓝色。熄灭：表示未上电；常亮：表示上电。

LAN1～LAN4：以太网状态灯。熄灭：表示系统未上电或者网口未连接网络设备；常亮：表示网口已连接，但无数据传输；闪烁：表示有数据传输。

POTS1～POTS2：OIP 状态灯，绿色。熄灭：表示系统未上电或者无法注册到软交换机；常亮：表示已成功注册到软交换机，但无业务流；闪烁：表示有业务流传输。

LOS：光信号状态，红色。熄灭：表示 ONU 接收光功率正常；常亮：表示 ONU 接收光功率低于光接收机灵敏度。

PON：PON 状态灯，绿色。熄灭：表示 ONU 未完成 MPCP 和 OAM 发现和注册；常亮：表示 ONU 的 MPCP 和 OAM 链路均已激活；闪烁：表示 ONU 正在试图建立连接。

Battary：备用电池。闪烁：表示 ONU 有备用电池，但备用电池状态异常(如电压过低等)，不同的闪烁频率表示电压过低或者正在充电。

2）后面板

F420 后面板如图 3.3.1－2 所示。

图 3.3.1－2　F420 后面板

F420 后面板设置有 EPON 接口、RJ－45 LAN 网络接口(LAN1～LAN4)、电话接口(POST1、POTS2)、Reset 复位按键、开关按钮、电源插孔(主电源插孔 Power 与备用电源接口 Monitor)。

F420 后面板端口、按钮具体配置如下：POTS1、POTS2 电话接口通过 RJ - 11 电话线连接至电话机；LAN1～LAN4 属于 RJ - 45 LAN 网络接口，通过 RJ - 45 网线连接至本地网络；EPON 的 SC/PC 单模光纤插口，通过 EPON 接入方式(宽带接入)，接入到因特网服务提供商的服务中；Monitor 备用电源接口、Power 电源插口连接至所附的电源适配器；当设备处于上电激活状态时，用细针按住 DC 12V Reset 复位按键孔内按键 10 秒以上，设备将恢复出厂默认值。

2. 端口与技术特性介绍

1) 接口特性

PON 接口：一个 PON 接口(单路 SC/PC)。

以太网接口：4 个 FE(10/100BASE - T)RJ - 45 头接口。

POTS 接口：2 个 POTS 端口。

2) 技术特性

F420 功能主要包括数据接入和 IP 语音。数据接入可以实现二层的数据交换和转发功能，IP 语音功能根据采用的三种信令协议 MGCP、H.248 和 SIP 与相关网络设备协同实现。

F420 设备在提供以上功能的前提下，还考虑了安全、QoS、网管等的实现，主要包括基于设备、用户、服务等多级认证鉴权以及数据通道的加密等，还可针对不同服务要求的业务完成本地设备和网络匹配的 QoS 要求以及基于多种管理方式的网络管理。

3. 配置方式

F420 的配置方式为：

(1) 将 PC 的 IP 地址设在 192.168.1.0/24 网段。

(2) 打开 IE 浏览器，在地址栏输入 https://192.168.1.1(设备的 LAN 侧接口缺省 IP 地址)，然后回车，显示如下的登录页面。

默认用户名：admin

密码：admin

3.3.2　中兴 F822 设备认知

1. F822 的整体认知

中兴 F822 设备外观如图 3.3.2 - 1 所示。

图 3.3.2 - 1　F822 外观

F822 是小型化的综合接入设备，提供以太网和 POTS 接入。提供 24 线 LAN ＋24 线 POTS 的接入能力，1U 盒式结构，无风扇设计，支持交流(宽范围输入)与直流(－48 V 输入)，在交流供电时支持蓄电池充放电管理功能。

对于 24 线 POTS 接入，F822 支持混线和非混线模式。混线与非混线模式之间的切换通过内部开关调整，1、2、3、6 用做网线接口，4、5 用做电话线接口。语音协议支持 SIP、

H.248、MGCP 等。设备对外提供 1 个 10/100/1000 M 自适应电口，提供 1/2 个 EPON 接口或者 1 个百兆光口或者 1 个千兆光口。EPON 接口支持 TYPE B 光纤保护倒换功能。

2. 外部接口

F822 外部接口包括电源接口、开关(220 V)、48 V 蓄电池接口、EPON 接口/千兆光口/百兆光口、调试串口、千兆电口(级联)、24 个百兆电口及 VoIP 用户口。

F822 外部接口如图 3.3.2－2 所示。

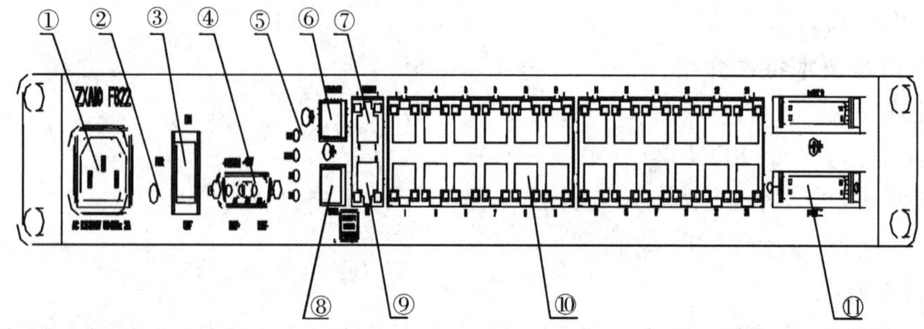

① 交流电源接口 ② 电源指示灯 ③ 交流电开关 ④ 备用电源接口 ⑤ 状态指示(4 个灯) ⑥ GE/EPON 选配接口 ⑦ CONSOLE 接口 ⑧ EPON 接口 ⑨ GE 接口 ⑩ LAN 接口 ⑪ PSTN 接口

图 3.3.2－2　F822 外部接口

3. 配置方式

F822 设备的配置方式为：

(1) 本地串口配置：命令行模式、BCM shell、系统 shell(更便于调试)。

(2) Telnet 配置：远程登录配置和调试(用户名、密码均设置为：zte_debug)。

(3) 网管配置：OLT 网管(EPON OAM 控制)或 F822 网管(SNMP)。

3.3.3　中兴 9806H 设备认知

1. 9806H 的整体认知

中兴 9806H(ZXDSL 9806H)外观如图 3.3.3－1 所示。它是一款提供 xDSL＋VoIP 用户线路的调制解调、多种宽带业务综合接入等功能的小容量的一体化设备，适合 ONU 节点、园区、企业等小容量接入的应用，适合于用户数量较少且分散的场合。9806H 插箱为 2U(1U＝44.45 mm)高的 19 英寸标准插箱，外形尺寸为 88.1 mm×482.6 mm×240 mm(高×宽×深)。可以在一对普通的电话双绞线上双向传输高速数字信号，极大地提高 PSTN 网的线路利用率，支持 EPON 上行。满配位 4 块用户板，可任意混插 24/32 ADSL2＋单板、24/48/64 POTS 单板、16/24 VDSL2 单板、16 FE 单板 24 SHDSL 单板、4E1 单板以及 8 路 ISDN 单板。最大支持 128 线 ADSL2＋、96 线 VDSL2、64 线 FE、256 线 POTS、96 线 SHDSL。

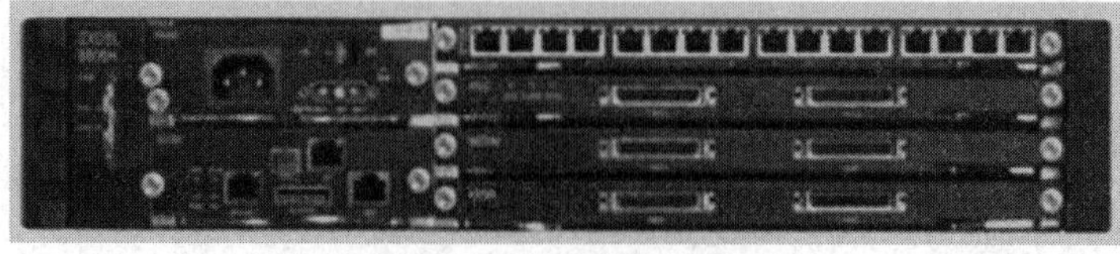

图 3.3.3－1　9806H 外观

2. 性能与接口

ZXDSL 9806H 设备提供 2 个 100 M 光/电接口或 1000 M 光接口作为上联口，最多支持 96 路 ADSL/ADSL2＋用户接入。ZXDSL 9806H 采用前出线，支持单板(主控板和用户板)热插拔，支持 110 V、220 V 交流供电或者－48 V 直流供电。

ZXDSL 9806H 提供以下接口：管理口包括 1 个网口(MGT)，1 个串口(CONSOLE)；上联/级联口包括 2 个 GE 光口或 FE 光口/电口，24 路 ADSL 用户接口。

3. 结构和原理

1) 功能模块

ZXDSL 9806H 功能模块主要分为主控模块/以太网业务处理模块、用户接入模块、风扇监控模块及电源模块，各模块通过背板与主控模块通讯。

2) 软件结构

ZXDSL 9806H 软件系统由嵌入式网管子系统、协议子系统、业务子系统、承载子系统和运行支撑子系统五部分组成。

(1) 网管子系统对外提供 CLI、Telnet 和 SNMP 的访问接口，并通过这些接口完成对整个系统的配置和操作维护管理，实现主备即时数据同步、配置文件生成和保存等功能。

(2) ZXDSL 9806H 协议子系统主要包括：CP/IP 协议、以太网环保护协议(EAPS)、STP/RSTP 协议、可控组播协议及 Trunking 协议。

(3) 业务子系统保存系统的配置数据，包括全局数据和单板数据。

(4) 承载子系统实现交换功能，提供各模块的标准访问接口。

(5) 支撑子系统是在 BSP、驱动程序和实时操作系统 Vxworks 的基础上，为上层应用程序提供统一的平台，实现进程管理、板间通讯、版本加载等功能。

3) 硬件结构

ZXDSL 9806H(V1.0)插箱由单板、背板和风扇盒组成，满配置为 1 背板＋1 电源板＋1 主控板＋4 用户板。

(1) 单板包括主控板、用户板、电源板。单板说明见表 3.3.3－1 所示。

表 3.3.3－1　单板说明

单板名称	中文名称	基本功能	对外接口
SCCH	主控板	系统控制和交换	2 个 FE/GE 接口上联，1 个本地管理串口，一个带外网管口
ASTEB	24 路 ADSL 用户接口板	ADSL 用户接入，内置分离	24 路 PSTN 和 24 路 ADSL 用户线插座
PWDH	直流电源板	－48 V 直流供电	3 芯电源插座
PWAH	交流电源板	220 V/100 V 交流供电	3 芯电源插座

(2) SCCH 核心交换板主要完成 4×24 路 ADSL/ADSL2＋线路的汇聚，ADSL/ADSL2＋线路到 IP 上联线路的 ATM 信元的汇聚、协议处理和转发；提供对各路套片的控制和管理，同时提供 2 种接口即本地控制台接口和带外网管接口。

根据上联接口类型的不同，SCCH 板可以分为 4 种：SCCHA 提供 2 个 10 M/100 M 以太网电接口；SCCHB 提供 1 个 10 M/100 M 以太网电接口和 1 个 100 M 以太网光接口；SCCHC 提供 2 个 100 M 以太网光接口；SCCHD 提供 2 个 1000 M 以太网光接口。

除上联接口外，SCCH 板还提供 1 个本地维护串口(CONSOLE 口，用于本地超级终端管理)，1 个带外网管接口(MGT 口，用于带外网管和设备调试)。

SCCH 板可以有 96 线 ADSL/ADSL2＋用户，SCCH 板指示灯说明见表 3.3.3－2 所示。

表 3.3.3－2　SCCH 板指示灯说明

名称	颜色	含　义
RUN	绿色	运行灯。灯闪烁表示单板的一切功能运行正常
PWR	绿色	电源指示灯。灯亮表示电源正常，灯灭表示电源故障
L1，L2	绿色	光接口链路指示灯。绿灯亮，链路通；绿灯灭，链路不通
电接口链路指示灯	绿色/黄色	每条链路(共 4 路)2 个。绿灯代表链路连接，灯亮表示链路连接，灯灭表示没有连接；黄灯表示流量，灯灭表示没有流量，灯闪烁表示有流量，有时常亮为闪的过快，属正常现象

(3) ASTEB 板提供 24 路 ADSL/ADSL2＋用户接口和 POTS 接口，完成 ADSL/ADSL2＋业务的接入，提供从 ATM 信元转换为 IP 信元的功能。最大传输距离为 6.5 km，下行速率可达 24 Mb/s，上行速率可达 1 Mb/s。

(4) 直流电源板 PWDH 采用－48 V 直流输入，电压范围－36～－72 V DC。提供 2.3V DC－DC 转换输出，并提供－48 V 输出，板子功耗为 12.5 W。

交流电源板 PWAH 采用 110 V/220 V 交流输入，电压范围 85～264 VAC。提供 2.3 V输出和提供－48 V DC 输出，板子功耗为 20 W。

电源板前面板 RUN 指示灯，绿色表示链接灯，绿色灯亮表示正常运行；红色表示电源有告警。

(5) 背板提供主控板接口、用户板接口、电源板接口(－48 V，－48 V GND，2.3 V，GND)、风扇插座(－48 V，－48 V GND)

(6) 风扇盒放置在插箱左侧，向外抽风。风扇盒内设置风扇控制板，实现停转检测和控制功能。风扇盒可热插拔，风扇功耗为 11 W。

习　题

一、单选题

1. ZXA10 C200 设备上 MCIB 板上提供的带外网管接口为(　　)。

A. A　　B. Q　　C. STC　　D. console

2. 目前 C220 的一个 PON 口最多支持(　　)个 ONU 注册。

A. 32　　B. 64　　C. 12　　D. 18

3. 中兴 OLT C200 最多可以提供(　　)个 PON 口。

A. 4　　B. 16　　C. 20　　D. 48

4. 中兴 OLT C220 的 7 和 8 槽位接入(　　)板。

A. EPFC　　B. EIG　　C. EIGM　　D. GCSA

5. EIGM 板可以只在哪种配置模式下工作?(　　)

A. 两路光口与 3 号、4 号电口　　B. 两路光口与 1 号、2 号电口

C. 两路光口与 1 号、4 号电口　　D. 两路光口与 2 号、3 号电口

6. 华为 5680T 支持的供电为(　　)。

A. 交流供电三路电源输入－57 V　　B. 直流供电三路电源输入＋48 V

C. 交流供电三路电源输入＋57 V　　D. 直流供电三路电源输入－48 V

7. 中兴 F420 的 PON 指示灯有节奏的闪烁表示(　　)。

A. 未注册　　B. 链路均已激活

C. 表示 ONU 正在试图建立连接　　D. 数据接收和发送

8. 以下哪幅图是插片式光分路器?(　　)

A. 　　B. 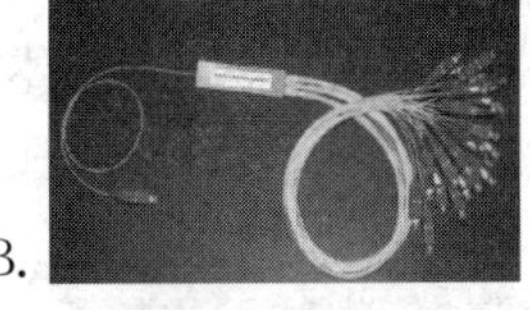

C. 　　D. 

9. 接入网用弯曲衰减不敏感单模光纤是(　　)。

A. G.652　　B. G.654　　C. G.655　　D. G.657

10. 关于现网中的 1∶64 分光器描述不正确的是(　　)。

A. 可提供 SC/PC、SC/APC 等接口规格

B. 最大插损约 20 dB

C. 工作波段 1260～1650 nm

D. 熔融拉锥型

二、思考题

1. 画出中兴 C200 和 C220 的面板图，包括 PON 板、主控交换板、上联板(EPFC　EC4GM　EIG　EIGM　GCSA)(要求标出槽位号)。

2. 简述 F822 设备的组成，画出设备面板图及各个槽位可插的单板型号。

3. 简述 9806H 设备的组成，画出设备面板图及各个槽位可插的单板型号。

4. 简述免跳纤光缆交接箱的适用场合及设置要求。

第 4 章

OLT 设备基本操作

4.1 OLT 的基本配置

4.1.1 登录方式

C220 的网元连接方式分为 3 种，包括本地登录、带外网管 IP 登录及带内网管登录的方式。

1. 本地登录

(1) 将计算机串口连接到 OLT 主控板的 CONSOLE 口。在 PC 主机上打开超级终端，设置速率为默认值，在串口下按回车键会出现 ZXAN>的提示，如图 4.1.1－1 所示。

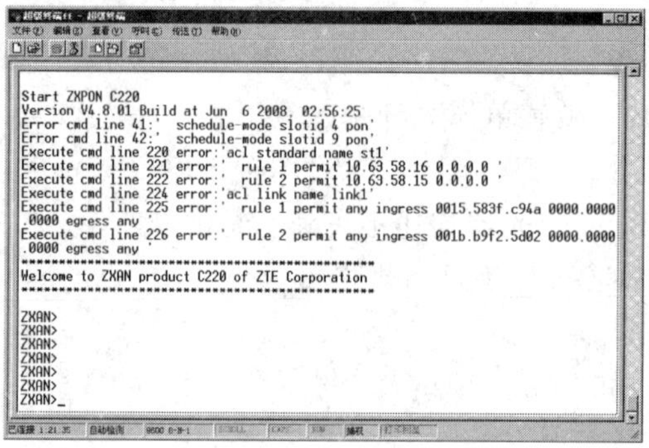

```
Start ZXPON C220
Version V4.8.01 Build at Jun  6 2008, 02:56:25
Error cmd line 41:'  schedule-mode slotid 4 pon'
Error cmd line 42:'  schedule-mode slotid 9 pon'
Execute cmd line 220 error:'acl standard name st1'
Execute cmd line 221 error:'  rule 1 permit 10.63.58.16 0.0.0.0 '
Execute cmd line 222 error:'  rule 2 permit 10.63.58.15 0.0.0.0 '
Execute cmd line 224 error:'acl link name link1'
Execute cmd line 225 error:'  rule 1 permit any ingress 0015.583f.c94a 0000.0000
.0000 egress any '
Execute cmd line 226 error:'  rule 2 permit any ingress 001b.b9f2.5d02 0000.0000
.0000 egress any '
**************************************************
Welcome to ZXAN product C220 of ZTE Corporation
**************************************************

ZXAN>
ZXAN>
ZXAN>
ZXAN>
ZXAN>
ZXAN>
ZXAN>_
```

图 4.1.1－1　串口下初始模式

(2) 在 ZXAN>模式下输入 enable，密码输入 zxr10，进入 ZXAN＃模式，如图 4.1.1－2所示。

```
Error cmd line 42:'  schedule-mode slotid 9 pon'
Execute cmd line 220 error:'acl standard name st1'
Execute cmd line 221 error:'  rule 1 permit 10.63.58.16 0.0.0.0 '
Execute cmd line 222 error:'  rule 2 permit 10.63.58.15 0.0.0.0 '
Execute cmd line 224 error:'acl link name link1'
Execute cmd line 225 error:'  rule 1 permit any ingress 0015.583f.c94a 0000.0000
.0000 egress any '
Execute cmd line 226 error:'  rule 2 permit any ingress 001b.b9f2.5d02 0000.0000
.0000 egress any '
**************************************************
Welcome to ZXAN product C220 of ZTE Corporation
**************************************************

ZXAN>
ZXAN>
ZXAN>
ZXAN>
ZXAN>
ZXAN>
ZXAN>enable
Password:
ZXAN#
ZXAN#
ZXAN#_
```

图 4.1.1－2　进入使能模式

2. 带外网管 IP 登录

带外 IP 地址指的是设备的带外网口的 IP 地址。对于 C200 来说，带外网口是 MCIB 板的 Q 口，对于 C220 来说，带外网口则是主控板上的 Q 口。一般来说，出厂设备的带外 IP 地址默认值为 136.1.1.100，除非局方有要求，否则一般不用修改。带外 IP 地址有 2 种修改方法：在串口下修改或在命令行中修改。

(1) 在串口下修改带外 IP。开局时候一般用串口修改。串口下修改带外 IP 和串口下修改 MAC 地址的方法是一样的。串口下用 p 命令看到的 Client IP 就是设备的带外 IP，若修改则用 c 命令，如图4.1.1－3所示。

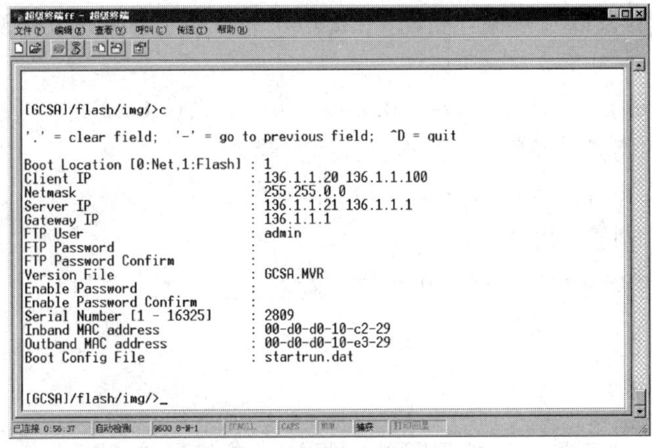

图 4.1.1－3　串口下修改带外 IP

(2) 用命令行修改带外 IP。

① 用命令行修改带外 IP 是在设备开通之后常用的修改方法，命令如下：

ZXAN(config)＃nvram mng－ip－address 136.1.1.21 255.255.0.0

ZXAN(config)＃exit

② 保存配置命令为：

ZXAN＃write

3. 带内网管登录

带内网管是 C220 网管的主流模式，如在 C220 上规划一个网管 VLAN 88，接口 IP 地址为 172.16.80.103，需在串口下用命令行配置，具体操作配置步骤包括：

(1) 显示带内及带外网管的 IP、子网掩码、网关以及网管 VLAN，指令为：

ZXAN＃show ip route

(2) 显示带内网管的 IP、子网掩码以及 MAC 地址，指令为：

ZXAN＃show interfacevlan 100

(3) 创建用于带内网管的 VLAN 并进入 VLAN，指令为：

ZXAN＜config＞＃vlan 88

(4) 退出 VLAN，指令为：

ZXAN＜vlan＞＃exit

(5) 进入 VLAN100 接口模式，指令为：

ZXAN＜config＞＃interface vlan 88

(6) 设置带内网管的 IP 以及子网掩码，指令为：

ZXAN＜config－if＞＃ip address 172.16.80.103 255.255.252.0

(7) 进入上联口配置模式，根据用户数据规划选择实际连接的上联口，指令为：

ZXAN＜config＞＃interface gei_0/6/1

(8) 把上联口以 tag 方式加入 VLAN88，正常开局的时候如果上联通过以太网交换机等设备，端口以 tag 方式加入，如果通过电口直连 PC，则以 switchport default vlan 的形式加入，指令为：

ZXAN＜config－if＞＃switchport vlan 88 tag

(9) 设置目的网段以及网关，设置 172.16.80.254 为位于上一级交换机的 IP 地址，指令为：

ZXAN＜config＞＃ip route 0.0.0.0 0.0.0.0 172.16.80.254

(10) 删除目的网段以及网关，指令为：

ZXAN＜config＞＃no ip route 0.0.0.0 0.0.0.0

(11) 删除带内网管，指令为：

ZXAN＜config－if＞＃no ip address

4.1.2 硬件添加配置

1. 数据规划

槽位：在 C220 设备上 7、8 槽位配置 GCSA；1 槽位配置 EPFC；14 槽位配置 EIGM。

上联口：gei_0/14/2(14 槽位 2 端口)，其中 14 为 EIG/EIGM 的槽位号，取值 1～6、9～14；2 为以太网端口号，取值 1～4。本例中为 gei_0/6/1。

PON 口：epon－olt_0/1/2(1 槽位 2PON 口)，其中 1 为 EPFC 的槽位号，取值 1～6、9～14；2 为 PON 口编号，取值 1～4。

PON－ONU 口：epon－onu_0/1/2：10(1 槽位 2PON 口，ONUID 为 1)，其中 1 为 EPFC 的槽位号，取值 1～6、9～14；2 为 PON 口编号，取值 1～4；10 为 ONUID，取值1～32。

2. 配置机架

配置机架步骤为：

(1) 进入配置模式，指令为：

ZXAN＃configure terminal

(2) 添加机架用 add－rack，指令为：

ZXAN(config)＃add－rack rackno 0 racktype ZXPON

注：机架编号 rackno 只能为 0，机架类型 racktype 也只能为 ZXPON，所以开局时这个命令直接输入即可。C200 和 C220 都使用此指令添加机架。

3. 配置机框

(1) 添加机框，在配置模式下，用 add－shelf 指令。

目前发货的 C220 机框类型为 ZXA10 C220－B，C200 的机框类型为 ZXA10 C200－A，以 C220 为例若添加 C220 机框则指令为：

ZXAN(config)＃add－shelf shelfno 0 shelftype ZXA10C220－B

(2) 添加单板，在配置模式下，用 add - card 命令添加单板，C200 和 C220 指令相同。

① 在1槽位添加一块 EPFC 板，指令为：

ZXAN(config)#add - card slotno1 EPFC

② 在14槽位添加一块 EIG 板，指令为：

ZXAN(config)#add - card slotno 14 EIG

③ 删除 C200 系统备用控制交换板，指令为：

ZXAN(config)#master - backup disable rackno 0 shelfno 0

④ 删除单板，用 del - card，指令，删除14槽位的单板，指令为：

ZXAN(config)#del - card slotno 14

⑤ 复位单板，用 reset - card 指令为：

ZXAN#reset - card slotno 14

⑥ 主控板主备倒换，指令为：

ZXAN#swap

4.1.3　登录账号的参数配置

登录账号的参数配置步骤为：

(1) 创建新用户、密码以及权限，指令为：

ZXAN(config)#username zx123 password 123 privilege 15

建立一个账号为 ZX123 的用户，密码为 123，级别为 15。

(2) 设置 telnet 闲置时长，单位是分钟，指令为：

ZXAN(config)#line telnet idle - timeout 60

(3) 删除已有的用户，指令为：

ZXAN(config)#no username zte

4.2　VLAN 参数的配置

4.2.1　显示 VLAN

显示 VLAN 参数的指令如下：

(1) 查看所有配置情况，指令为：

ZXAN#show running - config

(2) 显示端口的光电模式、自协商模式、工作模式、switchport default vlan 等，指令为：

ZXAN#show running - config interface gei_0/14/2

(3) 显示已创建的 VLAN，指令为：

VLAN ZXAN#show vlan summary

(4) 查看指定 VLAN 中包含的 tag 以及 untag 端口，指令为：

ZXAN#show vlan 100

(5) 查看上联端口所属 VLAN、端口模式、是否 tag 以及 PVID，指令为：

ZXAN#show vlan port gei_0/14/2

(6) 查看 PON - ONU 口所属 VLAN、端口模式、是否 tag 以及 PVID，指令为：

ZXAN＃show vlan port epon - onu_0/1/1：10

(7) 查看指定端口的状态、光口还是电口、自协商是否启用，指令为：

ZXAN＃show interface gei_0/14/2

4.2.2 VLAN 配置

1. 单层 VLAN 的配置

(1) 创建一个 VLAN，指令为：

ZXAN(config)＃vlan 100

(2) 创建一批 2～10 的 VLAN，指令为：

ZXAN(config)＃vlan database

ZXAN(vlan)＃vlan 2 - 10

(3) 进入上连端口，指令为：

ZXAN(config)＃ interface gei_0/4/1

(4) 把该端口加入 VLAN，但是不论是否 tag，该指令都不会改变端口的 PVID，指令为：

ZXAN(config - if)＃switchport vlan 2 - 10 tag/untag

(5) 把该端口以 untag 方式加入 VLAN，并且把端口的 PVID 改成与 VLANID 一致。如果要把端口以 untag 方式加入 VLAN，建议使用此指令：

ZXAN(config - if)＃switchport default vlan 100

(6) 进入 PON - ONU 口，指令为：

ZXAN(config)＃interface epon - onu_0/1/1：16

(7) 把端口模式改成 trunk，指令为：

ZXAN(config - if)＃switchport mode trunk

(8) 把该端口以 tag 方式加入 VLAN，指令为：

ZXAN(config - if)＃switchport vlan 2 - 10 tag

2. QinQ 的配置

QinQ 的配置规划原则为：保留 VLAN 不能与 CVLAN 和 SVLAN 相同，透传 VLAN 不能与 SVLAN 相同，在同一个 PON 下，“基于 PON 口的灵活 QinQ”与“基于 PON - ONU 口的灵活 QinQ”二者只能选一种。

对于 PON - ONU 口，配置了灵活 QinQ 规则以后，就不能再将端口加入 CVLAN 或 SVLAN，但是必须以 tag 方式将端口加入需要透传的 VLAN(即不符合灵活 QinQ 规则的 VLAN)。

对于上联口，需要以 untag 方式加入保留 VLAN，以 tag 方式加入 SVLAN，以 tag 方式加入透传 VLAN。由于 QinQ 的上行业务是洪泛的，所以需要禁用系统的洪泛抑制功能。

1) 基本的 QinQ 指令

(1) 显示所有的保留 VLAN 及其使用情况，指令为：

ZXAN＃show vlan - reserve all

（2）配置保留 VLAN 的范围 4001～4090，指令为：

ZXAN(config)#vlan-reserve 4001-4090

（3）删除保留 VLAN，指令为：

ZXAN(config)#no vlan-reserve

（4）显示灵活 QinQ 是否全局使能，指令为：

ZXAN#show running-config | include vlan-smart-qinq

（5）灵活 QinQ 全局使能，主要作用是启用基于线卡内联口软件学习 MAC 地址的功能，避免下行业务洪泛，指令为：

ZXAN(config)#vlan-smart-qinq enable

（6）灵活 QinQ 全局禁用，指令为：

ZXAN(config)#vlan-smart-qinq disable

2）基于 PON 口的灵活 QinQ

（1）显示灵活 QinQ 是否 PON 口使能，指令为：

ZXAN#show running-config interface epon-olt_0/5/2

（2）灵活 QinQ 接口使能，其主要作用是给接口添加保留 VLAN，指令为：

ZXAN(config)#interface epon-olt_0/5/2

ZXAN(config-if)#vlan-smart-qinq enable

（3）灵活 QinQ 接口禁用，指令为：

ZXAN(config-if)#vlan-smart-qinq disable

（4）显示灵活 QinQ 规则，指令为：

ZXAN#show vlan-smart-qinq

（5）配置灵活 QinQ 规则，将通过 OLT 的 EPFC 板 1 槽位 2 号 PON 口，使带有内层标签 1001-1025 的 VLAN 打上外层 2401 的标签，指令为：

ZXAN(config)#vlan-smart-qinq ingress-port epon-olt_0/1/2 cvlan 1001 to 1025 svlan 2401

（6）删除灵活 QinQ 规则，指令为：

ZXAN(config)#no vlan-smart-qinq ingress-port epon-olt_0/1/2 svlan 2401

3）基于 PON-ONU 口的灵活 QinQ

（1）显示灵活 QinQ 是否 PON-ONU 口使能，指令为：

ZXAN#show running-config interface epon-onu_0/5/2：1

（2）灵活 QinQ 接口使能，其主要作用是为接口添加保留 VLAN，指令为：

ZXAN(config)#interface epon-onu_0/5/2：1

ZXAN(config-if)#vlan-smart-qinq enable

（3）灵活 QinQ 接口禁用，指令为：

ZXAN(config-if)#vlan-smart-qinq disable

（4）配置灵活 QinQ 规则，将通过 OLT 的 EPFC 板 1 槽位 2 号 PON 口下 10 号 ONU、并带有内层标签 1030 到 1035 的 VLAN 添加外层 2401 的标签，指令为：

ZXAN(config)#vlan-smart-qinq ingress-port epon-onu_0/1/2：1 cvlan 1030 to 1035 svlan 2401

(5) 删除灵活 QinQ 规则，指令为：

ZXAN(config) # no vlan - smart - qinq ingress - port epon - onu_0/1/2 : 1 svlan 2401

3. VLAN 的删除操作

(1) 将端口从 VLAN 中删除，指令为：

ZXAN(config - if) # no switchport vlan 2 - 10

(2) 将端口从 default VLAN 中删除，PVID 变回 1，指令为：

ZXAN(config - if) # no switchport default vlan

(3) 删除一个 VLAN，指令为：

ZXAN(config) # no vlan 100

(4) 删除一批 VLAN，指令为：

ZXAN(config) # vlan database

VLAN ZXAN(vlan) # no vlan 2 - 10

4.3 ONU 的注册

4.3.1 ONU 模板设置

ONU 模板设置可通过以下指令完成。

(1) 显示 ONU 模板种类，指令为：

ZXAN # show onu - type

(2) 显示 ONU 模板中的用户端口情况，指令为：

ZXAN # show onu - type - if ZTE - D420

(3) 进入 PON 配置模式，指令为：

ZXAN(config) # pon

(4) 添加新模板，指令为：

ZXAN(config - pon) # onu - type epon ZTE - F460 description 4FE, 4POTS,1WIFI

(5) 配置以太网类用户端口，指令为：

ZXAN(config - pon) # onu - if ZTE - F460 eth_0/1 - 4

(6) 配置 POTS 类用户端口，指令为：

ZXAN(config - pon) # onu - if ZTE - F460 pots_0/1 - 2

(7) 配置无线端口，指令为：

ZXAN(config - pon) # onu - if ZTE - F460 wifi_0/1

(8) 删除接口，指令为：

ZXAN(config - pon) # no onu - if ZTE - F460 eth_0/1 - 4

ZXAN(config - pon) # no onu - if ZTE - F460 pots_0/1 - 2

(9) 删除模板，但系统缺省的模板如 ZTE - D400 不能删除，指令为：

ZXAN(config - pon) # no onu - type ZTE - F460

4.3.2　ONU 注册认证操作

1. 显示指令

（1）显示 PON 口是否 shutdown，指令为：

ZXAN＃show interface epon－olt_0/1/1

（2）显示相关 PON 口下未注册认证的 ONU，指令为：

ZXAN＃show onu unauthentication epon－olt_0/1/1

（3）显示相关 PON 口下已注册认证的 ONU，指令为：

ZXAN＃show onu authentication epon－olt_0/1/1

（4）显示相关 PON 口下所有 ONU 的状态，指令为：

ZXAN＃show onu all－status epon－olt_0/1/1

（5）显示 ONU 的 Admin State 即是否开通，指令为：

ZXAN＃show onu detail－info epon－onu_0/1/1:1

（6）显示 ONU 认证注册的方式，即 Sw－mode 项是 MAC 还是 SN，缺省时默认为 MAC，指令为：

ZXAN＃show epon authentication mode 0/5

（7）查看 ONU 的距离，一个 TQ 约等于 1.635 m，指令为：

ZXAN＃show onu mpcpinfo epon－onu_0/1/2:1

RemoteMacAddr：001e.738d.a7ec

RegistrationState：registered

RoundTripTime：7890 tq（12.900 km）

2. ONU 的注册

（1）进入 PON 配置模式，指令为：

ZXAN(config)＃epon

（2）修改 ONU 的认证注册方式，该命令对整个 PON 板有效，重启 PON 板才能起效，指令为：

ZXAN(config－epon)＃soft－ware authentication mode 0/5 mac/sn

（3）进入 PON 口，指令为：

ZXAN(config)＃interface epon－olt_0/1/2

ZXAN(config－if)＃shutdown(关闭 PON 口)

ZXAN(config－if)＃no shutdown(打开 PON 口)

（4）根据 MAC 地址添加 ONU，指令为：

ZXAN(config－if)＃onu 10 type ZTE－F460 mac 0015.EB71.F6C8

（5）修改 ONU 的 MAC 地址，指令为：

ZXAN(config－if)＃mac 0015.EB71.F658

（6）根据 SN 添加 ONU，指令为：

ZXAN(config－if)＃onu 10 type ZTE－F460 sn XXXXXXXX

（7）删除 ONU，指令为：

ZXAN(config－if)＃no onu 10

(8) 开通 ONU，指令为：

ZXAN(config)＃interface epon－onu_0/1/2：10(进入 PON－ONU 口)

ZXAN(config－if)＃authentication enable(开通)

3. ONU 的带宽设置

(1) 显示某个 PON 口下所有 ONU 的上下行带宽，指令为：

ZXAN＃show onu bandwidth downstream/upstream epon－olt_0/1/2

(2) 显示某个 ONU 的上下行带宽，指令为：

ZXAN＃show onu bandwidth downstream/upstream epon－onu_0/1/2：10

(3) 设置 ONU 带宽，设置下行最大带宽，单位是 kb/s，指令为：

ZXAN(config－if)＃bandwidth downstream maximum 100000

设置上行最大带宽，单位是 kb/s，指令为：

ZXAN(config－if)＃bandwidth upstream maximum 100000

4.3.3 ONU 远程下发配置

1. 显示 ONU 的相关参数

(1) 显示 ONU 的版本以及用户端口是否隔离，指令为：

ZXAN＃show remote onu info epon－onu_0/1/2：10

(2) 显示 ONU 上的用户端口模式以及 PVID，指令为：

ZXAN＃show remote onu vlan epon－onu_0/1/2：10

(3) 显示 ONU 用户端口的信息以及状态、eth 的限速状况、VoIP 端口是否使能，指令为：

ZXAN＃show remote onu port info epon－onu_0/1/2：10

(4) 显示 ONU 的带内网管、网关、网管 VLAN 等，指令为：

ZXAN＃show remote onu mgmt－ip epon－onu_0/1/2：10

2. 配置下发模式(F460 不支持下发因此此处以 F420 为例配置)

(1) 进入 ONU 远程管理模式，指令为：

ZXAN(config)＃pon－onu－mng epon－onu_0/1/2：10

(2) 把用户端口设置成 transparent 模式，指令为：

ZXAN(epon－onu－mng)＃vlan port eth_0/1 mode transparent

(3) 把用户端设置成 tag 模式并决定 PVID，指令为：

ZXAN(epon－onu－mng)＃vlan port eth_0/1 mode tag vlan 2401 priority 0

(4) 远程配置 ONU 的带内网管、网关、网管 VLAN 等，指令为：

ZXAN(epon－onu－mng)＃mgmt－ip onu－ip 172.16.80.110 255.255.255.0 7 4000 mgm－ip 172.16.80.103 255.255.0.0 172.16.80.254 status enable

(5) 启用/禁用 ONU 用户端口隔离，指令为：

ZXAN(epon－onu－mng)＃isolation enable/disable

(6) 启用/禁用 VoIP 端口，指令为：

ZXAN(epon－onu－mng)＃interface voip voip_0/1 enable/disable

(7) 启用/禁用 eth 端口，指令为：

ZXAN(epon－onu－mng)＃interface eth eth_0/1 phy－state enable/disable

(8) 启用 eth 端口的限速功能，单位是 kb/s，指令为：

ZXAN(epon－onu－mng)＃interface eth eth_0/1 policing downstream/upstream enable cir 10000

(9) 禁用 eth 端口的限速功能，指令为：

ZXAN(epon－onu－mng)＃interface eth eth_0/1 policing downstream/upstream disable

(10) 重启 ONU，指令为：

ZXAN(epon－onu－mng)＃reboot

4.4 端口配置

4.4.1 上联端口模式设定

上联端口模式设定可通过以下指令完成：

(1) 进入端口，指令为：

ZXAN(config)＃interface gei_0/14/2

(2) 设置成自协商模式(自协商模式下无法设置双工和速率)，指令为：

ZXAN(config－if)＃negotiation auto

(3) 设置成非自协商模式，指令为：

ZXAN(config－if)＃no negotiation auto

(4) 设置全双工/半双工，指令为：

ZXAN(config－if)＃duplex full/half5

(5) 设置速率为 10 M/100 M/1000 M，指令为：

ZXAN(config－if)＃speed 10/100/1000

4.4.2 上联端口链路聚合设置

1. 显示端口链路的相关参数

(1) 显示 trunk 组内的端口成员，指令为：

ZXAN＃show lacp 1 internal

(2) 显示 trunk 组的端口 VLAN 模式(access/trunk/hybrid)及 PVID，指令为：

ZXAN＃show interface smartgroup1

(3) 显示 trunk 组的所属 VLAN，指令为：

ZXAN＃show vlan port smartgroup1

(4) 显示端口所属链路聚合的模式 on/active/passive，指令为：

ZXAN＃show running－config interface gei_0/14/2

(5) 显示链路聚合负荷分担方式，指令为：

ZXAN＃show running－config interface smartgroup1

2. 设置链路聚合

(1) 创建并进入 trunk，指令为：

ZXAN(config) # interface smartgroup1

(2) 退出 trunk 组，指令为：

ZXAN(config - if) # exit

(3) 进入上联口，指令为：

ZXAN(config) # interface gei_0/6/1

(4) 将上联口加入 trunk 组 1，汇聚组的模式有三种 active/on/passive。聚合模式设置为 on 表示静态聚合；聚合模式设置为 active 或 passive 时端口运行 LACP 协议，active 指端口为主动协商模式，passive 指端口为被动协商模式。应当将一端端口的聚合模式设置为 active，另一端设置为 passive，或者两端都设置为 active。该命令能正确执行的前提是 gei_0/6/1 与 smartgroup 1 这两个端口的 VLAN 属性必须完全一致，包括 access/trunk/hybrid、所属的 VLAN、是否 tag 等，指令为：

ZXAN(config - if) # smartgroup 1 mode on

(5) 退出上联口，指令为：

ZXAN(config - if) # exit

(6) 进入 trunk 组，指令为：

ZXAN(config) # interface smartgroup

(7) 把 trunk 组加入 VLAN，把 trunk 组看作是一个逻辑端口，对其 VLAN 操作与普通的端口一样。该命令执行后组中的端口成员的 VLAN 配置也会相应改变，指令为：

ZXAN(config - if) # switchport vlan 200 tag

(8) 设置链路聚合负荷分担方式，指令为：

ZXAN(config - if) # smartgroup load - balance src - mac/dst - mac/src - dst - mac/src - ip/dst - ip/src - dst - ip

3. 删除链路聚合组

(1) 进入上联口，指令为：

ZXAN(config) # interface gei_0/6/1

(2) 将上联口从 trunk 组内删除，指令为：

ZXAN(config - if) # no smartgroup

删除 trunk 组，前提是内部的端口成员都已经被删除，指令为：

ZXAN(config) # no interface smartgroup1

4.4.3 端口隔离

对于主控板来说，有两种端口，一种是用户端口，另一种是上联端口。缺省情况下 PON 口都属于用户端口，EIG/EIGM/EC4G/EC4GM 的光口电口都属于上联端口。启用了用户端口隔离以后，即使属于同一 VLAN 的用户端口之间也都是隔离的，该命令对上联端口则没有影响。用户端口之间的隔离与互通操作在同一 VLAN 内默认是互通的。

(1) 显示是否隔离，port - protect=enable 表示隔离，指令为：

ZXAN # show eth - switch

(2) 显示 port－protect 的状态，enable 表示当作用户端口，指令为：

ZXAN＃show running－config interface gei_0/14/2

(3) 设置互通或者隔离，指令为：

ZXAN(config)＃eth－switch port－protect disable/enable

有时 EIG/EIGM/EC4G/EC4GM 的光口电口需要级联其他设备(即不作为上联端口使用而是下挂其他设备)，此时希望该端口与 PON 之间隔离而只与上联端口互通，这就需要将该端口当做用户端口，并配合“启用用户端口隔离”命令(eth－switch port－protect enable)来实现。

(4) 如果将两个 EIG/EIGM/EC4G/EC4GM 的光口电口的 port－protect 都设成 enable，则这两个端口之间隔离(不论 eth－switch port－protect 是否 enable)，指令为：

ZXAN(config)＃interface gei_0/6/3

ZXAN(config－if)＃port－protect disable/enable

习　题

一、不定项选择题

1. 用 show card 命令显示 C200 系统当前的所有单板(　　)。

A.状态　B. 形状　C. 配置　D. 大小

2. EPON 中 ONU 的注册方式有(　　)。

A. mac　B. sn　C. ip　D. 先后顺序

3. ZXA10 C200 开局时需要添加(　　)。

A. 机架　B. 机框　C. 单板　D. 电源线

4. 以下命令行能正确执行的有(　　)。

A. ZXAN＃show　card

B. ZXAN＜config＞＃no ip address

C. ZXAN＜config＞＃interface epon－olt_0/5/1

ZXAN＜config－if＞＃onu 1 type ZTE－F401 mac 0015.EB71.F6C8

D. ZXAN＜config＞＃write

5. vlan－smart－qinq ingress－port epon－olt_0/1/2 cvlan 1001 to 1025 svlan 2401，对这条指令解释正确的有：(　　)。

A. 将通过 OLT 2 号 PON 口，内层 VLAN 2401 的帧添加外层标签 1001 到 1025

B. 将通过 OLT 1 号 PON 口，内层 VLAN 2401 的帧添加外层标签 1001 到 1025

C. 将通过 OLT 2 号 PON 口，内层 1001 到 1025 的帧添加外层标签 VLAN 2401

D. 将通过 OLT 1 号 PON 口，内层 1001 到 1025 的帧添加外层标签 VLAN 2401

6. 做汇聚组时，它的模式有(　　)。

A. active　B. on　C. passive　D. trunk

7. 中兴 OLT 的端口聚合必须(　　)一致。

A. 端口的模式　B. 端口的速率　C. 端口的工作方式　D. 端口的报文

8. interface epon－onu_0/5/2：1 表示(　　)。

A. 进入到 2 号 PON 口　B. 进入到 5 号上行口

C. 进入到 2 号 PON 口下的 1 号 ONU　　D. 进入到 5 号 PON 口下的 2 号 ONU

9. 显示 ONU 的带内网管、网关、网管 VLAN 的指令是(　　)。

A. ZXAN# show remote onu info epon-onu_0/1/2：10

B. ZXAN# show remote onu vlan epon-onu_0/1/2：10

C. ZXAN# show remote onu mgmt-ip epon-onu_0/1/2：10

D. ZXAN# show remote onu port info epon-onu_0/1/2：10

10. ZXAN(config)# pon-onu-mng epon-onu_0/3/2：30 表示(　　)。

A. 进入到 2 号 PON 口下 30 号 F460 的数据下发模式

B. 进入到 3 号 PON 口下 2 号 F420 的数据下发模式

C. 进入到 2 号 PON 口下 30 号 F420 的数据下发模式

D. 进入到 3 号 PON 口下 2 号 F420 的数据下发模式

二、思考题

ZXA10 C200 支持哪三种管理方式？请详细说明。

三、操作题

1. 在 C220 上添加 F460 模板操作。

2. 将 F420 ONU 在 C200 上的 3 号 PON 口上注册。

3. 在 C220 的上行板的 3 号和 4 号光口做端口聚合操作，并在 2 号光口上做端口隔离操作。

第 5 章

宽带业务开通及配置

5.1　FTTH(C200＋F460)宽带业务的配置

本节以具体任务的方式介绍宽带业务与开通及配置方法。在该任务中，某 FTTH 用户向运营商申请开通 10M 的数据业务，并要求可以访问 WEB 服务区。本任务采用中兴 C200 型 OLT 及 F460 型 ONU 来实现。

5.1.1　C200＋F460 网络拓扑

1. 网络拓扑说明

本任务中，机房采用的设备是中兴公司的 OLT 型号为 C200，ONU 采用的是中兴公司的 F460。另外，还有 1 台华为交换机，1 台 WEB 服务器，1 台 PC 终端。

(1) 将用户电脑接在 ONU(F460)的 1 号以太端口，电脑的 IP 地址设置为10.10.200.5，子网掩码设置为 255.255.255.0，网关设置为 10.10.200.254。

(2) 将 F460 的上行光口接上分光器的分线端口。

(3) 将分光器的总线光纤接到 OLT 的 1 槽位的 EPFC4 号光纤接口。

(4) 将 OLT 上行 EIGM 板的 3 号电口接入到华为交换机的 47 口。

(5) 将 WEB 服务器的 IP 地址设置为 10.10.200.1，于网掩码设置为 255.255.255.0，网关设置为 10.10.200.254，并将 WEB 服务器网卡的网线接入到华为交换机的 42 号端口。

C200＋F460 网络拓扑如图 5.1.1－1 所示。

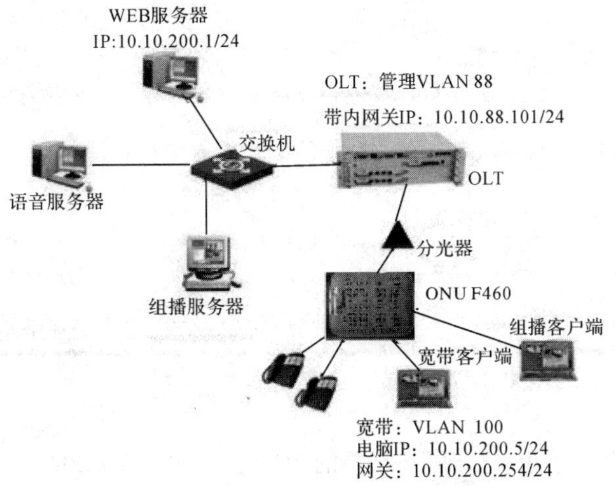

图 5.1.1－1　C200＋F460 宽带业务网络拓扑

2. 网络规划

C200+F460 具体的网络规划如表 5.1.1-1 所示。

表 5.1.1-1 网络规划

<table>
<tr><th>设备名称</th><th>VLAN 号</th><th colspan="2">端口号</th><th>IP 地址</th></tr>
<tr><td rowspan="2">OLT</td><td rowspan="2">网管 VLAN 88</td><td>下行口</td><td>epon-olt_0/1/4</td><td rowspan="2">10.10.88.101</td></tr>
<tr><td>上行口</td><td>gei_0/6/3</td></tr>
<tr><td>WEB 服务器</td><td>VLAN 100</td><td colspan="2"></td><td>10.10.200.1</td></tr>
<tr><td rowspan="2">ONU</td><td rowspan="2"></td><td>上行光口</td><td>epon-olt_0/1/4:10</td><td rowspan="2"></td></tr>
<tr><td>PC 主机口</td><td>1 号以太口</td></tr>
<tr><td rowspan="2">华为交换机</td><td rowspan="2">VLAN 100</td><td>WEB 服务器</td><td>交换机 42 口</td><td rowspan="2">10.10.200.254</td></tr>
<tr><td>OLT</td><td>交换机 47 口</td></tr>
</table>

5.1.2 设备的配置

1. WEB 服务器(XP 系统)

(1) 在网上下载 IIS 包，打开控制面板中的“添加/删除程序”，选择“Internet 信息服务”进行安装。点击“程序”，选择“管理工具”，再选择“Internet 信息服务”子菜单，弹出信息框。

(2) 在信息框的左边菜单上双击“本机计算机”，出现“网站”和“默认 SMTP 虚拟服务器”的子菜单。双击“网站”子菜单，出现“WEB”的子菜单，点击右键选择“属性”，弹出信息框，如图 5.1.2-1 所示。

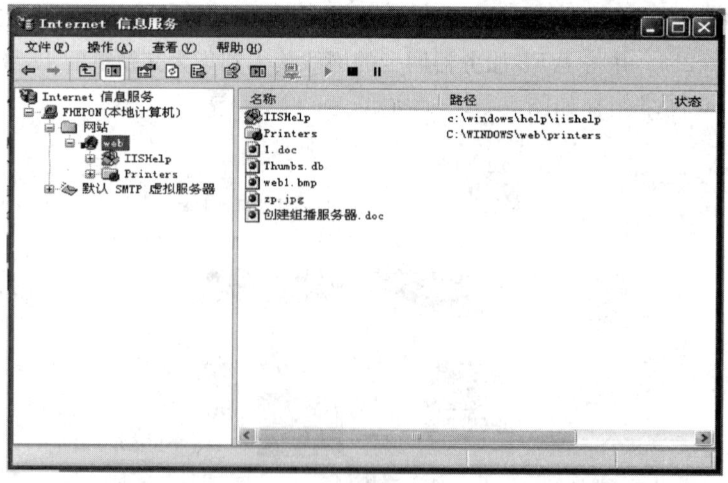

图 5.1.2-1 创建 WEB 服务器

(3) 在信息框的菜单上，设置服务器的 IP 地址为 10.10.200.1，操作如图 5.1.2-2 所示。

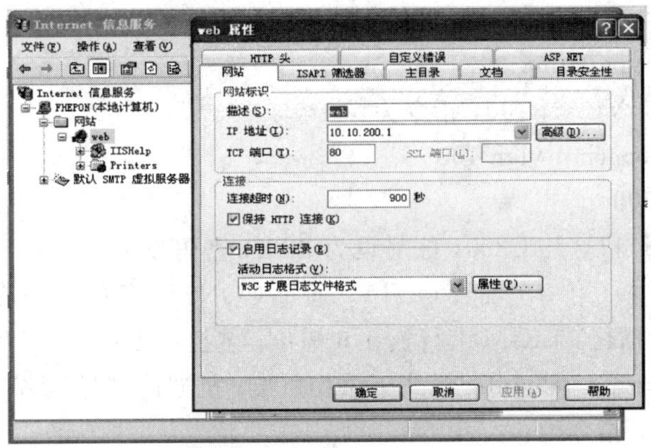

图 5.1.2－2　设置 WEB 服务器 IP

(4) 在主菜单中选择“主目录”菜单。设置被访问的资源所在的目录，操作如图 5.1.2－3所示。

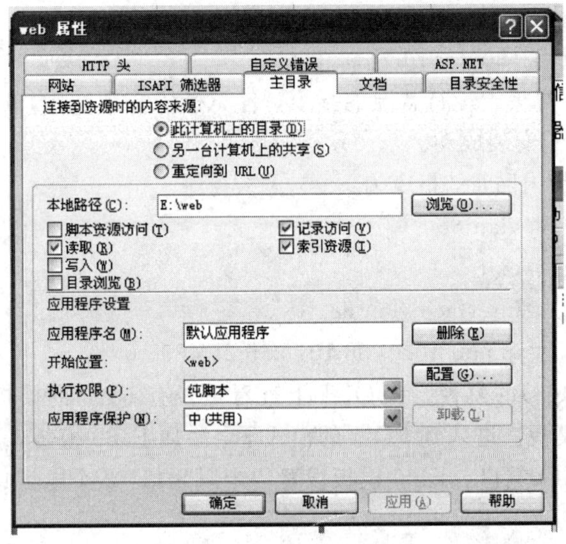

图 5.1.2－3　设置 WEB 服务器的文件夹

2. 华为交换机 3900

1) VLAN 的配置

在交换机上配置 VLAN 100，并设置 VLAN 100 的接口 IP 为 10.10.200.254，创建 VLAN 100，将 42 和 43 号端口添加到 VLAN 100 中，指令为：

```
Port e1/0/42 to e1/0/43
```

进入 VLAN 100 的接口视图，指令为：

```
interface vlan 100
```

设置 VLAN 100 的 IP 地址，指令为：

```
Ip add 10.10.200.254 255.255.255.0
```

2) Trunk 的配置

进入到交换机的 47 号端口，指令为：

```
interface e1/0/47
```

将该端口的类型设置为 VLAN 透传模式，指令为：

```
Port link_type trunk
```

将该端口划分给 VLAN 100，指令为：

```
Port trunk permit vlan 100
```

3. 中兴 OLT C200

通过 CONSOLE 口登陆 C200，账号设为 ZTE，密码设为 ZTE。

(1) 添加各类单板(第一次配置 OLT)。通过 CONSOLE 登录到 OLT 上，添加 EPFC 用户板在 OLT 的 1 槽位，EIGM 上行板在 6 槽位，主控板不用添加。添加后，应查看添加的板子是否能正常运行。在 config 模式下添加机架，机架的型号是 ZXPON(中兴公司放置 EPON 设备的机架)，指令为：

```
ZXAN(config)#add-rack rackno 0 racktype ZXPON
ZXAN(config)#add-shelf rackno 0 shelfno 0 shelftype ZXA10C200-A
ZXAN(config)#add-card slotno 1 EPFC
ZXAN(config)#add-card slotno 6 EIG
ZXAN(config)#show card
```

在特权状态执行查看板子运行状况的指令，各类板子必须在 INSERVICE 状态，只要 INSERVICE 就表示板子安装成功。

(2) 配置 OLT 的带内网管，指令为：

```
ZXAN(config)#vlan 88
ZXAN(config)#exit
ZXAN(config)#interface vlan 88
ZXAN(config)#ip add 10.10.88.101 255.255.255.0
```

(3) 添加 ONU(F460)的模板。在 OLT 上查看是否有 F460 的模板，如果没有则需要在 OLT 上创建 F460 模板。进入到 PON 的模式下，添加 F460 模板，有 4 个以太端端口，2 个电话端口，1 个 WIFI 端口。F460 模板设置 4 个以太口，2 个电话口，1 个 WIFI 接口，指令为：

```
ZXAN(config-pon)#PON
ZXAN(config-pon)#onu-type epon ZTE-F460 description 4FE,2POTS
ZXAN(config-pon)#onu-if ZTE-F460 eth_0/1-4
ZXAN(config-pon)#onu-if ZTE-F460 pots_0/1-2
ZXAN(config-pon)#onu-if ZTE-F460 wifi_0/1
ZXAN(config-pon)#exit
```

(4) ONU 的注册。将 MAC 地址为 98f5.3710.4719 的 F460 绑定在 OLT 的 1 槽位 4 号端口下，将型号 ZTE-F460 设置编号为 10(ONIU 最大编号不能超过 64)，把 ONU 的 MAC 绑定到该端口下，设置 ONU 的上下行带宽为 900000，指令为：

```
ZXAN(config)#interface epon-olt_0/1/4
ZXAN (config-if)#onu 10 type ZTE-F460 MAC  98f5.3710.4719
ZXAN (config-if)#exit
ZXAN(config)#interface epon-onu_0/1/4:10。
```

ZXAN (config - if) # authentication enable

ZXAN(config - if) # bandwidth downstream maximum90000

ZXAN(config - if) # bandwidth upstream maximum90000

(5) 上行口的配置。创建数据业务 VLAN 200，进入 OLT 6 槽位的 3 号端口，设置端口为 Trunk 模式，将 VLAN 100 与网管 VLAN 88 带标签透传，指令为：

ZXAN(config) # vlan 100

ZXAN(config - vlan) # exit

ZXAN(config) # interface gei_0/6/3

ZXAN(config - if) # switchport mode trunk

ZXAN(config - if) # switchport vlan88,100 tag

ZXAN(config - if) # exit

(6) 下行 PON 口的配置。进入 ONU 的模式，设置端口为 Trunk 模式，将 VLAN 100 与网管 VLAN 88 带标签透传，指令为：

ZXAN(config) # interface epon - onu_0/1/4 : 10

ZXAN(config - if) # switchport mode trunk

ZXAN(config - if) # switchport vlan88,100tag

ZXAN(config - if) # exit

4. F460 的配置过程

F460 不支持数据下发，所以必须登录 F460 进行配置。

(1) 配置 PC 主机。将 PC 主机的网线接入到 F460 的 1 号以太端口，改 PC 主机的 IP 地址为 192.168.1.10，子网掩码为 255.255.255.0，网关为 192.168.1.1。

(2) 在浏览器中键入 192.168.1.1，账号为 telecomadmin，密码为 nE7jA%5m。

(3) 进入主菜单以后选择“网络”子菜单，连接名称选择“新增连接”，模式选择“桥接模式”，并打开 VLAN 开关，VLAN 号为 100，服务模式选择“INTERNET”，绑定的端口选择 1、3、4 号端口，配置完成，保存数据并重启 F460，如图 5.1.2 - 4 所示。

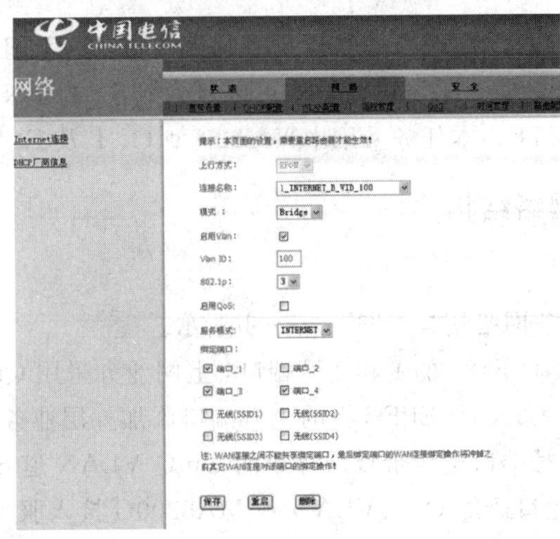

图 5.1.2 - 4　F460 的配置

5.1.3 业务的验证

在 IP 地址为 10.10.200.5 的电脑的浏览器中打开 http://10.10.200.1/zp.jpg，即可看到 WEB 服务器上的图片或者网页，测试结果如图 5.1.3-1 所示。

图 5.1.3-1 业务测试

5.2 FTTH(C220+F420)宽带业务的配置

本节以具体任务与方式介绍宽带业务与开通及配置方法。该任务中，某 FTTH 用户向运营商申请开通 10 M 的宽带业务，并要求可以接入到 INTERNET 网。运营商给用户的账号为 ZTE，密码为 ZTE。本任务采用中兴 C220 型 OLT 及 F420 型 ONU 实现。

5.2.1 C220+F420 网络结构

1. 网络拓扑说明

C220+F420 宽带业务网络拓扑如图 5.2.1-1 所示。

(1) PC 电脑接在 ONU F420 的 1 和 3 号端口，上网业务采用 QinQ 技术，用户 VLAN 1001～1002 在中兴 OLT C220 上 EPFC 板的 1 号端口添加外层业务标签 VLAN 2401。

(2) 在 EGM 板的 2 号端口透传带双层标签的 QinQ VLAN 道 S9303 的 40 号光口。

(3) S9303 的 41 号光口透传 QinQVLAN 到 MA5200G 接入服务器。

(4) 在 MA5200 上对用户认证，终结 VLAN 后，将数据传给 NE20 路由器，最后接入运营商网络。

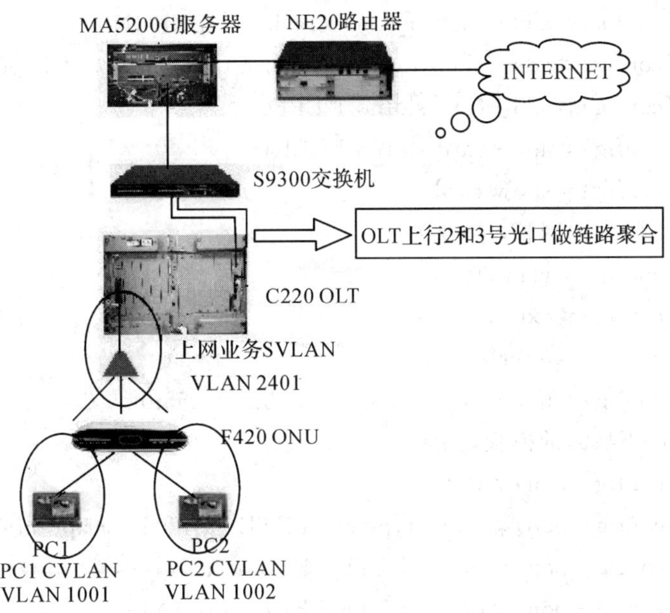

图 5.2.1－1　C220＋F420 宽带业务网络拓扑

2. 网络规划

C220＋F420 具体的网络规划如表 5.2.1－1 所示。

表 5.2.1－1　网络规划

设备名称	VLAN 号	端口号		IP 地址
OLT	网管 VLAN 80	下行口	epon－olt_0/1/4	172.16.80.103
		上行口	gei_0/14/2	
	CVLAN 1001～1002			
	SVLAN 2401			
ONU		上行光口	epon－olt_0/1/4：20	
		PC1 主机口	1 号以太口	
		PC2 主机口	3 号以太口	
MA5200G	PPPOE 拨号模式	账号：huawei@ppp	密码：huawei	
华为交换机	VLAN 100	MA5200G	交换机 41 口	172.16.80.254
		OLT	交换机 40 口	

5.2.2　设备的配置

中兴 OLT C220 设备的配置包括：

(1) 中兴 OLT C220 参数配置：

通过 CONSOLE 口登录 C200，账号设为 zte，密码设为 zte。

① 添加各类单板，指令为：

```
ZXAN(config)#add-rack rackno 0 racktype ZXPON
ZXAN(config)#add-shelf rackno 0 shelfno 0 shelftype ZXA10C220-B
ZXAN(config)#add-card slotno 1 EPFC
ZXAN(config)#add-card slotno 14 EIG
ZXAN(config)#show card
```

② 配置 OLT 的带内网管，指令为：

```
ZXAN(config)#vlan 80
ZXAN(config)#exit
ZXAN(config)#interface vlan 80
ZXAN(config)#ip add 172.16.80.103 255.255.255.0
```

③ 添加 ONU(F420)的模板，指令为：

```
ZXAN(config-pon)#PON
ZXAN(config-pon)#onu-type epon ZTE-F420 description 4FE,2POTS
ZXAN(config-pon)#onu-if ZTE-F420 eth_0/1-4
ZXAN(config-pon)#onu-if ZTE-F420 pots_0/1-2
ZXAN(config-pon)#exit
```

④ ONU 的注册，指令为：

```
ZXAN(config)#interface epon-olt_0/1/4
ZXAN (config-if)#onu 20 type ZTE-F420 MAC 98f5.3710.cceb
ZXAN (config-if)#exit
ZXAN(config)#interface epon-onu_0/1/4:20。
ZXAN (config-if)#authentication enable
ZXAN(config-if)#bandwidth downstream maximum 50000
ZXAN(config-if)#bandwidth upstream maximum 50000
```

⑤ 上行口的配置，创建数据业务 VLAN 200，进入 OLT14 槽位的 2 号端口，设置端口为 Trunk 模式，将 VLAN 2401 与网管 VLAN 88 带标签透传，指令为：

```
ZXAN(config)#vlan 2401
ZXAN(config-vlan)#exit
ZXAN(config)#interface gei_0/14/2
ZXAN(config-if)#switchport mode trunk
ZXAN(config-if)#switchport vlan 80,2401 tag
ZXAN(config-if)#exit
```

⑥ 下行 PON 口的配置，指令为：

```
ZXAN(config)#interface epon-onu_0/1/4:10
ZXAN(config-if)#switchport mode trunk
ZXAN(config-if)#switchport vlan 80tag
ZXAN(config-if)#exit
```

⑦ QinQ 配置，指令为：

```
ZXAN(config)#vlan-smart-qinq enable
```

```
ZXAN(config)#no eth-switch unknowncast-limit
ZXAN(config-if)#interface epon-olt_0/1/4
ZXAN(config-if)#vlan-smart-qinq enable
ZXAN(config-if)#exit
ZXAN(config)#vlan-smart-qinq ingress-port epon-olt_0/1/4 cvlan 1001 to 1050 svlan 2401
```

⑧ 数据下发，指令为：

```
ZXAN(config)#pon-onu-mng epon-onu_0/1/4:20
vlan port eth_0/1 mode tag vlan 1001 priority 0
vlan port eth_0/3 mode tag vlan 1002 priority 0
```

⑨ 链路聚合，指令为：

```
ZXAN(config)#interface smartgroup1
ZXAN(config-if)#exit
ZXAN(config)#interface gei_0/14/2
ZXAN(config-if)#smartgroup 1 mode on
ZXAN(config-if)#exit
ZXAN(config)#interface gei_0/14/3
ZXAN(config-if)#smartgroup 1 mode on
ZXAN(config)#interface smartgroup1
ZXAN(config-if)#switchport mode trunk
ZXAN(config-if)#switchport vlan 80，2401 tag
ZXAN(config-if)#smartgroup load-balance src-mac
```

(2) F420 支持下发，故不需要配置参数。

(3) 将 PC 的 IP 地址设为自动获取后，打开网络连接，创建一个新的拨号连接，如图 5.2.2-1 所示。

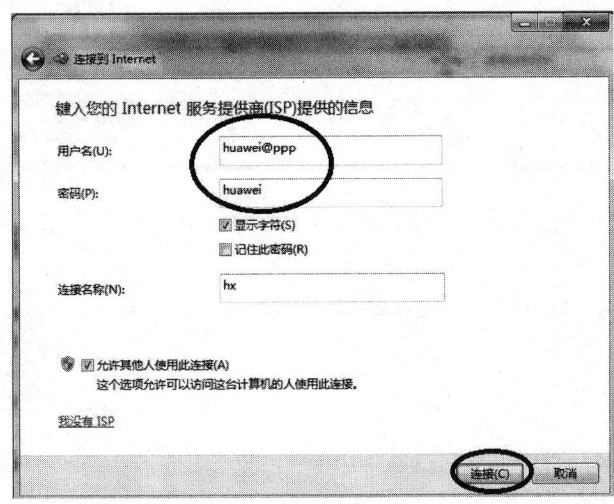

图 5.2.2-1　创建拨号连接

习　题

操作题

某 FTTB+LAN 用户开通 WEB 业务，其操作场景示意如图 5－1 所示，只需要配置 OLT 和 F822，业务开通后，用户通过输入网址 http://10.10.200.1/zp.jpg，即可以看到图片。

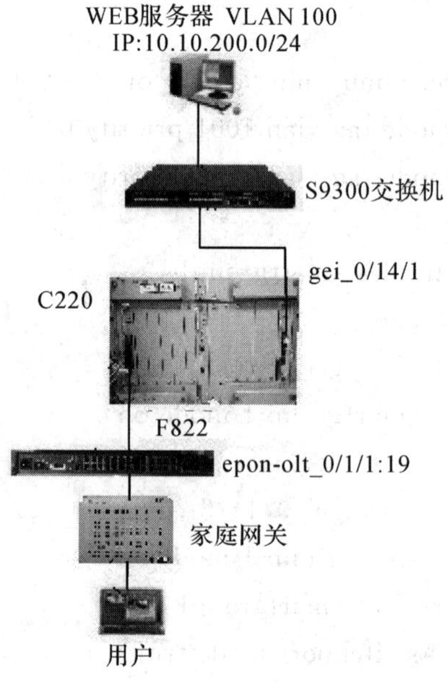

图 5－1　WEB 业务操作场景示意

第 6 章

组播业务开通及配置

6.1　组播基础理论知识

6.1.1　单播/广播/组播对比

当前的网络中有三种通讯模式：单播、广播、组播，其中组播出现时间最晚但同时具备单播和广播的优点，因此组播通讯模式最具有发展前景。组播协议允许将一台主机发送的数据通过网络路由器和交换机复制到多个加入此组播的主机，是一种一对多的通讯方式。

1. 单播

单播是主机之间“一对一”的通讯模式，如图 6.1.1 - 1 所示。

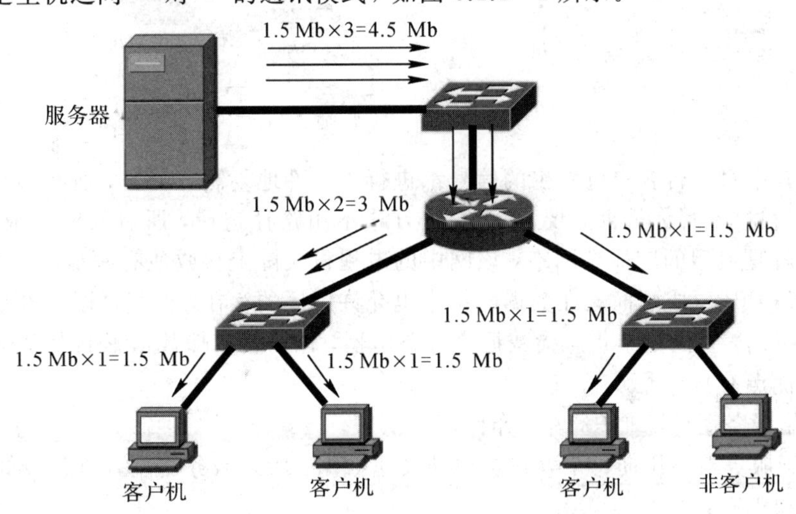

图 6.1.1 - 1　单播

网络中的交换机和路由器对数据只进行转发不进行复制。如果 10 个客户机需要相同的数据，则服务器需要逐一传送，重复 10 次相同的工作。但由于单播方式能够针对每个客户及时响应，所以现在的网页浏览全部都采用 IP 单播协议。网络中的路由器和交换机根据数据的目的地址选择传输路径，将 IP 单播数据传送到其指定的目的地。

单播的优点包括：服务器可以及时响应客户机的请求，服务器针对每个客户不同的请求发送不同的数据，容易实现个性化服务。

单播的缺点包括：

(1) 服务器针对每个客户机发送数据流，且服务器流量＝客户机数量×客户机流量，因此在客户数量大、每个客户机流量大的流媒体应用中服务器会不堪重负。

(2) 现有的网络带宽是金字塔结构，城际省际主干带宽仅仅相当于其所有用户带宽之和的5%。如果全部都使用单播协议，将造成网络主干不堪重负。现在的P2P应用就已经使主干经常阻塞，只要有5%的客户在全速使用网络，其他人使用网络速率会极低，且将主干扩展20倍几乎是不可能的。

2. 广播

广播是指主机之间"一对所有"的通讯模式，如图6.1.1-2所示。

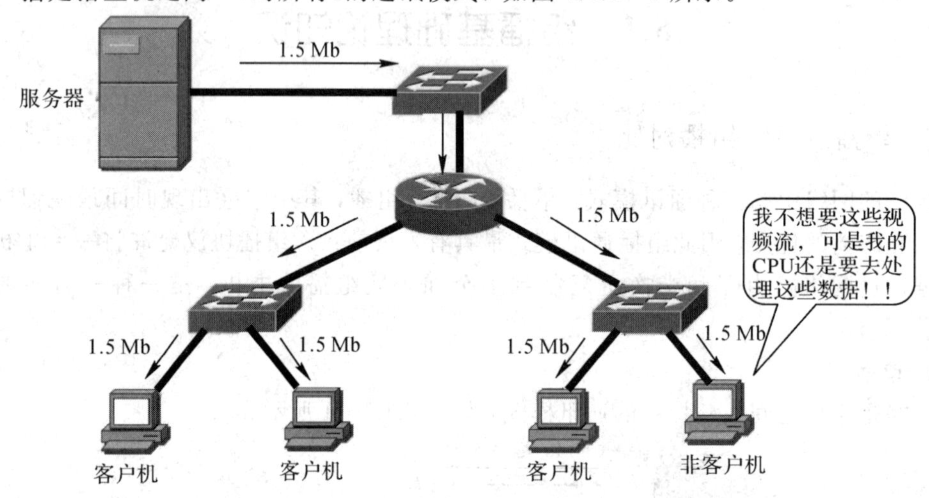

图6.1.1-2　广播

网络对其中每一台客户机发出的信号都进行无条件地复制并转发，所有客户机都可以接收到所有信息(不管你是否需要)，由于此方式不用路径选择，所以其网络成本很低廉。有线电视网就是典型的广播型网络，该网中的电视机实际上接收所有频道的信号，但只将一个频道的信号还原成画面。在数据网络中也允许广播的存在，但其被限制在二层交换机的局域网范围内，目的是禁止广播数据穿过路由器，以防止广播数据影响大面积的主机。

广播的优点有：

(1) 网络设备简单，维护简单，布网成本低廉。

(2) 由于服务器不用向每个客户机单独发送数据，所以服务器流量负载极低。

广播的缺点有：

(1) 无法针对每个客户的要求和时间及时提供个性化服务。

(2) 网络允许服务器提供数据的带宽有限，且客户端的最大带宽＝服务总带宽。例如有线电视的客户端的线路支持100个频道(如果采用数字压缩技术，理论上可以提供500个频道)，即使服务商有更大的财力配置更多的发送设备、改成光纤主干，也无法超过此极限。因此无法向众多客户提供更多样化、更加个性化的服务。

(3) 广播禁止在Internet宽带网上传输数据。

3. 组播

组播是指主机之间"一对一组"的通讯模式，如图6.1.1-3所示。

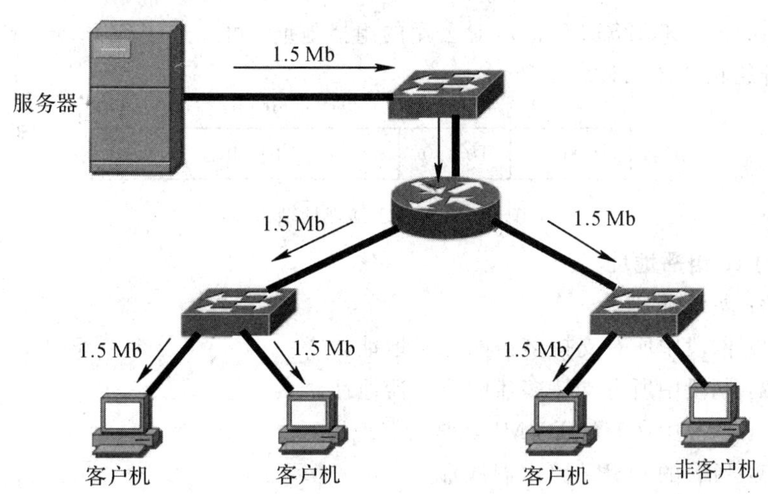

图 6.1.1－3　组播

加入同一个组的客户机可以接收到此组内的所有数据，网络中的交换机和路由器只向有需求者复制并转发其所需数据。客户机可以向路由器请求加入或退出某个组，网络中的路由器和交换机有选择的复制并传输数据，即只将组内数据传输给那些加入组的客户机。这样既能一次将数据传输给多个有需要(加入组)的客户机，又能保证不会影响其他不需要(未加入组)的客户机的通讯。

组播的优点有：

(1) 需要相同数据流的客户机加入相同的组共享一条数据流，节省了服务器的负载。即具备广播所具备的优点。

(2) 由于组播协议是根据接收者的需要对数据流进行复制转发，所以服务器的服务总带宽不受客户接入端带宽的限制。IP 协议允许有 2 亿 6 千多万个(268435456)组播，所以其提供的服务可以非常丰富。

(3) 组播协议和单播协议一样允许在 Internet 宽带网上传输数据。

组播的缺点有：

(1) 与单播协议相比没有纠错机制，发生丢包错包后难以弥补，但可以通过一定的容错机制和 QoS 加以弥补。

(2) 现行网络虽然都支持组播的传输，但在客户认证、QoS 等方面还需要完善，这些缺点在理论上都有成熟的解决方案，只是需要逐步推广应用到当前网络当中。

6.1.2　组播地址

1. 组播地址的分类与结构

IPv4 地址空间分为五类，即 A 类、B 类、C 类、D 类和 E 类。D 类地址即组播协议的地址是从 224.0.0.0 到 239.255.255.255 之间的 IP 地址，其中 224.0.0.0 到 224.0.0.255 之间的 IP 地址是被保留的地址。

组播协议的地址范围类似于一般的单播地址，被划分为两个大的地址范围包括：

(1) 239.0.0.0－239.255.255.255 是私有地址，供各个内部网在内部使用，此范围内的地址的组播不能上公网，类似于单播协议使用的 192.168.X.X 和 10.X.X.X。

(2) 224.0.1.0－238.255.255.255 是公用的组播地址，可以连接到 Internet 上。

组播地址结构如图 6.1.2－1 所示。

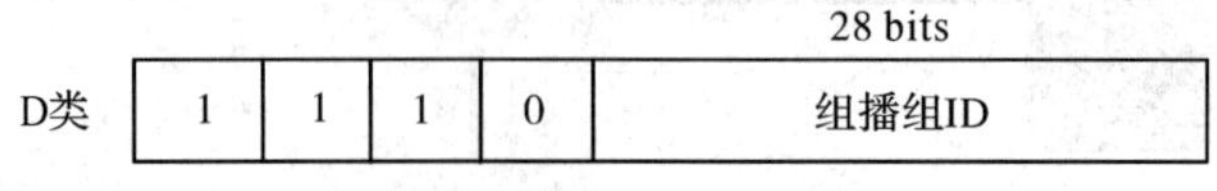

图 6.1.2－1　组播地址结构

2. 特殊的 IP 组播地址

224.0.0.0：基地址。

224.0.0.1：网段中所有支持多播的主机地址。

224.0.0.2：网段中所有支持多播的路由器地址。

224.0.0.4：网段中所有的 DVMRP 路由器地址。

224.0.0.5：所有的 OSPF 路由器地址。

224.0.0.6：所有的 OSPF 指派路由器地址。

224.0.0.7：所有的 ST 路由器地址。

224.0.0.8：所有的 ST 主机地址。

224.0.0.9：所有 RIPv2 路由器地址。

224.0.0.10：网段中所有支的路由器地址。

224.0.0.11：移动代理地址。

224.0.0.12：DHCP 服务器/中继代理服务专用地址。

224.0.0.13：所有的 PIM 路由器地址。

224.0.0.22：所有的 IGMP 路由器地址。

224.0.0.251：所有的支持组播的 DNS 服务器地址。

224.0.0.9：RIPv2 支持组播更新地址。

224.0.0.22：IGMPv2 地址，此协议的本意是减少广播，使组员以组播形式通信。

224.0.0.5、224.0.0.6：OSPF 协议地址。

3. IP 组播地址和 MAC 地址之间的映射

组播 MAC 地址用于在链路层上标识属于同一组播组的接收者。组播 MAC 地址的高 25 bit 为 0x01005E，低 23 bit 为组播 IP 地址的低 23 bit，映射关系如图 6.1.2－2 所示。

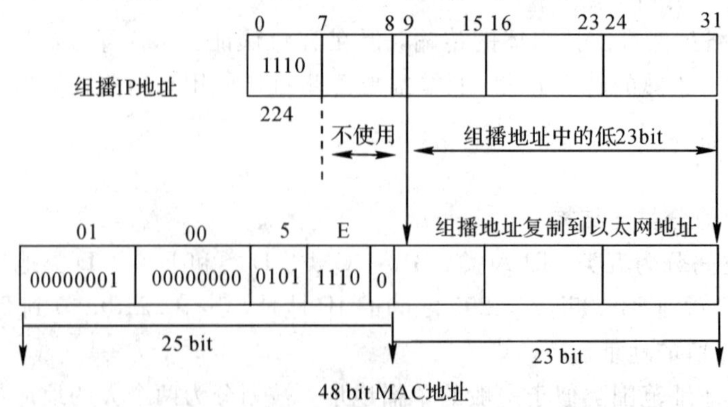

图 6.1.2－2　IP 组播地址和 MAC 地址之间的映射

由于 IP 组播地址的前 4 bit 是 1110，代表组播标识，而后 28 bit 中只有 23 bit 被映射到 MAC 地址，因此 IP 地址中有 5 bit 信息丢失，直接的结果是出现了 32 个 IP 组播地址映射到同一 MAC 地址上。

6.1.3 组播地址的设置方式

组播地址的设置方式包括静态获取和动态获取两种。

(1) 静态获取方式虽然比较简单，在目前会议系统使用不多时没有出现问题，但是如果有两个此类会议系统运行，或使用相同组播地址的不同系统运行(由于没有统一管理组播地址，开发商互相不知道)，就会出现无法解决的冲突。这对于将来会议系统的广泛应用是不可行的。

(2) 动态获取组播地址的方法包括三种：通告方式获取、算法推导方式取得以及采用 Internet 组播地址动态分配体系结构。

① 通告方式获取即当会议系统建立时，先侦听 10～20 分钟左右，以确定当前已使用的组播地址，防止冲突。

② 算法推导方式取得即根据本地的特殊条件，通过一定的算法，求出当前使用的组播地址。

③ 采用 RFC2908 — Internet 组播地址动态分配体系结构：配置相应的组播地址分配服务器，以确定当前使用的组播地址。

动态获取的三种获取方式均可有效防止地址冲突问题，虽然比较复杂，也较耗费资源，但有利于将来多媒体应用的扩展。

6.1.4 组播的协议体系

组播协议分为主机-路由器之间的组成员关系协议和路由器-路由器之间的组播路由协议两部分。组成员关系协议包括 IGMP(互联网组管理协议)。组播路由协议分为域内组播路由协议及域间组播路由协议。

域内组播路由协议包括 MOSPF，CBT，PIM - SM、PIM - DM、DVMRP 等协议，域内的组播协议又分为密集与稀疏模式的协议。DVMRP、PIM - DM、MOSPF 协议属于密集模式的协议，而 CBT、PIM - SM 协议属于稀疏模式的协议。由于 MOSPF 协议的扩展性很差，过于复杂，且不支持隧道，因此已经被抛弃。CBT 协议相对简单，但端到端的性能无法满足，不适用于全网性的组播应用。因此在域内组播，主要使用 PIM - SM、PIM - DM、DVMRP 协议。

针对域间组播路由有两类解决方案：短期方案和长期方案。短期方案包括三个协议 MBGP/MSDP/PIM - SM：MBGP(组播边缘网关协议)，用于在自治域间交换组播路由信息；MSDP(组播信源发现协议)，用于在 ISP 之间交换组播信源信息；PIM - SM 域内组播路由协议。主要用于局域网中交换组播信息目前讨论最多的是 MASC/MBGP/BGMP 协议，它建立在现有的组播业务模型上，其中 MASC 可以实现域间组播地址的分配、MBGP 可在域间传递组播路由信息、BGMP 完成域间路由树的构造。此外还有一些组播路由策略，如 PIM - SSM(特定信源协议无关组播)等，建立在其他组播业务模型上。目前仅短期方案 MBGP/MSDP/PIM - SM 是成熟的，并在许多的运营商中广泛使用，其他方案的标准还在研究中。

同时为了有效抑制组播数据在链路层的扩散，引入了 IGMP Snooping、HGMP、HMVR、RGMP、GMRP 等二层组播协议。

IGMP 建立并且维护路由器直连网段的组成员关系信息。域内组播路由协议根据 IGMP 维护的这些组播组成员关系信息，运用一定的组播路由算法构造组播分发树进行组播数据包转发。域间组播路由协议在各自治域间发布具有组播能力的路由信息以及组播源信息，以使组播数据在域间进行转发。

1. IGMP 协议

1) IGMP 概述

IGMP(因特网组管理协议，Internet Group Management Protocol)是 TCP/IP 协议族中负责 IP 组播成员管理的协议。IGMP 用来在 IP 主机和与其直接相邻的组播路由器之间建立、维护组播组成员关系。IGMP 不包括组播路由器之间的组成员关系信息的传播与维护，该功能由各组播路由协议完成。所有参与组播的主机必须实现 IGMP 协议。IGMP 有三个版本：IGMP 版本 1(由 RFC1112 定义)、IGMP 版本 2(由 RFC2236 定义)和 IGMP 版本 3。目前应用最多的是版本 2。

IGMP 定义了主机与路由器(也适用于路由器与路由器)之间组播成员关系的建立和维护机制，是整个 IP 组播的基础。IGMP 通知路由器有关组成员的信息，路由器使用 IGMP 来获知与路由器相连的子网上是否存在组播组的成员。特定的应用程序能知道是来自哪个数据源的信息发送到了哪个组中：如果一个局域网中有一个用户通过 IGMP 宣布加入某组播组，则局域网中的组播路由器就将该信息通过组播路由协议进行传播，最终将该局域网作为一个分枝加入组播树。当主机作为某个组的成员开始收到信息后，路由器就会周期性地对该组进行查询，检查组内的成员是否仍参与其中，只要还有一个主机仍在参与，路由器就继续转发数据。当局域网中的所有用户都退出该组播组后，相关的分枝就从组播树中删掉。

2) IGMP 协议工作原理

以 IGMP v2 为例说明 IGMP 协议工作原理，如图 6.1.4-1 所示。

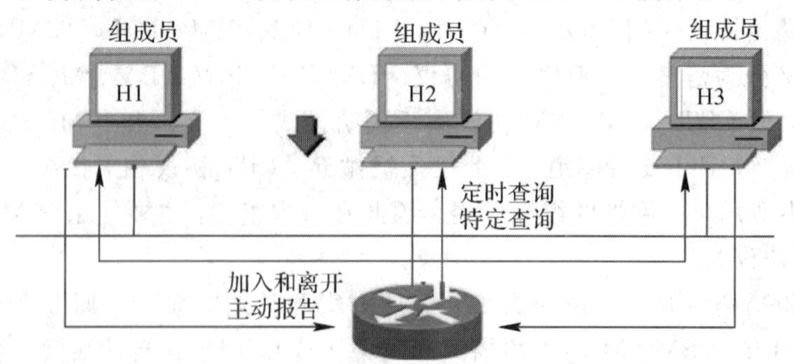

图 6.1.4-1　IGMP v2 的工作原理

当同一个网段内有多个组播路由器时，IGMP v2 通过查询者选举机制从中选举出唯一的查询者。查询者周期性地发送通用组查询消息进行成员关系查询；主机发送报告消息来响应查询。主机发送报告消息的时间有随机性，当检测到同一网段内有其他成员发送同样的消息时，则抑制自己的响应报文。如果有新的主机要加入组播组，不必等待查询器的查询消息，而是主动发送报告消息。当要离开组播组时，主机发送离开组消息；收到离开组消息后，查询者发送特定组查询消息来确定是否所有组成员都已离开。对于作为组成员的路由器而言，其行为和普通的主机一样，都是响应其他路由器的查询。

通过上述机制，在组播路由器里建立了一张表，表中记录了路由器的各个接口所对应的子网上存在活动成员的组播组和一个针对每个组播组的定时器。表中只需记录该组播组的一个成员(最后作出成员关系报告的成员)，而不需要记录所有成员。当路由器接收到某个组 G 的数据报文后，只向那些有 G 成员的接口上转发数据报文。至于数据报文在路由器之间如何转发则由组播路由协议决定，不属于 IGMP 协议的功能。

3) IGMP v1

(1) 报文格式。IGMP 是 IP 的一个组成部分。IGMP 报文封装在 IP 报文中，其 IP 的协议号为 2。IGMP 报文均使用 TTL 为 1 进行传递，并在 IP 头中包括了 IP 路由检测选项。IGMP v1 报文格式如图 6.1.4－2 所示。

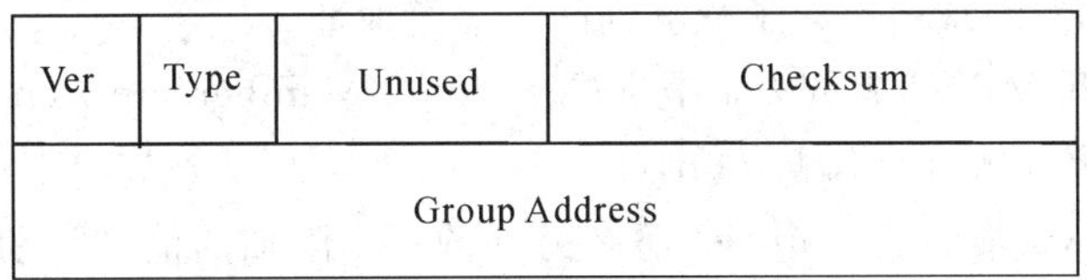

图 6.1.4－2 IGMP v1 报文格式

版本号 Ver：1；

类型 Type：为 1 时是成员关系查询报文，为 2 时是成员关系报告报文；

未用 Unused：发送时设为 0，接收时忽略；

校验和 Checksum：对 8 字节的 IGMP 消息补码之和进行求 16 位补码运算；

组地址 Group Address：对成员关系查询报文为 0，对成员关系报告报文等于所报告的组的 IP 组播地址。

(2) 查询-响应过程：

① 路由器向 224.0.0.1(网内所有主机)发送查询报文；

② 接收到该报文的主机将自己加入的组播地址填入报告报文，并向该组播地址多播；

③ 其他加入该组播组的主机收到该组播报文后，阻止自己报告报文的发送；

④ IGMP 查询者路由器只记录本机某接口加入了哪些组播组，而无需记录具体哪些主机加入了组播组。

(3) 响应报文抑制。主机收到查询报文后，并不立刻响应，而是延迟 0～10 s 的一个随机时间后才响应。这样既可以避免响应风暴又可以有机会收到别的主机通告的响应报文从而抑制本报文的发送。

(4) 主动加入过程。主机第一次加入某组播组时，可以在未被查询的情况下，主动通告一个 IGMP 成员关系报告报文，以及时加入组播组。

(5) 离开组播组过程。IGMP v1 没有专门的离开组播组报文。路由器在查询间隔的 3 倍时间内仍未收到响应报文时，才将该组播组删除。针对这一问题的改进是 IGMP v2 的一个重要内容。

4) IGMP v2

IGMP v2 与 IGMP v1 相比，在查询选择过程、最大响应时间字段、指定组查询消息及离开组消息等方面均有改进。

(1) 报文格式。IGMP v2 报文格式如图 6.1.4－3 所示。

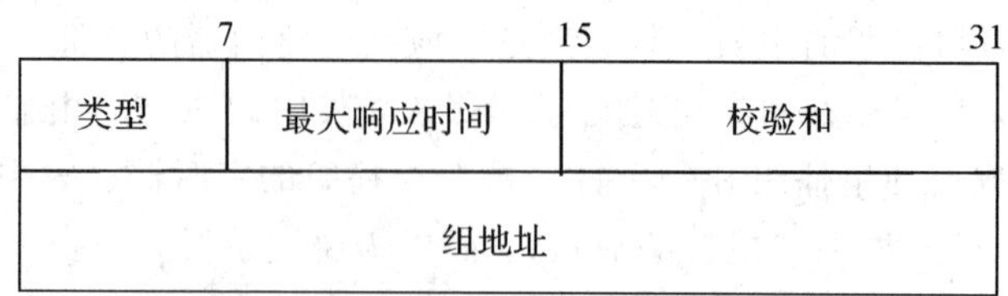

图 6.1.4-3　IGMP v2 报文格式

有 3 种 IGMP 消息和主机与路由器的交互有关：

① 0x11 表示成员关系查询(Membership Query)。有两个成员关系查询的子类型：常规查询，用于了解一个组中是否有成员在相邻的网络中；特定组查询，用于了解在相邻的网络中特定的组是否有成员。这两个查询由组地址进行区分，其中，常规查询的组地址为 0；而特定组查询的组地址中包含了欲查询的组播组地址。

② 0x16 表示 IGMP v2 成员关系报告(Version 2 Membership Report)。

③ 0x17 表示离开组(Leave Group)。

为了与 IGMP v1 兼容，IGMP v2 还有另外的一个附加的消息类别：0x12 表示版本 1 成员报告。

最大响应时间仅在成员关系查询中有效，规定了在响应成员关系查询之前，最多能够等待的时间 (其单位为 1/10 s)。在所有其他的消息中，最大响应时间会由发送者置为 0，而接收者则会忽略该域。

(2) 查询-响应过程：

当主机接收到查询报文后，它会给每个组设一个延时定时器，定时器值从 0 到查询报文中所定义的最大响应时间内随机选取。当组的定时器到时后，主机组播一个 IGMP v2 的成员报告到该组中，TTL 值为 1。如果主机收到了另一个主机的报告(IGMP v1 或 IGMP v2)，而其本身的定时器还没有到，则它会停止该定时器，且不发送报告，这样就减少了重复的报告。

若路由器接收到成员关系报告，它就会把该组加入到组播组成员列表中，并且为其设一个值，称为组成员生存周期(GMI，Group Membership Interval)。收到该组的报告会导致对应定时器的刷新。如果定时器超时，路由器则认为没有本地组成员，也不需要在邻接的网络上为该组转发组播报文。

当主机加入组播组，应该立即发送一个 IGMP v2 的成员关系报告，以防止它是网络上该组的第一个成员。由于报告可能丢失，主机在主动报告间隔(URI，Unsolicited Report Interval)后，至少还要重发一次成员关系报告。

(3) IGMP v2 新增的一个特性是离开组信息。在 IGMP v1 中，主机是悄悄地离开，并没有发出任何消息。而在 IGMP v2 中，当主机离开一个组播组，会向所有路由器组播组地址(224.0.0.2)发送一条离开组消息。

当查询者接收到组成员离开组消息之后，向正要离开的组发送指定组查询，以确认子网中是否有其他活动的组成员。其他活动的组成员将响应成员关系报告。如果在最后的成员查询期间，都没有任何报告消息，路由器就会认为该组没有本地成员。

(4) IGMP v1 和 IGMP v2 的互操作。路由器充当组播主机：如果支持 IGMP v2 的路由器收到一条 IGMP v1 的 IGMP 成员关系查询，则路由器转入到当前查询路由器为 IGMP

v1 的状态，并设定一个定时器，该定时器只要收到 IGMP v1 的成员关系查询就复位。如果该定时器超时，则路由器回到IGMP v2的状态。

路由器成为组播路由器：如果子网中存在 IGMP v1 的组成员，因为 IGMP v1 的主机无法识别指定组查询，所以必须忽略 IGMP v2 主机的离开消息，不进行离开过程的处理。如果子网中存在 IGMP v1 的路由器，那么必须把子网中所有路由器配置为 IGMP v1 以便使路由器正常使用。

5）IGMP v3

IGMP v3 与 IGMP v1 和 IGMP v2 相比的改进有：

（1）增加了 IGMP v3 专用的成员报告报文。IGMP v3 中一个报文可以报告多个组记录，每条组记录可以指明接收或者拒绝哪些源。

（2）成员报告发送到所有 IGMP v3 路由器组(224.0.0.22)。

（3）增加了指定源查询。

（4）查询报文中源数目为 0 时，查询报文长度比 IGMP v2 的报文增多 4 个字节。

（5）最大响应时间字段，当数字大于 128 时可以进行浮点换算得出最大响应时间。

（6）通过 INCLUDE 和 EXCLUDE 的过滤模式，统一了成员报告报文和离开报文的格式。

IGMP v3 的报文特征、查询-响应过程、状态信息及与 IGMP v1、IGMP v2 的兼容性如下：

（1）报文格式。IGMP v3 协议相关的报文类型有两种：0x11 表示成员查询报文，0x22 表示 IGMP v3 成员报告报文。

① IGMP v3 查询报文的报文格式如图 6.1.4 - 4 所示：

<table>
<tr><td colspan="3">Type=0x11</td><td>Max Resp Code</td><td>Checksum</td></tr>
<tr><td colspan="5">Group Address</td></tr>
<tr><td>Resv</td><td>S</td><td>QRV</td><td>QQIC</td><td>Number of Sources(N)</td></tr>
<tr><td colspan="5">Source Address[1]</td></tr>
<tr><td colspan="5">Source Address[2]</td></tr>
<tr><td colspan="5">……</td></tr>
<tr><td colspan="5">Source Address[3]</td></tr>
</table>

图 6.1.4 - 4　IGMP v3 查询报文的报文格式

其中：

Type：类型。

Max Resp Code：最大响应时间，实际使用的是 Max Resp Time(单位为 1/10 s)。Max Resp Time 和 Max Resp Code 的关系为：

若 Max Resp Code < 128，则 Max Resp Time = Max Resp Code；

若 Max Resp Code ≥ 128，则 Max Resp Code 代表如下格式的一个浮点值：

```
 0 1 2 3 4 5 6 7
+-+-+-+-+-+-+-+-+
|1| exp | mant  |
+-+-+-+-+-+-+-+-+
```

即

Max Resp Time = (mant | 0x10) << (exp + 3)

Checksum：IGMP 报文部分的奇偶校验和。

Group Address：组地址，发送一般查询时，组地址为 0；发送指定组和指定源查询的时候为组地址的值。

Resv：保留域，发送时填入 0，接收时忽略该值。

S：标志 S，设置为 1 时，表示接收到的多播路由器抑制收到查询时进行的定时器刷新，但并不抑制查询者的选举和主机一方(路由器也可能自己作为组成员)对收到的查询进行的处理。

QRV：查询者的健壮性参数，当 QRV 非 0 时表示发送查询的路由器使用的健壮性参数，当 QRV 超过最大值 7 时则将其置 0。路由器使用最近一次收到的查询中的 QRV 为自己的健壮性参数，如果收到查询的 QRV 为 0，那么就使用本地的默认健壮性参数。

QQIC：查询者发送查询的间隔，实际使用的是 QQI，它同 QQIC 的关系与 Max Resp Code 类似。即当 QQIC<128 时，QQI = QQIC；当 QQIC>128 时将 QQI 处理为浮点值。

Number of Sources (N)：本次查询中所查询的源的数目，对于一般查询和指定组查询 N 为 0，对于指定源查询，N 为非 0，且该 N 值受到网络的 MTU 的限制。

Source Address [N]：源地址。

② IGMP v3 成员报告报文如图 6.1.4－5 所示。

<table>
<tr><td>Type=0x22</td><td>Reserved</td><td>Checksum</td></tr>
<tr><td colspan="2">Reservde</td><td>Number of Group Records(M)</td></tr>
<tr><td colspan="3">Group Records[1]</td></tr>
<tr><td colspan="3">Group Records[2]</td></tr>
<tr><td colspan="3">……</td></tr>
<tr><td colspan="3">Group Records[M]</td></tr>
</table>

图 6.1.4－5　IGMP v3 成员报告报文

其中：

Type：类型。

Reserved：保留值，发送时为 0，接收时忽略。

Checksum：IGMP 报文部分的奇偶校验和。

Number of Group Records (M)：组记录数目。

Group Record：组记录项，其格式如图 6.1.4－6 所示。

<table>
<tr><td>Record Type</td><td>Aux Data Len</td><td>Number Sources(N)</td></tr>
<tr><td colspan="3">Multicast Address</td></tr>
<tr><td colspan="3">Source Address[1]</td></tr>
<tr><td colspan="3">Source Address[2]</td></tr>
<tr><td colspan="3">……</td></tr>
<tr><td colspan="3">Source Address[N]</td></tr>
</table>

图 6.1.4－6　组记录项(Group Record)的格式

其中，Record Type：组记录类型，其值范围为1～6，具体含义如下：

1——MODE_IS_INCLUDE，表示主机上接口的过滤模式为INCLUDE模式，记录中的源列表即主机上维护的源列表，主机对源列表中的源感兴趣；

2——MODE_IS_EXCLUDE，表示主机上接口的过滤模式为EXCLUDE模式，记录中的源列表即主机上维护的源列表，主机对源列表中的源不感兴趣；

3——CHANGE_TO_INCLUDE_MODE，表示主机上接口的过滤模式为INCLUDE模式，记录中的源列表包含了当前接口上维护的新的感兴趣的源列表；

4——CHANGE_TO_EXCLUDE_MODE：表示主机上接口的过滤模式为EXCLUDE模式，记录中的源列表包含了当前接口上维护的新的不感兴趣的源列表；

5——ALLOW_NEW_SOURCES：记录中的源列表中的源为当前主机上新增的感兴趣的源；

6——BLOCK_OLD_SOURCES：记录中的源列表中的源为主机上原来感兴趣而现在不再感兴趣的源。

Record Type中组记录类型为1和2的组记录为当前状态组记录，3和4的为状态改变组记录。

IGMP v3还支持IGMP v1和IGMP v2的报文类型，包括：

0x12表示IGMP v1成员报告；

0x16表示IGMP v2成员报告；

0x17表示IGMP v2离开报文。

(2) 查询-响应过程：

多播路由器周期性地发送一般查询来获取本地网络的IGMP成员信息。主机收到一般查询之后，收集自己的组信息，包括感兴趣或不感兴趣的源列表，填入当前状态组记录中，向路由器回复IGMP v3成员报告(发向所有IGMP v3路由器组224.0.0.22)。

当主机一方的组信息或者源信息发生改变(可能是过滤模式改变，也可能是源列表改变)时，主机会把这些改变信息填入到状态改变组记录中，然后主动向路由器发送IGMP v3的成员报告。当路由器收到了成员报告后，会刷新本地的组和源的状态；当路由器一方维护的组的过滤模式要从EXCLUDE变成INCLUDE前，会发送指定组查询，反映在IGMP v2上为对本地不再感兴趣的组被删除之前，会发送指定组查询；对本地不再感兴趣的源，在删除源之前要发送指定源查询。一般情况下，只在收到了状态改变的组记录后才会发送指定组或者指定源查询。而对于当前状态记录，则不会发送指定组或者指定源查询。

(3) 路由器上的IGMP状态信息。路由器上的每个接口每个组都有一个组状态，组状态由组地址、过滤模式(INCLUDE / EXCLUDE)、源列表和组定时器组成。

每个组的源列表中的每个源都有一个源状态，该源状态由源地址和源定时器组成。当某个组的所有源都被感兴趣时，组状态为EXCLUDE，源列表为空。

当网络中没有IS_EX或者TO_EX的报告时，组状态的过滤模式为INCLUDE；当收到IS_EX或TO_EX报告时，组状态的过滤模式变为EXCLUDE。

当组为EXCLUDE时，有两个源列表：一个是网络中明确表明不感兴趣的，且也肯定是不再转发的源的列表；一个是网络中有不感兴趣的但不能肯定是否还有感兴趣的，或者是网络中明确表明了感兴趣的源的列表(当转变回INCLUDE时需要这些源)，来自这个列表中的源的报文仍需转发。

当组为 INCLUDE 时，只有一个列表，也就是那些需要转发的源所组成的列表。当列表中的源的定时器都超时时，列表为空，此时组也就被删除。

组定时器只有在 EXCLUDE 的过滤模式下才会运行。INCLUDE 模式下则只有源定时器在运行，源定时器都超时时，组就被删除。当组定时器超时时，组的过滤模式从 EXCLUDE切换为 INCLUDE。

源定时器只有报文能够被转发的源才有，对于 EXCLUDE 模式下的已经不再转发的源列表中的源，则没有源定时器。源定时器超时，若组为 INCLUDE 模式，则删除源；若组为 EXCLUDE 模式，则把源从转发的源列表中移至不转发的源列表中。

(4) IGMP v3 与 IGMP v1 和 IGMP v2 的兼容性，包括：

① 查询报文的版本区分：

IGMP v1 查询：查询报文的长度为 8 字节，并且 Max Resp Code 为 0；

IGMP v2 查询：查询报文的长度为 8 字节，并且 Max Resp Code 不为 0；

IGMP v3 查询：查询报文的长度大于等于 12 字节。

② 成员报告报文的区分：

IGMP v1 和 IGMP v2 的成员报告报文发送到加入的组，IGMP v2 的离开报文发向所有路由器组(224.0.0.2)；

IGMP v3 的成员报告发送到所有 IGMP v3 路由器组(224.0.0.22)。

当 IGMP v3 的路由器收到了低版本的路由器发送的查询报文，可以人为地将路由器版本配置为 IGMP v1 或 IGMP v2。如果没有配置成低版本，要给出告警信息。

IGMP v3 对 IGMP v1 和 IGMP v2 的成员报告，处理为收到了 IS_EX{}的报文，对于 IGMP v2 的离开报文，处理为 TO_IN{}的报文。并且，还会为每个组设置一个老版本主机出现的定时器(IGMP v1 和 IGMP v2 各一个定时器)。当 IGMP v2 主机出现定时器运行时，对该组的 BLOCK 记录不处理，并且所有的 TO_EX 都处理为 TO_EX{}；当 IGMP v1 主机出现定时器运行时，同样也不处理 BLOCK 记录且将所有的 TO_EX 都处理为 TO_EX{}，而且，对应于 IGMP v2 离开报文的 TO_IN{}记录也不处理。

当组的 IGMP v1 主机出现定时器超时，若 IGMP v2 主机出现定时器没有运行，那么组的处理就回到 IGMP v3 的处理方式，否则就用 IGMP v2 的处理方式；若 IGMP v2 主机出现定时器超时，则会回到 IGMP v3 的处理方式。

2. 组播路由协议

组播路由协议包括两个部分：一部分作为 IP 组播基本信令协议的因特网组播管理协议(IGMP)；另一部分是实现 IP 组播流寻径的组播路由协议(例如：DVMRP、PIM－SM、PIM－DM 等)。

1) 因特网组播管理协议(IGMP)

IGMP 定义了主机与路由器(也适用于路由器与路由器之间)之间组播成员关系的建立和维护机制，是整个 IP 组播的基础。IGMP 通知路由器有关组成员的信息，路由器使用 IGMP 来获知与路由器相连的子网上是否存在组播组的成员。特定的应用程序可以知道是来自哪个数据源的信息发送到了哪个组中。如果一个局域网中有一个用户通过 IGMP 宣布加入某组播组，则局域网中的组播路由器就将该信息通过组播路由协议进行传播，最终将该局域网作为一个分枝加入组播树。当主机作为某个组的成员开始收到信息后，路由器就会周期性地对该组进行查询，检查组内的成员是否还参与其中，只要还有一个主机仍在参与，路由器就继续转发数据。当局域网中的所有用户均退出该组播组后，相关的分枝就从组播树中删掉。

2）组播路由协议

因为组播中的组地址是虚拟的，所以不可能如同单播那样，直接从数据源一端路由到特定的目的地址。组播应用程序将数据包发送给一组希望接收数据的接收者(组播地址)，而不是只传送给一个接收者(单播地址)。

组播路由建立了一个从数据源端到多个接收端的无环数据传输路径。组播路由协议的任务就是构建分发树结构。组播路由器能采用多种方法来建立数据传输的路径，即分发树。根据网络的实际情况，组播路由协议可以分成两大类：密集模式和稀疏模式。

(1) 密集模式组播路由协议适用于小型网络。密集模式组播假设网络中的每个子网都存在至少一个对组播组感兴趣的接收站点。因此，组播数据包被扩散(“推”)到网络中的所有点，此过程伴随着相关资源(带宽和路由器的 CPU 等)的消耗。为了减少这种宝贵网络资源的消耗，密集模式组播路由协议对没有组播数据转发的分枝进行剪枝操作，只保留包含接收站点的分枝。为了使剪掉的分枝中有组播数据转发需求的接收站点可以接收组播数据流，剪掉的分枝可以周期性地恢复成转发状态。为了减少等待剪枝分枝恢复转发状态的延时时间，密集模式组播路由协议使用嫁接机制主动加入组播分布树。这种周期性的扩散和剪枝现象是密集模式协议的特征。一般说来，密集模式下数据包的转发路径是“有源树”——以“源”为根、组员为枝叶的一棵树。典型的密集模式组播路由协议有 PIM - DM (协议无关组播的密集模式)及 DVMRP(距离向量组播路由协议)。

(2) 稀疏模式组播路由协议默认所有机器都不需要接收组播包，只有明确指定需要的机器才转发组播包。接收站点为接收到特定组的数据流，必须向该组对应的汇聚点发送加入消息，加入消息所经过的路径就变成了共享树的分枝。发送组播时，组播报文发送到汇聚点，再沿以汇聚点为根、组员为枝叶的共享树转发。为避免共享树的分枝由于不更新而被删除，稀疏模式组播路由协议通过向分枝周期性地发送加入消息来维护组播分布树。

发送端如果想要给特定的地址发送数据，首先要在汇聚点进行注册，之后把数据发向汇聚点。当数据到达汇聚点后，组播数据包被复制并沿着分发树路径把数据传给对其感兴趣的接收者。复制仅仅发生在分发树的分枝处，此过程能自动重复直到数据包最终到达目的地。

稀疏模式下的典型组播路由协议是稀疏模式下的协议无关组播(PIM - SM)。

3）IP 组播报文转发

单播报文的转发过程中，路由器并不关心单播源地址，而只关心报文中的目的地址，通过目的地址决定向哪个接口转发。在组播中，报文发送给一组接收者。这些接收者用一个逻辑地址标识。路由器在接收到报文后必须根据源和目的地址确定出上游(指向组播源)和下游方向(把报文沿着远离组播源的方向进行转发)，这个过程称作 RPF(逆向路径转发，Reverse Path Forwarding)。RPF 执行过程中会用到原有的单播路由表以确定上游和下游的邻接节点。只有当报文是从上游邻接节点对应的接口(RPF 接口)到达时才向下游转发。RPF 的作用为既可以正确地按照组播路由的配置转发报文，又可以避免由于各种原因造成的环路。环路避免在组播路由中是一个非常重要的问题。RPF 的主体是 RPF 检查。路由器收到组播报文后先对报文进行 RPF 检查，只有检查通过才会继续转发，否则将报文丢弃。RPF 检查过程如下：

(1) 路由器在单播路由表中查找组播源或 RP 对应的 RPF 接口。当使用有源树时查找组播源对应的 RPF 接口，使用共享树时查找 RP 对应的 RPF 接口。某个地址对应的 RPF 接口是指从路由器向该地址发送报文时的出接口。

(2) 如果组播报文是从 RPF 接口接收下来的，则 RPF 检查通过，报文向下游接口转发，否则丢弃该报文。

图 6.1.4－7 所示是在使用有源树的情况下的 RPF 检查过程。

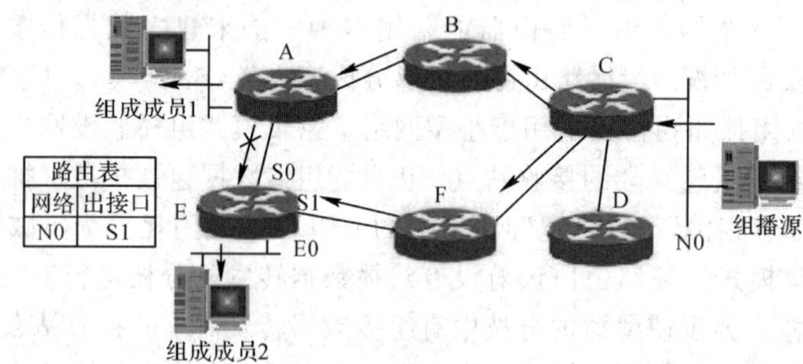

图 6.1.4－7　使用有源树的情况下的 RPF 检查过程

路由器 E 从 S0 接口接收到一个组播报文，其中的源地址属于 N0 网段。路由器 E 检查单播路由表，发现到 N0 的输出接口是 S1，因此将此报文丢弃；如果组播报文是从 S1 接口到达，则与查表的结果一致，对该报文进行转发。

从 RPF 检查过程可以看出，RPF 检查中使用的是从路由器到组播源或 RP 的最短路径所对应的接口，因此该过程又被称为逆向路径转发过程。

6.1.5　在交换机上处理组播数据流

交换机上处理组播数据流有四种方式，包括广播转发、IGMP Snooping、IGMP Proxy 及 IGMP Router，下面对后三种处理方式进行介绍。

1. IGMP Snooping

“IGMP 窃听”(IGMP Snooping)网络结构如图 6.1.5－1 所示，该网络结构要求交换机去窃听主机和路由器之间的 IGMP 会话。当交换机窃听到主机的某个组播组的 IGMP 报告时，就在有关的组播 MAC 地址表中增加该主机的端口。当交换机听到主机的 IGMP 离开消息时，就在有关的组播 MAC 地址表中删除该主机的端口。

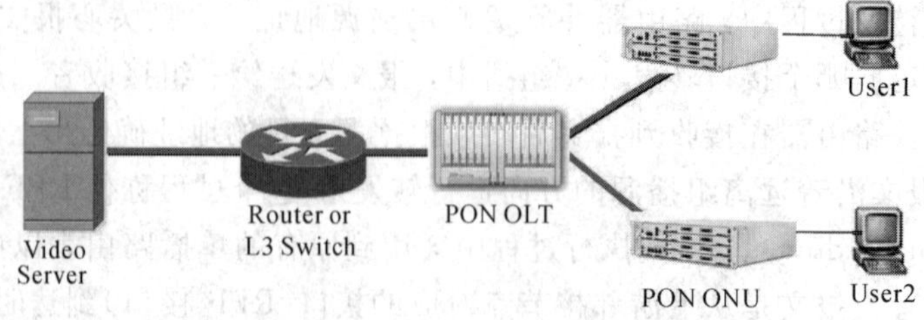

图 6.1.5－1　“IGMP 窃听”(IGMP Snooping)网络结构

2. IGMP Proxy

启用 IGMP Proxy 协议的组网环境如图 6.1.5－2 所示，与使用 IGMP Snooping 协议的组网环境类似。IGMP Proxy 是靠拦截用户和路由器之间的 IGMP 报文建立组播表，Proxy 设备的上联端口执行主机的角色，下联端口执行路由器的角色。

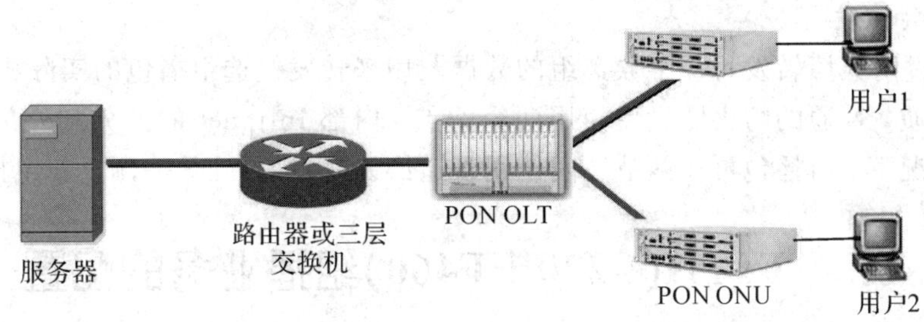

图 6.1.5－2　IGMP Proxy 协议的组网环境

IGMP Proxy 协议的简要流程为：

(1) 主机与 BRAS 进行 PPPoE 协商，通过 PPPoE 认证。

(2) 上联端口执行主机的角色，响应来自路由器的查询，当新增用户组或者某组最后一个用户退出时，主动发送成员报告包或者离开包。

(3) 下行方向的业务包按照组播表进行转发。

(4) 下联端口执行路由器的角色，完全按照 IGMP v2 中规定的机制执行，包括查询者选举机制、定期发送通用查询信息以及收到离开包时发送特定查询等。IGMP Proxy 在两个端口分别实现不同的功能，工作量相对较大，其优点是当网络中没有路由器时，IGMP Proxy 设备可以起到查询者的作用，而且如果要扩展组播路由功能，IGMP Proxy 比 IGMP Snooping 更方便。考虑到 BAS 复制 PPPoE 多播数据会对底层设备造成巨大压力，而且当前的交换机和部分 DSLAM(尤其是以 IP 为内核的 DSLAM)已经开始支持二层组播，所以从发展的角度看实际应用中采用 IGMP Proxy 较好。

3. IGMP Router

IGMP Router 组网环境如图 6.1.5－3 所示。当网络上不存在 Router 时，需要交换机担当起 Router 的角色，向用户发送"query"包，否则无法对 IGMP 组进行维护和更新。

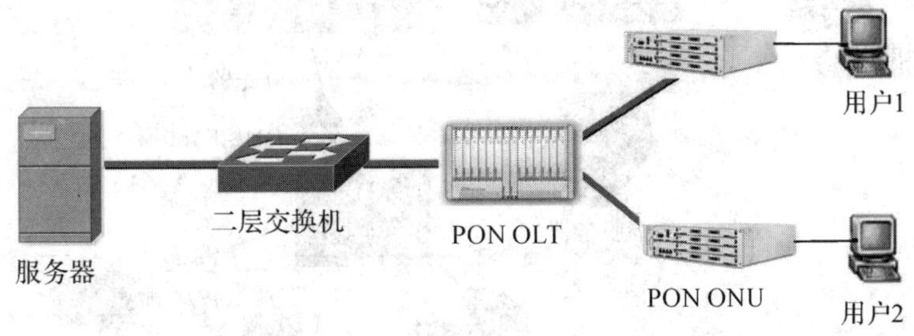

图 6.1.5－3　IGMP Router 组网环境

6.1.6　组播的安全性

为了处理组播的安全问题，防火墙应该具有以下三种功能，包括：

(1) 支持所选择的组播安全策略。(此策略建立正在等候的准备转发的特殊的组播群)组播策略是由特殊的一组受允许通过防火墙转发的组播群(和相应的 UDP 口)组成的安全集合。

(2) 动态地决定何时需要转发每一个候选组。组播组是动态变化的，只有确定有必要转发时它才会转发。

(3) 通过防火墙转发每一个候选组的数据。用来转发候选组播包的实际机制将有赖于防火墙的实质，普通的防火墙设置使用两个站点：内部 Intranet 的部分和外部 Internet 部分。这种情况下，组播包可在两节点间使用管道协议转发(再到另一侧重新组播)。

6.2 FTTH(C220＋F460)组播业务的配置

本节以具体任务的方式介绍组播业务的配置方法。该任务开通组播业务，接入模式为 FTTH。本任务采用中兴 C220 型 OLT 及 F460 型 ONU 来实现。

6.2.1 C220＋F460 网络拓扑

1. 网络拓扑说明

机房采用的设备是中兴公司的 OLT 型号为 C220，ONU 采用的是中兴公司的 F460，1 台交换机，1 台组播服务器，1 台 PC 组播终端。

(1) 组播客户端接入 ONU F460 的 2 号端口。ONU F460 上行光口通过分光器接入中兴 OLT C220 EPFC 板的 1 号端口。

(2) OLT 上 14 槽位的 EIG 板的 2 号端口接入交换机的光口端口。

(3) 交换机的 1 号电口接入组播服务器。

C200＋F460 组播业务网络拓扑如图 6.2.1－1 所示。

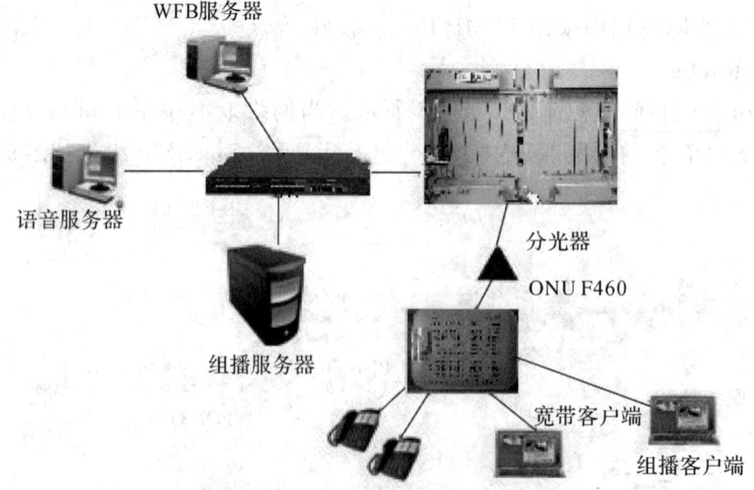

图 6.2.1－1 C220＋F460 组播业务网络拓扑

2. 网络规划

C220＋F460 具体的网络规划如表 6.2.1－1 所示。

表 6.2.1-1　网络规划

设备名称	VLAN 号	端口号		IP 地址
OLT C220	网管 VLAN 80	下行口	epon-olt_0/1/4	172.16.80.105/24
	组播 VLAN 200	上行口	gei_0/14/2	
ONU F460	网管 VLAN 80 组播 VLAN 200	上行光口	epon-olt_0/1/4：20	172.16.80.115/24
		下行接组播客户端	2 号以太口	
组播客户端				192.168.6.11/24
组播服务器			交换机 1 号口	192.168.6.10/24
交换机	组 VLAN 200	组播服务器	交换机 1 号口	192.168.6.254/24
	网管 VLAN 80	OLT	交换机光口	172.16.80.254/24

6.2.2　设备的配置

1. OLT 的配置

1）硬件配置

OLT 的硬件配置，指令为：

```
ZXAN(config)#add-rack rackno 0 racktype ZXPON
ZXAN(config)#add-shelf rackno 0 shelfno 0 shelftype ZXA10C220-B
ZXAN(config)#add-card rackno 0 shelfno 0 slotno 1 EPFC
ZXAN(config)#add-card rackno 0 shelfno 0 slotno 14 EIG
```

2）添加 F460 模板

添加 F460 模板，指令为：

```
ZXAN(config)#pon
ZXAN(config-pon)#onu-type epon ZTE-F460 description 4FE,2POTS,WIFI
ZXAN(config-pon)#onu-if ZTE-F460 eth_0/1-4
ZXAN(config-pon)#onu-if ZTE-F460 pots_0/1-2
ZXAN(config-pon)#onu-if ZTE-F460 wifi_0/1
ZXAN(config-pon)#exit
```

3）ONU 注册

ONU 注册，指令为：

```
ZXAN(config)#interface epon-olt_0/1/4
ZXAN(config-if)#onu 20 type ZTE-F460 mac dc02.8e2f.4c6e
ZXAN(config-if)#exit
```

4）VLAN 创建

VLAN 创建，指令为：

```
ZXAN(config)#vlan database
ZXAN(vlan)#vlan 100,200
```

ZXAN(vlan)＃exit

5）ONU 开通及宽带设置

ONU 开通及带宽设置，指令为：

ZXAN(config)＃interface epon－onu_0/1/4：20

ZXAN(config－if)＃authentication enable

ZXAN(config－if)＃bandwidth downstream maximum 50000

ZXAN(config－if)＃bandwidth upstream maximum 50000

ZXAN(config－if)＃exit

6）下行口配置

下行口配置，指令为：

ZXAN(config)＃interface epon－onu_0/1/4：20

ZXAN(config－if)＃switchport mode trunk

ZXAN(config－if)＃switchport vlan 80，200 tag

ZXAN(config－if)＃exit

7）上行口配置

上行口配置，指令为：

ZXAN(config)＃interface gei_0/14/2

ZXAN(config－if)＃switchport mode trunk

ZXAN(config－if)＃switchport vlan 80，200 tag

ZXAN(config－if)＃exit

8）组播设置

(1) 打开组播开关，指令为：

ZXAN(config)＃igmp enable　//全局使能，打开组播开关

ZXAN(config)＃interface epon－onu_0/1/4：20

ZXAN(config－if)＃igmp enable //在端口上打开组播开关

(2) 设置组播的模式，指令为：

ZXAN(config)＃igmp mvlan 200　//增加组播组 MVLAN 200

ZXAN(config)＃igmp mvlan 200 enable　//开启 MVLAN 的 IGMP 协议

ZXAN(config)＃igmp mvlan 200 work－mode snooping //设置 IGMP 工作模式，为侦听模式

(3) 设置组播组的源端口和接收端口，指令为：

ZXAN(config)＃igmp mvlan 200 source－port gei_0/14/2　//设置 MVLAN 源端口

ZXAN(config)＃igmp mvlan 200 receive－port epon－onu_0/1/4：20 //设置 MVLAN 接收端口

ZXAN(config)＃igmp mvlan 200 group－filter enable　//设置 MVLAN 管理组使能

ZXAN(config)＃igmp mvlan 200 group 239.1.1.1 //增加组播地址，组播服务器的地址 239.1.1.1

ZXAN(config)＃igmp mvlan 200 group 239.1.1.1 prejoin enable //增加上联口缓冲功能

ZXAN(config) # igmp mvlan 300　group 239.1.2.3 static - port epon - onu_0/1/1 : 3 //由于动态路由速度较慢，可配置一条静态的组播组成员，将组播数据流直接引到 ONU 的上联口

C220＋F460 网络结构的组播业务配置在 OLT 上操作完成，由于 F460 不支持数据下发，所以还需登录 F460 配置。如果是 C220＋F420 的网络结构，F420 支持数据下发，则不需要单独登录 F420 配置，只需在 OLT 上完成以下指令即可：

ZXAN(config) # pon - onu - mng epon - onu_0/1/4 : 20 //进入 ONU 远程管理模式

ZXAN(epon - onu - mng) # multicast vlan port eth_0/2 add vlanlist 200//将 ONU 的 2 号 FE 网口加入组播 VLAN200

ZXAN(epon - onu - mng) # multicast vlan tag - strip port eth_0/2 enable //将 F420 上的组播 VLAN 剥离

2. F460ONU 的配置

(1) 通过电脑登录 F460。设置 PC 的 IP 为：192.168.1.10，子网掩码为：255.255.255.0，网关为：192.168.1.1，配置如图 6.2.2 - 1 所示。

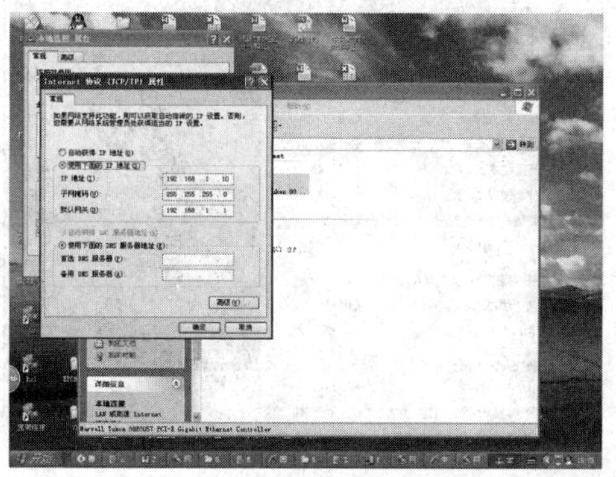

图 6.2.2 - 1　登录 F460 的电脑 IP 配置

(2) 在浏览器中打开 192.168.1.1，超级管理员账号为 telecomadmin，密码为 nE7jA%5m，登录 F460 主页面，点击“网络”主菜单，再点击“宽带设置”，配置过程如图 6.2.2 - 2 和图 6.2.2 - 3所示。

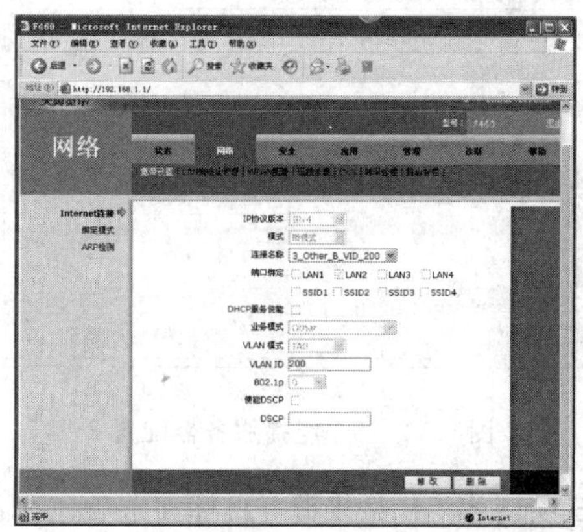

图 6.2.2 - 2　组播业务配置 1

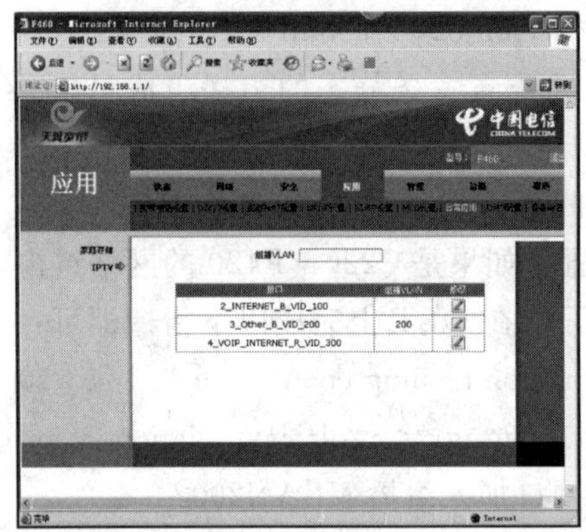

图 6.2.2－3　组播业务配置 2

3. 搭建组播服务器

(1) 运行程序后选择“媒体”→“流”，如图 6.2.2－4 所示。

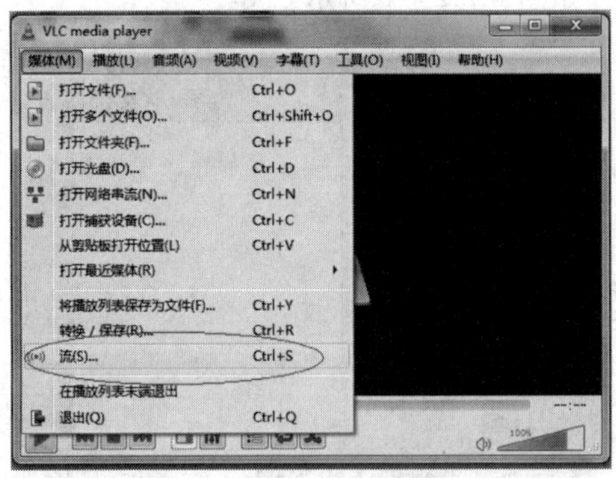

图 6.2.2－4　组播服务器配置 1

(2) 通过“添加”选择需要播放的文件，单击“串流”，如图 6.2.2－5 所示。

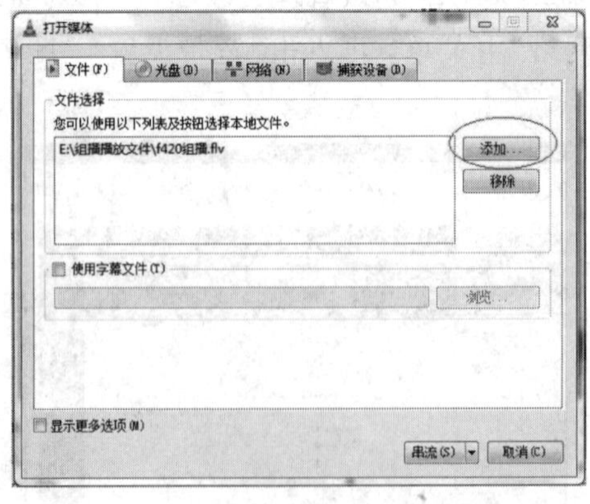

图 6.2.2－5　组播服务器配置 2

(3) 流输出需要设置三项内容，包括来源、目标和选项。来源已指定完成，点击“下一个”，如图 6.2.2－6 所示。

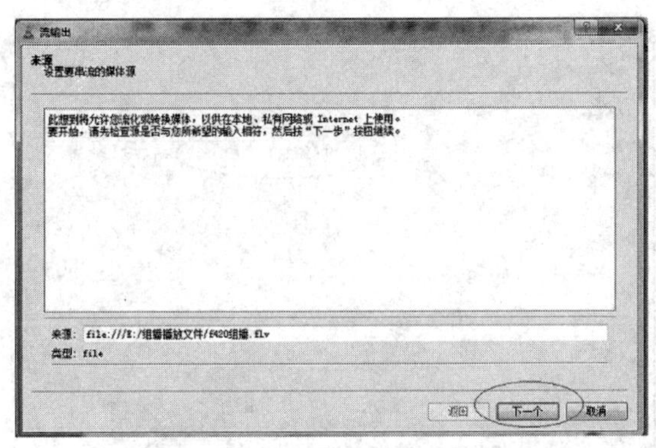

图 6.2.2－6　组播服务器配置 3

(4) 勾选“在本地显示”，选择“UDP(legacy)”输出，单击“添加”，如图 6.2.2－7 所示。

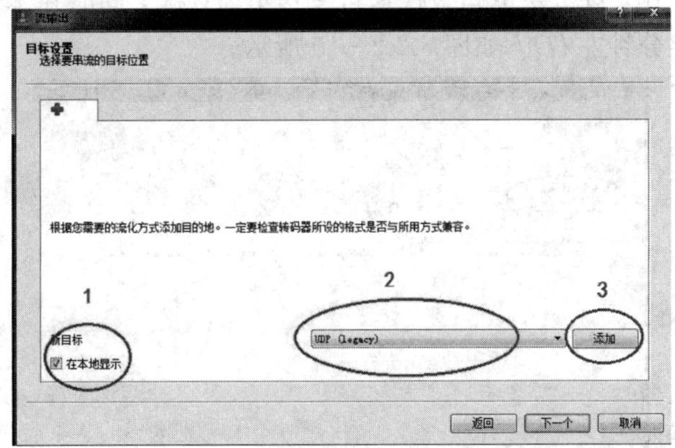

图 6.2.2－7　组播服务器配置 4

(5) 建立 IPv4 组播服务器，地址栏可输入“239.1.1.1”(239.0.0.0/8 为本地管理组播地址)，如图 6.2.2－8 所示。

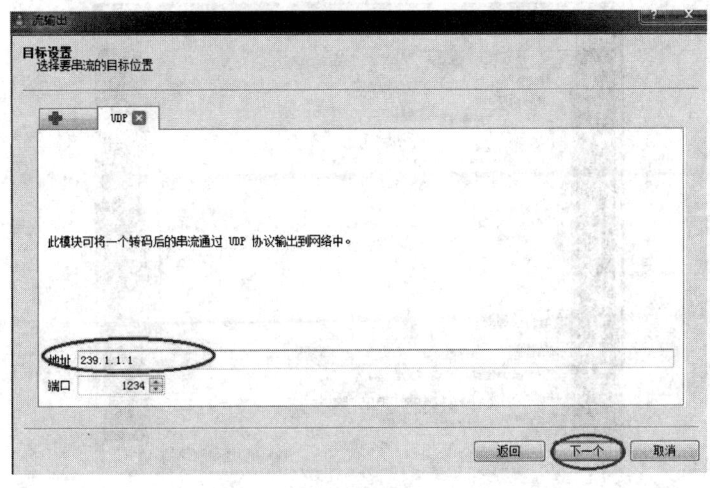

图 6.2.2－8　组播服务器配置 5

(6) 选择文件的类型后点击“下一个” 如图 6.2.2－9 所示。

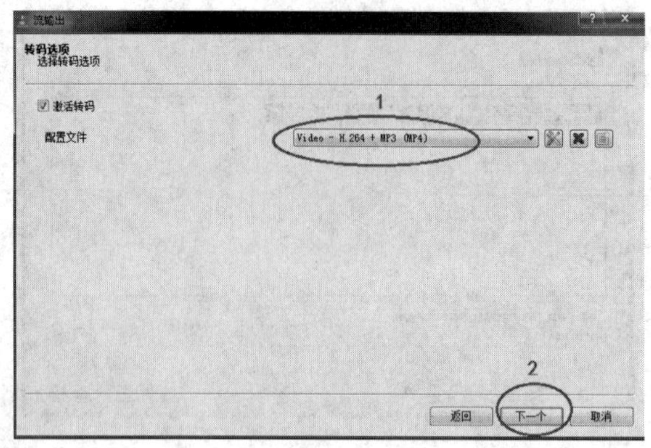

图 6.2.2－9　组播服务器配置 6

将 TTL 设置为 10，点击左下角“流”即可发送组播视频，同时在本地播放(视频打开时间较慢，需要等待半分钟左右)，如图 6.2.2－10 所示。

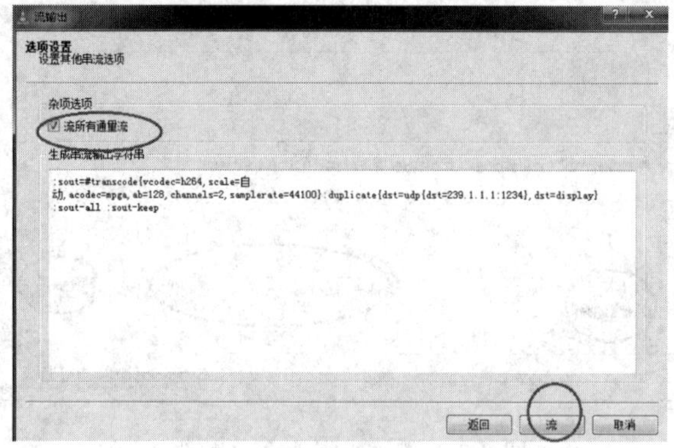

图 6.2.2－10　组播服务器配置 7

(7) 测试前请关闭 PC 防火墙，以免影响组播报文的发送和接收，如图 6.2.2－11 所示。

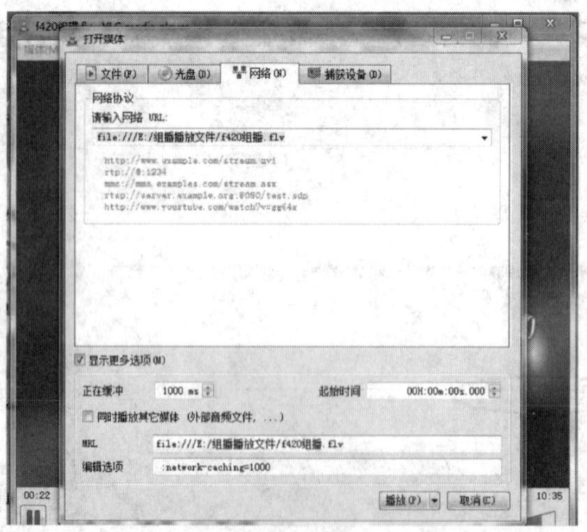

图 6.2.2－11　组播服务器配置 8

(8) 设置组播服务器的 IP 地址为 192.168.6.10，子网掩码为 255.255.255.0，网关为

192.168.6.254，则组播业务完成。

4. 搭建组播客户端

(1) 运行程序后选择“媒体”→“打开网络串流”，如图 6.2.2－12 所示。

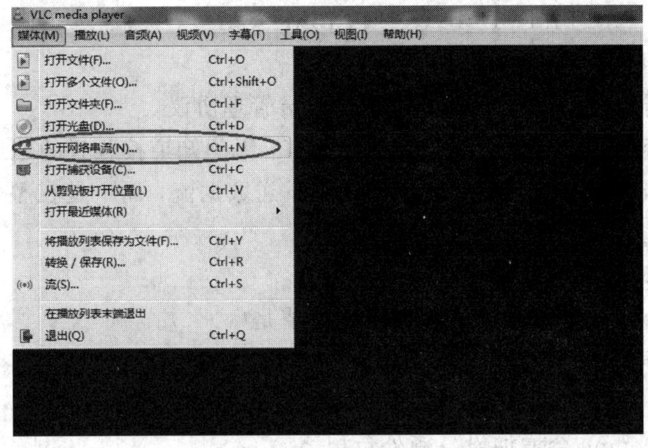

图 6.2.2－12　组播客户端 1

(2) 输入 URL 为 UDP://@239.1.1.1:1234，点击“播放”即可观看组播视频，如图 6.2.2－13所示。

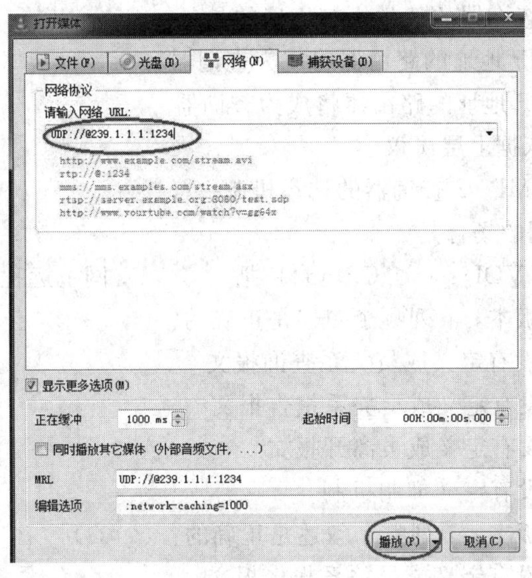

图 6.2.2－13　组播客户端 2

(3) 设置组播客户端的 IP 地址为 192.168.6.11，子网掩码为 255.255.255.0，网关为 192.168.6.254，则组播业务完成。

习　题

一、单选题

1. 组播 IP 地址中，类似于单播地址中的私有 IP 的是(　　)范围。

A. 224.0.0.1～224.0.0.255　　B. 224.0.1.0～231.255.255.255

C. 232.0.0.0～232.255.255.255　　D. 239.0.0.0～239.255.255.255

2. 下面各项组播协议中，运行哪个协议的路由器负责管理组用户主机加入、离开以及通过维护用户数据发送组播数据到主机？(　　)

A. IGMP　　B. PIM-DM　　C. PIM-SM　　D. MSDP

3. 以下关于组播技术描述错误的是(　　)。

A. PIM 是组播路由协议，IGMP 是组播成员管理协议

B. 不管采取何种方式组播，对于组播源而言，无须知道接收者的地址信息

C. 与广播相比，组播只向需要数据的终端发送数据流，而不是在整个网络中泛滥，可以有效节省网络资源

D. 所有 D 类地址都可以作为组播地址使用

4. IP 地址中，组播地址的前几位特定比特值是(　　)。

A. 1100　　B. 1110　　C. 1010　　D. 1011

5. 下列关于 IGMP Snooping 的叙述中，哪个是正确的？(　　)

A. IGMP Snooping 会增加设备额外负担

B. IGMP Snooping 是 IGMP 的特殊版本

C. IGMP Snooping 是组播应用以太接入网中必须部署的技术

D. IGMP Snooping 运行在路由器接入用户的端口链路层上

6. 关于 IGMP v2 查询器的选举机制正确的是(　　)。

A. 具有大的接口 IP 地址的路由器将成为查询器

B. 具有小的接口 IP 地址的路由器将成为查询器

C. 查询器的选举依据上层协议

D. IGMP v1 和 IGMP v2 查询器的选举机制一样

7. 组播不适合应用的场合是(　　)。

A. IPTV　　B. VOD　　C. 电台广播　　D. 网上远程教学

8. 关于 IGMP v1 版本，下列哪个叙述是正确的？(　　)

A. IGMP v1 版本没有定义成员关系查询报文

B. IGMP v1 版本没有定义成员关系报告报文

C. IGMP v1 版本没有定义成员离开报文

D. IGMP v1 版本没有定义抑制机制

9. 关于 IGMP v2 版本，下列哪个叙述是正确的？(　　)

A. IGMP v2 版本没有定义成员关系报告报文

B. IGMP v2 版本定义了抑制机制

C. IGMP v2 版本没有定义成员关系常规查询报文

D. IGMP v2 版本没有定义成员离开报文

10. 到目前为止，IGMP 协议一共有几个版本？(　　)

A. 1　　B. 3　　C. 2　　D. 4

二、思考题

1. 简述 IP 组播的特征。

2. 简述 IP 组播如何实现组播组管理。

3. 简述 IGMP Snooping、IGMP Proxy 和 IGMP Router 的特点和区别。

三、操作题

开通 FTTH(C200＋F420)组播业务，需要配置组播客户端和服务器、OLT C200 及 F420。组播业务网络拓扑如图 6－1 所示，网络规划如表 6－1 所示。

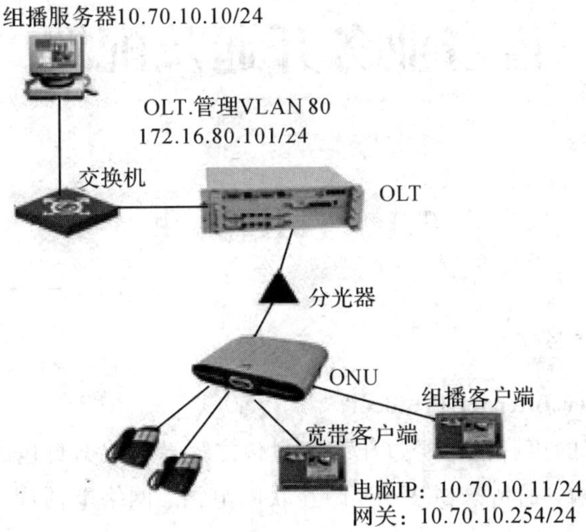

组播服务器10.70.10.10/24
OLT.管理VLAN 80
172.16.80.101/24
交换机
OLT
分光器
ONU
组播客户端
宽带客户端
电脑IP：10.70.10.11/24
网关：10.70.10.254/24

图 6－1　组播业务网络拓扑

表 6－1　组播业务网络规划

设备名称	VLAN 号	端口号		IP 地址
OLT C200	网管 VLAN 80	下行口	epon－olt_0/1/1	172.16.80.101/24
	组播 VLAN 50	上行口	gei_0/6/2	
ONU F420	网管 VLAN 80	上行光口	epon－olt_0/1/1：12	172.16.80.135/24
	组播 VLAN 50	下行接组播客户端	2 号以太口	
组播客户端				10.70.10. 11/24
组播服务器			交换机 1 号口	10.70.10.10/24
交换机	组播 VLAN 50	组播服务器	交换机 1 号口	10.70.10.254/24
	网管 VLAN 80	OLT	交换机光口	172.16.80.254/24

第 7 章

语音业务开通及配置

7.1 VoIP 原理

7.1.1 VoIP 基本概念

1. VoIP(Voice over Internet Protocol)

VoIP 是指将模拟的声音信号经过压缩与封包之后，以数据封包的形式在 IP 网络的环境进行语音信号的传输，通俗来讲 VoIP 即互联网电话、网络电话或 IP 电话。

2. VoIP 的优势

VoIP 最大的优势是能广泛地采用 Internet 和全球 IP 互连的环境，提供比传统业务更多、更好的服务。

VoIP 可以在 IP 网络上方便的传送语音、传真、视频和数据等业务，如统一消息、虚拟电话、虚拟语音、传真邮箱、查号业务、Internet 呼叫中心、Internet 呼叫管理、电视会议、电子商务、传真存储转发和各种信息的存储转发等。

通过因特网进行语音通信是一个非常复杂的系统工程，其应用面很广，因此涉及的技术较多，其中最根本的技术就是 VoIP 技术。因特网语音通信是 VoIP 技术的一个最典型的、也是最有前景的应用领域。

7.1.2 VoIP 的基本传输过程

传统的电话网以电路交换方式传输语音，所要求的传输宽带为 64 kb/s。而 VoIP 是以 IP 分组交换网络为传输平台，对模拟的语音信号进行压缩、打包等一系列的特殊处理，使之可以采用无连接的 UDP 协议进行传输。

为了在一个 IP 网络上传输语音信号，需要具备几个元素和功能。最简单形式的网络由两个或多个具有 VoIP 功能的设备组成，该设备通过一个 IP 网络连接。VoIP 模型的基本结构如图 7.1.2 - 1 所示。从图中可以发现 VoIP 设备把语音信号转换为 IP 数据流，并把这些数据流转发到 IP 目的地，IP 目的地又把它们转换回到语音信号。两者之间的网络必须支持 IP 传输，可以是 IP 路由器和网络链路的任意组合。因此可以简单地将 VoIP 的传输过程分为下列几个阶段。

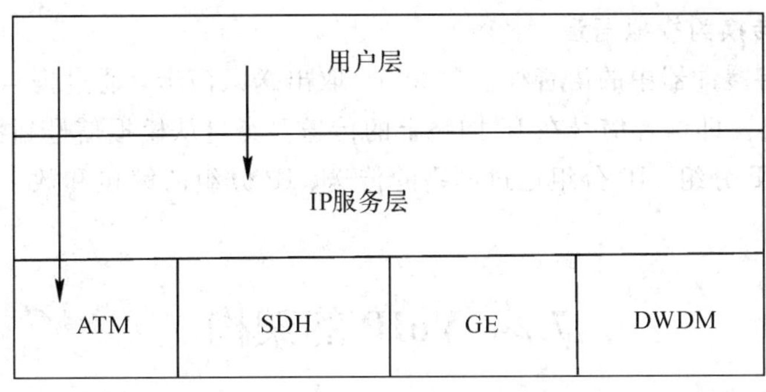

图 7.1.2－1　VoIP 模型的基本结构

1. 语音转换为数据

由于语音信号是模拟波形，因此通过 IP 方式来传输语音时首先要对语音信号进行模拟数据转换，也就是对模拟语音信号进行 8 位或 6 位的量化，然后送入到缓冲存储区中，缓冲器的大小可以根据延迟和编码的要求选择。许多低比特率的编码器以帧为单位进行编码，典型帧长为 10～30 ms。考虑传输过程中的代价，语音包通常由 60 ms、120 ms 或 240 ms 的语音数据组成。数字化可以使用各种语音编码方案来实现，目前采用的语音编码标准主要有 ITU－T G.711。源和目的地的语音编码器必须实现相同的算法，这样目的地的语音设备就可以还原模拟语音信号。

2. 原数据转换为 IP 包

语音信号进行数字编码后，需要对语音包以特定的帧长进行压缩编码。大部分编码器都有特定的帧长，若一个编码器使用 15 ms 的帧，则把传来的 60 ms 的语音包分成 4 帧，并按顺序进行编码。每个帧含 120 个语音样点(抽样率为 8 kHz)。编码后，将 4 个压缩的帧合成一个压缩的语音包送入网络处理器。网络处理器为语音添加包头、时标和其他信息后通过网络传送到另一端点。语音网络简单地建立通信端点之间的物理连接，并在端点之间传输编码的信号。IP 网络不像电路交换网络，它不形成连接，而是要求把数据放在可变长的数据报或分组中，然后给每个数据报附带寻址和控制信息，并通过网络发送，一站一站地转发到目的地。

3. 传送

语音信号传输过程是在网络的输入端开始接收语音包，经过一定时间后，再将语音包传送到网络的输出端的过程。传输时间可以在某范围内变化，它是反映网络传输中的抖动指标的参数。

4. IP 包转换为数据

目的地 VoIP 设备接收传来的 IP 数据并开始处理。VoIP 设备会提供一个可变长度的缓冲器，用来调节网络产生的抖动。该缓冲器可容纳许多语音包，缓冲器的大小可由用户选择。小的缓冲器产生的延迟较小，但不能调节大的抖动。其次，解码器将经编码的语音包解压缩后产生新的语音包或者新的语音帧，其长度要与解码器的长度相同。如帧长度为 15 ms，则一个 60 ms 的语音包被分成 4 个帧，然后这些帧被还原成 60 ms 的语音数据流送入解码缓冲器中。在数据报的处理过程中，去掉寻址和控制信息，保留原数据，然后才把这个原数据提供给解码器。

5. 数字语音转换为模拟语音

播放驱动器将缓冲器中的语音样点(480 个)取出送入声卡，通过扬声器按预定的频率(例如 8 kHz)播出。即语音信号在 IP 网络上的传送要经过从模拟信号到数字信号的转换、数字语音封装成 IP 分组、IP 分组通过网络的传送、IP 分组的解包和数字语音还原到模拟信号等过程。

7.2 VoIP 的架构

一个基本的 VoIP 架构包含四个基本元素，如图 7.2-1 所示。

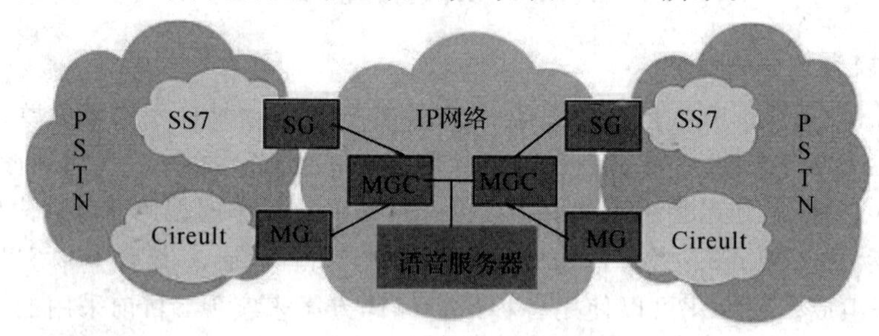

图 7.2-1 VoIP 架构

媒体网关器(Media Gateway，MG)将语音信号转换成为 IP 封包。

媒体网关控制器(Media Gateway Controller，MGC)又称为 Gate Keeper 或 Call Server，主要负责管理信号传输与转换。

语音服务器主要提供电话不通、占线或忙线时的语音响应服务。

信号网关器(Signaling Gateway，SG)主要在交换过程中进行相关控制，以决定通话是否建立，以及提供相关应用的增值服务。

7.3 VoIP 的编码技术

VoIP 的编码技术是 IP 电话能够进入市场的首要因素，其根本原因是采用 VoIP 的编码技术可使 IP 电话采用语音分组技术、语音压缩编码和统计复用，提高带宽利用率，大幅度降低完成一次通信所需的成本。IP 电话中的语音处理主要需要解决两个问题：一是在保证一定话音质量的前提下尽可能地降低编码比特率，二是在 IP 网络环境下保证一定的通话质量。前者正是我们要研究的语音编码技术。世界多个标准组织和工业实体提出了很多话音编码方案，包括国际电信联盟的 G.711(速率 64 kb/s)、G.723.1(速率 5.3 kb/s 或者 6.3 kb/s)以及 G.729A(速率 8 kb/s)编码方案。

7.3.1 G.711

G.711 也称为 PCM(脉冲编码调制)，是由 ITU-T 制定的一套语音压缩标准，是目前主流的波形声音编码器。G.711 主要有两种，包括 G.711U 和 G.711A，其中 G.711U 主要用于北美和日本，G.711A 主要用于欧洲和其他地区。G.711 主要用脉冲编码调制对音频采样，采样率为 8 k/s。利用一个传输速率为 64 kb/s 的未压缩通道传送语音信号，压缩率为 1∶2，即把 16 位数据压缩成 8 位。

7.3.2　G.723

G.723 是多媒体语音编码标准，其典型应用包括 VoIP 服务、H.324 视频电话、无线电话、数字卫星系统、公共交换电话网 PSDN 及 ISDN 等多媒体语言信息产品。G.723 标准速率传输码率为 5.3 kb/s 或 6.3 kb/s，在编程过程中可以随时切换传输码率，G.723 占用的带宽较少，但语音不够清晰。

7.3.3　G.729

G.729 是电话带宽的语音信号编码的标准，对输入语音性质的模拟信号进行 8 Hz 采样，然后用 16 位的线性 PCM 量化。G.729 压缩率中等，效果一般。当前中国网络中一般建议采用 G.711A 律编码，其有效语音带宽是 64 kb/s。

7.3.4　各种编码方式对比

各种编码方式对比见表 7.3.4-1 所示。

表 7.3.4-1　各种编码方式对比

编解码技术	语音压缩带宽(kb/s)	语音延迟	语音质量等级
G.711A/U	64	无延迟	优
G.729	8	低于 200 ms	良
G.723(6.3 kb/s)	6.3	低于 200 ms	接近良
G.723(5.3 kb/s)	5.3	低于 200 ms	介于良和中之间

7.4　VoIP 传输技术

下一代网络的通信网络基于 IP、采用“IP+传输层端口”的寻址方式来进行语音通信，即 VoIP 传输。在语音通信中，为保证语音质量，对包的丢包率、抖动及时延等都有一定的要求，在这种情况下无论是面向连接的 TCP 还是面向无连接的 UDP 都无法很好地完成实时媒体流的传送作用，于是在 UDP 的基础上，引入实时传输协议 RTP/RTCP。

7.4.1　RTP/RTCP 概念

实时传输协议(RTP 或 RTTP，Real-time Transport Protocol)是一个网络传输协议，由 IETF 的多媒体传输工作小组于 1996 年在 RFC 1889 中公布。

RTP 协议详细说明了在互联网上传递音频和视频的标准数据包格式。RTP 协议常用于流媒体系统(配合 RTCP 协议)、视频会议和一键通(Push to Talk)系统(配合 H.323 或 SIP)中，已成为 IP 电话产业的技术基础。RTP 协议一般与 RTP 控制协议 RTCP 一起使用，且 RTP 协议建立在用户数据报协议上。RTP 协议由两个紧密连接的部分组成：RTP

协议传送具有实时属性的数据；RTCP 控制协议监控服务质量并传送正在进行的会话参与者的相关信息。

7.4.2 RTP/RTCP 传送机制

当应用程序开始一个 RTP 会话时将使用两个端口：一个端口供 RTP 使用，一个端口供 RTCP 使用。RTP 本身并不能为按顺序传送数据包提供可靠的传送机制，也不提供流量控制或拥塞控制，而是依靠 RTCP 提供这些服务。在 RTP 会话时周期性地发放一些 RTCP 包以用来监听服务质量和交换会话用户信息等。RTCP 包中含有已发送的数据包的数量、丢失的数据包的数量等统计资料，因此，服务器可以利用这些信息动态地改变传输速率，甚至改变有效载荷类型。RTP 和 RTCP 配合使用，能以有效的反馈和最小的开销使传输效率最佳化，因而特别适合传送网上的实时数据。根据用户间的数据传输反馈信息，可以制定流量控制的策略，而根据会话用户信息的交互，可以制定会话控制的策略。

1. RTP(Real Time Transport Protocol) 传送机制

RTP 是针对 Internet 上多媒体数据流的一个传输协议，由 IETF(Internet 工程任务组)在 RFC1889 中发布。RTP 被定义为在一对一或一对多的传输情况下，提供时间信息和实现流同步。RTP 的典型应用是建立在 UDP 上，但也可以在 TCP 或 ATM 等其他协议中工作。RTP 本身只保证实时数据的传输，并不能为按顺序传送数据包提供可靠的传送机制，也不提供流量控制或拥塞控制，而是依靠 RTCP 提供这些服务。

影响多媒体数据传输的一个主要的问题就是数据到达时间不可预料，但是流媒体的传输需要数据的实时的到达用以播放和回放。RTP 协议提供时间标签、序列号以及其他的结构用于控制适时数据流的播放和回放。在流的概念中时间标签是最重要的信息。发送端依照即时的采样在数据包里隐蔽的设置了时间标签。在接收端收到数据包后，依照时间标签按照正确的速率恢复成原始的实时的数据。虽然不同媒体格式的调时属性不一样，但 RTP 本身并不负责时间同步，而只是一种传输层协议，且不负责时间同步可以简化传输层处理过程，提高该层的效率。可以将部分传输层协议功能(比如流量控制)上移到应用层完成，如时间同步就是属于应用层协议完成的。应用层协议没有传输层协议的完整功能，不提供任何机制来保证实时地传输数据，不支持资源预留，也不保证服务质量。RTP 报文也不包括长度和报文边界的描述，同时 RTP 协议的数据报文和控制报文使用相邻的不同端口，这样可以大大提高协议的灵活性和处理的简单性。

RTP 协议和 UDP 二者共同完成传输层协议功能。UDP 协议只传输数据包，不考虑数据包传输的时间顺序。RTP 的协议数据单元是用 UDP 分组来承载的。在承载 RTP 数据包时，有时一帧数据会被分割成几个具有相同时间标签的包，可知时间标签并不是必须的。而 UDP 的多路复用使 RTP 协议利用支持显式的多点投递，可以满足多媒体会话的需求。

RTP 协议虽然是传输层协议但是它没有作为 OSI 体系结构中单独的一层来实现。RTP 协议通常根据一个具体的应用来提供服务，RTP 只提供协议框架，开发者可以根据应用的具体要求对协议进行充分的扩展。

RTP 协议的报文结构如图 7.4.2－1 所示。

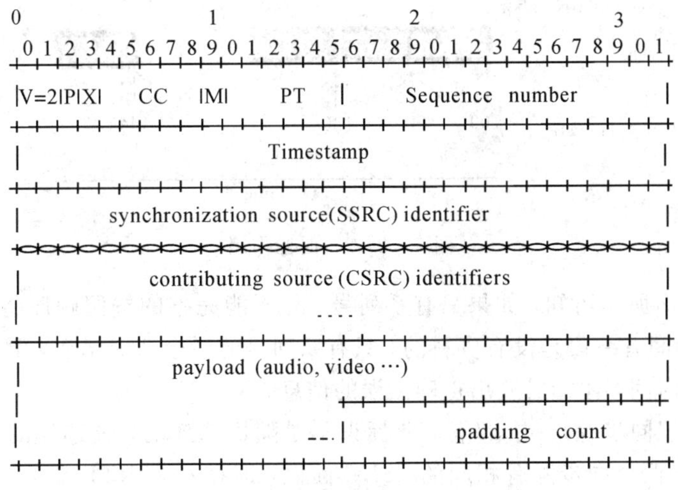

7.4.2－1 RTP协议的报文结构

开始时12个八进制出现在每个RTP包中，而CSRC标识列表仅出现在混合器插入时。RTP协议报文的各段含义为：

V(版本)：占2位，标识RTP版本，协议初始版本为0，RFC3550中规定的版本号为2。

P(填充标识)占1位，如设置填充位，则会在包末尾包含额外的附加信息，它不属于有效载荷，附加信息的最后一个字节表示额外附加信息的长度(包含该字节本身)，该字段之所以存在是因为某些加密算法需要固定大小的填充字，或为在底层协议数据单元中携带几个RTP包。

X(扩展)：占1位，如果该位被设置，则会在固定的头部后存在一个扩展头部，格式定义在RFC3550中。

CC(CSRC计数)：占4位，CSRC计数包括紧接在固定头后标识的CSRC个数。

M(标记)：占1位，标记解释由设置定义，目的在于允许重要事件在包流中被标记出来，设置可定义其他标记位，或通过改变位数来指定没有标记位，该位的功能依赖于profile的定义，profile可以改变该位的长度，但是要保持marker和payload type总长度不变(一共是8 bit)。

PT(载荷类型)：占7位，用于记录后面数据使用编码的种类，接收端找出相应的译码，该位标记着RTP packet所携带信息的类型，标准类型列出在RFC3551中，如果接收方不能识别该类型，则必须忽略该packet。

Sequence number(列号)：占16位，系列号随每个RTP数据包发送后而增加1，接收方可以根据该序列号重新排列数据包的顺序，或者探测包是否损失。系列号的初值是随机的，可使对加密的文本被攻击更加困难。

Timestamp(时标)：占32位，时标反映RTP数据包中第一个八进制数的采样时刻，采样时刻必须从单调、线性增加的时钟中导出，以允许同步与抖动计算。时标可以使接收端在正确的时间将资料播放出来。时标作用如图7.4.2－2所示。

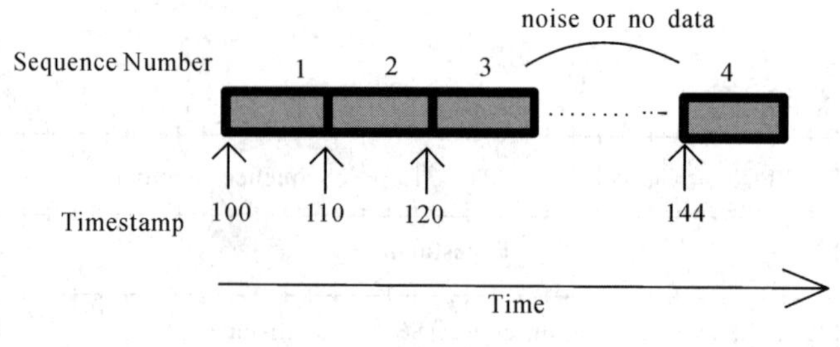

图 7.4.2－2　时标作用

由图 7.4.2－2 所示可知，如果只有系列号，并不能完整的按照顺序将 data 播放出来，因为如果 data 中间有一段是没有资料的，只有系列号的话会造成错误，需同时确定将 data 正确播放出来的时间，才能播放出正确无误的信息。

SSRC(段标识同步源)：占 32 位，此标识不是随机选择的，其选择的目的在于避免同一 RTP 包连接中两个同步源有相同的 SSRC 标识，即在一个 RTP Session 期间每个数据流都应该有一个不同的 SSRC。如源改变源传输地址，也必须选择一个新 SSRC 标识以避免插入成环行源。

CSRC(列表)：共 0～15 项，每项占 32 位。CSRC 列表表示包内对载荷起作用的源。标识数量由 CC 段给出。如超出 15 个作用源，也仅标识 15 个。CSRC 标识由混合器插入，采用作用源的 SSRC 标识。CSRC 列表只有存在 Mixer 的时候才有效。如将多声道的语音流合并成一个单声道的语音流，此时就需列出原来每个声道的 SSRC。

2. RTCP(Real Time Contorl Protocol) 传送机制

1) RTCP 功能

RTCP 协议将控制包周期性地发送给所有连接者，使用与数据包相同的分布机制。低层协议提供数据与控制包的复用，如使用单独的 UDP 端口号等。

RTCP 主要提供数据发布的质量反馈，作为 RTP 传输协议的一部分，与其他传输协议的流和阻塞控制有关。反馈对自适应编码控制起直接作用，且 IP 组播经验表明，发送者收到反馈对诊断是否发送错误是至关重要的。给所有参加者发送接收反馈报告可以使问题观察者估计局部问题或全局问题。例如 IP 组播等发布机制使网络服务提供商接收到反馈信息，以充当第三方监控者来诊断网络问题。反馈功能由 RTCP 发送者和接收者报告执行。

RTCP 携带规范名字(CNAME)的 RTP 源持久传输层标识。如发现冲突或程序重新启动，SSRC 标识则会改变，接收者需要通过 CNAME 跟踪参加者。接收者也需要通过 CNAME 与相关 RTP 连接中给定的几个数据流联系。传输过程要求所有参加者都会发送 RTCP 包，因此，为了使 RTP 扩展到大规模数量，速率必须受到控制。因此，可令每个参加者给其他参加者发送控制包，这样便于观察参加者数量，该数量可用于计算包发送的速率。

RTC 还具备传送最小连接控制信息的功能，如参加者辨识，该功能最可能用于“松散控制”连接中，此连接中参加者可以自由进入或离开，没有成员控制或参数协调，RTCP 充当通往所有参加者的方便通道，但不必支持应用的所有控制通信要求。RTP 应用设计人员必须避免使用仅在单播模式下工作的机制，因为此种情况将会导致无法扩展 RTP 规模。

2) RTCP 数据包

在 RTCP 通信控制中，RTCP 协议的功能通过不同的 RTCP 数据包实现，RTCP 数据包主要有如下几种类型：

(1) SR：发送端报告，发送端是指发出 RTP 数据包的应用程序或者终端，发送端同时也可以是接收端。

(2) RR：接收端报告，接收端是指仅接收但不发送 RTP 数据包的应用程序或者终端。

(3) SDES：源描述，其主要功能是作为会话成员有关标识信息的载体，如用户名、邮件地址、电话号码等，此外还具有向会话成员传达会话控制信息的功能。

SDES 包为三层结构，由头与数据块组成，数据块可以没有，也可有多个，组成项描述块所表明的源。

项描述内容包括：

版本(V)、填充(P)、长度：与 SR 包中所描述类似。

包类型(PT)：8 位，包含常数 202，可识别 RTCP SDES 包。

源计数(SC)：5 位，包含在 SDES 包中的 SSRC/CSRC 块数量，其零值有效，但没有意义。

源描述项内容包括 CNAME 与 NAME 两种。

CNAME：规范终端标识 SDES 项，CNAME 标识属性为：如发生冲突或重启程序，随机分配的 SSRC 标识可能发生变化，此时就需要 CNAME 项提供从 SSRC 标识到仍为常量的源标识的绑定。SSRC 标识、CNAME 标识在 RTP 连接的所有参加者中应是唯一的。为了提供一套相关 RTP 连接中某个参加者所采用的跨多媒体工具间的绑定，CNAME 应固定为该参加者，且为便于第三方监控，CNAME 应有适合的程序或人员定位源。

NAME：用户名称 SDES 项。

(4) BYE：通知离开，其主要功能是指示某一个或者几个源不再有效，即通知会话中的其他成员自己退出会话。

若混合器接收到一个 BYE 包，混合器转发 BYE 包而不改变 SSRC/CSRC 标识。若混合器关闭，也应发出一个 BYE 包，列出它所处理的所有源，而不只是自己的 SSRC 标识。作为可选项，BYE 包可包括一个 8 位八进制计数，后跟很多八进制文本，表示离开原因，如："camera malfunction"或"RTP loop detected"。字符串具有同样的编码，与 SDES 类似，如字符串填充包至下 32 位边界，字符串就不以空结尾；否则，BYE 包以空八进制填充。

(5) APP：由应用程序自己定义，解决了 RTCP 的扩展性问题，并且为协议的实现者提供了很大的灵活性。

APP 包用于开发新应用和新特征的实验，不要求注册包类型值。带有不可识别名称的 APP 包应被忽略掉。测试后，如确定应用广泛，推荐重新定义每个 APP 包，而不用向 IANA 注册子类型和名称段。

7.5　VoIP 语音封装流程

7.5.1　语音封装顺序

RTP 协议是在 UDP 协议封装基础上，通过 RTP 头中的顺序编号与时间戳参数实现媒体流实时按序传送。RTP 协议负责媒体流的转换、传送。

媒体流变换时，封装的顺序为：(网络接口层(IP(UDP(RTP(语音))))，RTP 协议的封装顺序如图 7.5.1-1 所示。

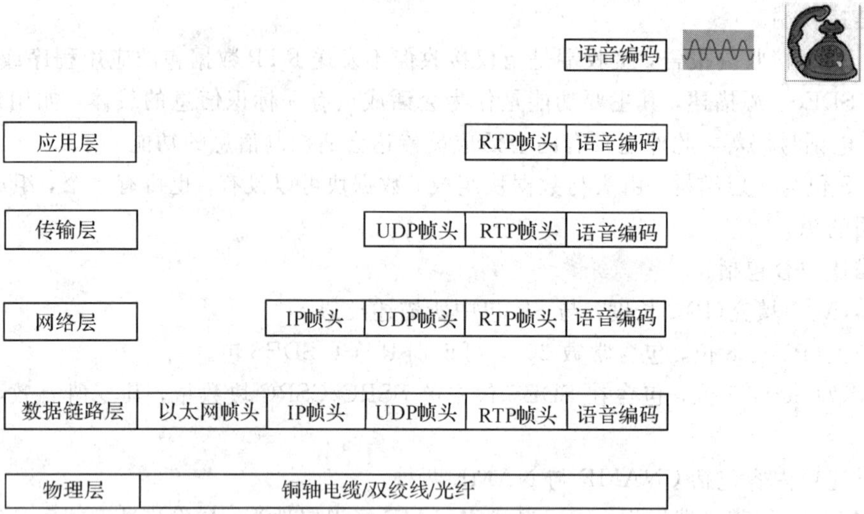

					语音编码
应用层				RTP帧头	语音编码
传输层			UDP帧头	RTP帧头	语音编码
网络层		IP帧头	UDP帧头	RTP帧头	语音编码
数据链路层	以太网帧头	IP帧头	UDP帧头	RTP帧头	语音编码
物理层	铜轴电缆/双绞线/光纤				

图 7.5.1-1　RTP 协议的封装顺序

7.5.2　计算 G711/G723/G729 线路占用带宽

计算 G711/G723/G729 线路占用带宽步骤为：

(1) 带宽计算公式为：

带宽＝包长度×每秒包数
＝包长度×(1/打包周期)
＝(Ethernet 头＋IP 头＋UDP 头＋RTP 头＋有效载荷)×(1/打包周期)
＝(208 bit ＋160 bit＋64 bit＋96 bit ＋有效载荷)×(1/打包周期)
＝(528 bit＋(打包周期(秒)×每秒的比特数))×(1/打包周期)
＝(528 /打包周期 ）＋ 每秒比特数

(2) 采用不同编码算法的时候，线路所占用的带宽计算方法为：

例如采用 G.711 算法，打包时长为 20 ms，则计算线路所占用的带宽方法为：由于打包时长为 20 ms，因此每秒钟产生 50 个数据包，每个数据包都包含：物理层 26 字节、IP 层 20 字节、传输层 8 字节、RTP 层 12 字节。经估算 RTCP 所占的带宽为语音流的 5%，则

$$\text{通话带宽} = \left(\frac{(12+8+20+26)\times 8\times 50}{1024+64}\right)\times 1.05 = 94.27\ \text{kb/s}$$

按照上面的计算公式可得：

G711：20 ms 打包，带宽为$\left(\frac{528}{20}+64\right)$ kb/s＝90.4 kb/s

G729：20 ms 打包，带宽为$\left(\frac{528}{20}+8\right)$ kb/s＝ 34.4 kb/s

G723：5.3 k，30 ms 打包，带宽为$\left(\frac{528}{30}+5.3\right)$ kb/s＝22.9 kb/s

业界一般按照表 7.5.2－1 提供的 IP 网带宽系数和以太网带宽系数来设计网络带宽。采用某种编码方式时，用 64K 乘以相应的带宽系数就可以得出其实际占用的带宽。当然如果是中继接口，还需要考虑信令占据一定的带宽，一般按照 2.5%来计算。

表 7.5.2－1　IP 网带宽系数和以太网带宽系数

编解码技术	压缩速率(kb/s)	打包周期(ms)	IP 网带宽系数	以太网带宽系数
G.711 A/U	64	20	1.25	1.41
G.729 A/B	8	20	0.38	0.54
G.723.1(5.3 kb/s)	5.3	30	0.27	0.37
G.723.1(6.3 kb/s)	6.3	30	0.25	0.36

注意：如果看不懂上面的计算方法，只需记住以下结果：

G711 实际占用带宽每线 90.4 kb/s，100 线并发占用 9 Mb/s；

G729 实际占用带宽每线 34.4 kb/s，100 线并发占用 3.4 Mb/s；

G723 实际占用带宽每线 22.9 kb/s，100 线并发占用 2.2 Mb/s。

7.6　VoIP 协议

VoIP 协议用于建立和取消呼叫，传输用于定位用户以及协商能力所需的信息。VoIP 使用的主要协议有 H.323、会话初始协议(SIP)、H.248 和媒体闸道控制协议(MGCP)四种，这些协议可以分为非对等和对等两类。其中，非对等协议主要指媒体网关控制协议，包括 H.248、MGCP。非对等协议的核心是业务和控制分离、控制和承载分离，按照功能分为负责呼叫控制的媒体网关控制器(MGC)和负责资源管理以及媒体处理的媒体网关(MG)两个部分，可以实现业务集中化、终端简单化(“瘦”终端)。

7.6.1　H.323 协议体系

1. H.323 协议体系概述

H.323 本身是个协议集，是介于传输层和应用层之间的协议。H.323 协议体系包括 H.225.0、H.245 和 H.235、H.450.x 等，如图 7.6.1－1 所示。而 H.225.0 包括 RAS 和 Q.931，RAS 在 UDP 中传输，Q.931 在 TCP 中传输。Q.931 主要用于呼叫的建立、拆除和呼叫状态的改变。在呼叫信令流程的建立过程中所涉及的消息均已在 H.225.0 及 H.245 中规定。H.245 是媒体会话控制协议，主要完成网关参数协商、控制语音逻辑通道打开或关闭、协商 RTP 端口等，在 TCP 中传输。而 H.235、H.450.x 等完成加密、附加业务等信令规范和控制。

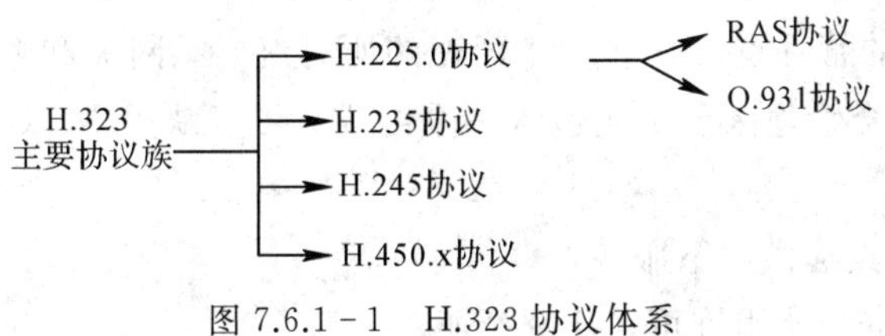

图 7.6.1－1　H.323 协议体系

H.323(99)：用于提供不保证质量的业务本地网上的可视电话系统和终端设备；

H.225(99)：用于提供不保证质量的业务本地网上的可视电话系统的媒体流的打包与同步；

H.235(98)：H.323 的加密控制协议；

H.245(98)：多媒体通信的媒体控制协议；

H.450(99)：H.323 的补充业务控制协议；

RAS：注册、认证、状态控制协议；

Q931：呼叫控制协议。

2. H.323 架构

1) AAA 认证、授权和计费

AAA(Authentication、Authorization and Accounting)意为认证、授权和计费。认证即检验使用者是否具有一定的权限；授权是授予合法的使用者适当的权限，允许其对网络上的一定资源进行访问；计费是对被授权者提供服务时，记录一些必要的信息，以供产生账单之用。

2) H.323 实体

H.323 系统的组成部件称为 H.323 实体(entity)，包括终端、网关(GW)、网守(GK)、多点控制器(MC)、多点处理器(MP)及多点控制单元 MCU(Multipoint Control Unit)。其中，终端、网关和 MCU 统称为端点，端点可以发起呼叫也可以接收呼叫，媒体信息流就在端点生成或终结。H.323 的网络结构如图 7.6.1－2 所示。

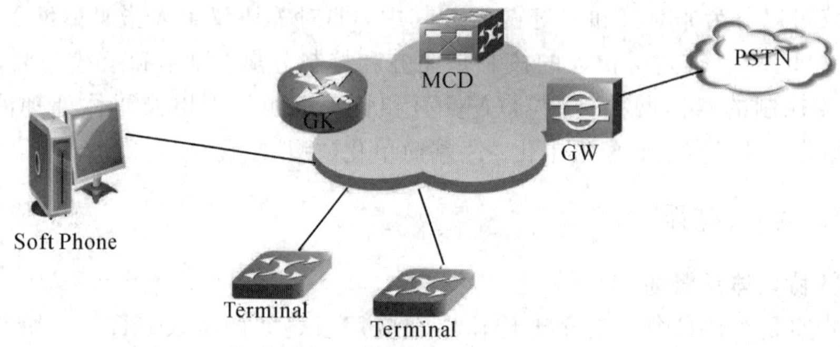

图 7.6.1－2　H.323 的网络结构

(1) H.323 终端是在基于分组的网络 PBN(Packet－Based Network)中遵从 H.323 建议标准进行实时通信的端点设备，可以集成在个人计算机中，也可以是一个独立的设备，如以太网电话机或可视电话机。

H.323 终端主要实现直接与用户交互、发起或接受呼叫、媒体流处理等功能。

(2) 网守是网络的管理点，一个网守管理的所有终端、网关和 MCU 的集合称之为一个管理区(Zone)。一个管理区至少应包含一个终端，可以缺少 MCU 或网关，但必须有且仅有一个网守。

网守为 H.323 端点提供以下服务：

接入认证：网络资源使用许可，身份验证；

地址解析：别名和网络地址之间的翻译；

带宽管理：初始带宽申请，带宽改变控制；

计费管理：提供计费信道；

区域管理：下辖设备的管理；

呼叫控制：提供各种补充业务。

(3) 网关是在 H.323 终端与广域网上其他 ITU 终端之间提供实时两方通信的端点设备。从概念上讲，网关的作用是完成两项转换功能：媒体信息编码的转换和信令的转换。对于后者来说，如果把网关视为原来网络的一个终端，则网关需完成的是用户信令到 H.323控制协议的转换；如果网关两侧分别连接不同的网络，如 PBN 和 SCN，则需完成其他网络信令到 H.323 协议的转换。H.323 网关主要实现异种网络互通、信令消息格式和内容转换、通信协议流程转换及媒体流格式转换等功能。

(4) 多点通信的功能部件包括 MC、MP 和 MCU，主要用于会议通信。

① MC 提供多点会议的控制功能，与参加会议的每个端点执行“能力交换”过程，指示信息可发送的操作模式。当有终端加入或离开此会议时，MC 可能会调整向各终端发送的能力集信息。

② MP 接收来自各参会端点的音频、视频和数据信号流，经处理后回送至各端点。因此，MP 应能执行各种媒体信息的编解码算法。MC 和 MP 只是功能实体，并非物理实体。

③ MCU 是会议通信的重要设备，主要实现多点会议管理和控制、与会终端的管理、媒体流控制、混音、多画面等功能，包含 MC 和 MP 两部分。

3. 协议栈结构

H.323 协议栈结构包括：

(1) 话音编码采用相应的 G 系列建议，其中 G.711(PCM)为必备的编码方式，其余为任选方式，目前 IP 电话最常用的是 G.729A 和 G.723.1。

(2) 视频编码采用 H.260 系列建议，如 H.261、H.263 等。

(3) 实时音频和视频编码信号均封装在 RTP 协议分组中，以提供定时信息和数据报序号，供接收端重组信号。RTCP 协议是 RTP 协议的一部分，提供 QoS 监视功能。

(4) 数据通信采用 T.120 系列建议，是用于多媒体会议的数据协议栈。

H.225.0 是 H.323 系统的核心协议，主要用于呼叫控制。在任何呼叫开始之前，首先须在端点之间建立呼叫联系，同时建立 H.245 控制信道，这就是 H.225 呼叫信令协议的主要功能。H.225.0 建议还包含两个功能：规定如何利用 RTP 对音视频信号进行封装及定义 RAS 协议。RAS(Registration Admissionand Status)协议是 H.225.0 协议的一种，是端点(终端或网关)和网守之间使用的协议，其主要作用是为网守提供确定的端点地址和状态、执行呼叫接纳控制等功能。

H.225.0 呼叫信令协议是以 ISDN 的 Q.931/Q.932 为基础指定的，其中最重要的是 Q.931。Q.931 协议是 ITU-T 制定的一种关于呼叫控制的标准，是 ISDN 用户网络接口第三层关于基本呼叫控制的描述。

H.245 是一种通用的多媒体通信控制协议，主要针对会议通信设计。H.323 系统采用

H.245 协议作为控制协议，用于控制通信信道的建立、维护和释放。

4. RAS 协议

1）概述

RAS 协议是 H.225.0 协议的一种，是端点(终端或网关)和网守之间使用的协议，主要执行管理功能。RAS 协议过程包括：

网守搜寻：用于端点搜寻其归属网守，采用多播机制完成，随后所有 RAS 消息均限定在端点和其归属网守之间传送；

端点登记：用于端点向 GK 登记其自身信息，主要是别名和呼叫控制信道传输层地址；

端点注销：用于端点注销过程的信息登记；

呼叫接纳：起呼时的第一步操作，询问网守是否允许该呼叫发起；

端点定位：用于端点或 GK 向相应的 GK 询问某一端点呼叫控制信道的传输层地址；

呼叫退出：呼叫结束后通知网守，该端点已退出呼叫(回复空闲)；

状态查询：主要用于网守询问终端的开机/关机状态；

带宽管理：支持端点在呼叫过程中提出带宽改变要求，由网守决定；

网关资源指示：向网守通告该网关的可用资源。

2）协议消息

(1) 协议消息类型包括：

网守搜寻消息如表 7.6.1－1 所示。

表 7.6.1－1　网守搜寻消息

消息	英文全称	消息中文名称	消息类型
GRQ	Gatekeeper Request	网守搜寻请求	请求
GCF	Gatekeeper Confirm	网守搜寻证实	响应
GRJ	Gatekeeper Reject	网守搜寻拒绝	响应

端点登记消息如表 7.6.1－2 所示。

表 7.6.1－2　端点登记消息

消息	英文全称	消息中文名称	消息类型
RRQ	Registration Request	登记请求	请求
RCF	Registration Confirm	登记证实	响应
RRJ	Registration Reject	登记拒绝	响应

端点注销消息如表 7.6.1－3 所示。

表 7.6.1－3　端点注销消息

消息	英文全称	消息中文名称	消息类型
URQ	Unregistration Request	注销请求	请求
UCF	Unregistration Confirm	注销证实	响应
URJ	Unregistration Reject	注销拒绝	响应

呼叫接纳消息如表 7.6.1－4 所示。

表 7.6.1－4　呼叫接纳消息

消息	英文全称	消息中文名称	消息类型
ARQ	Admission Request	呼叫接纳请求	请求
ACF	Admission Confirm	呼叫接纳证实	响应
ARJ	Admission Reject	呼叫接纳拒绝	响应

端点定位消息如表 7.6.1－5 所示。

表 7.6.1－5　端点定位消息

消息	英文全称	消息中文名称	消息类型
LRQ	Location Request	端点定位请求	请求
LCF	Location Confirm	端点定位证实	响应
LRJ	Location Reject	端点定位拒绝	响应

呼叫退出消息如表 7.6.1－6 所示。

表 7.6.1－6　呼叫退出消息

消息	英文全称	消息中文名称	消息类型
DRQ	Disengage Request	呼叫退出请求	请求
DCF	Disengage Confirm	呼叫退出证实	响应
DRJ	Disengage Reject	呼叫退出拒绝	响应

状态查询消息如表 7.6.1－7 所示。

表 7.6.1－7　状态查询消息

消息	英文全称	消息中文名称	消息类型
IRQ	Info Request	信息请求	请求
IRR	Info Request Response	信息响应	响应
IACK	Info Acknowledgement	对 IRR 消息的证实	响应
INAK	Information Negative Acknowledgement	对 IRR 消息的拒绝	响应

带宽管理消息如表 7.6.1－8 所示。

表 7.6.1－8　带宽管理消息

消息	英文全称	消息中文名称	消息类型
BRQ	Bandwidth Request	带宽请求	请求
BCF	Bandwidth Confirm	带宽证实	响应
BRJ	Bandwidth Reject	带宽拒绝	响应

网关资源指示消息如表 7.6.1－9 所示。

表 7.6.1－9　网关资源指示消息

消息	英文全称	消息中文名称	消息类型
RAI	Resource Availability Indication	网关资源可用性指示	请求
RAC	Resource Availability Confirmation	网关资源可用性证实	响应

(2) 协议消息参数包括以下几种。

RequestSeqNum：每个 RAS 消息都携带 RequestSeqNum 参数，该参数由发送请求方赋值，其值单调递增，即发送方每发送一个请求消息，序号加 1。对方回送的响应消息将此序号带回，用来建立响应消息和请求消息的关联。例如，GRQ 消息和其触发的 GCF 或 GRJ 响应有相同的 RequestSeqNum 值。

ProtocolIdentifier：指示当前支持的 H.225 协议的版本号。

NonStandardData：携带一些 H.225 协议没有定义的非标准信息，例如版权信息等。

RasAddress：携带端点或网守用于传递 RAS 消息的 IP 地址和端口号。RAS 消息基于 UDP 的传输，端口号为 1719。

EndpointType：终端、网关和 MCU 统称为端点，该参数指示端点的类型。如果H.323 单元有 MC，则布尔变量 MC 应为“True”。

GatekeeperIdentifier：对于 RAS 请求消息，该字段用于标识希望其作出响应的网守，如果该字段为空，则表示该请求消息对所有可达网守有效；对于 RAS 响应消息，该字段用于标识回送该响应消息的网守。

CallServices：为网守或被叫端点提供支持 Q 一系列协议的信息。

EndpointAlias：该字段列出了一系列端点别名，其他的端点可以通过这些别名识别此端点。别名可为 E.164 地址或 H.323 标识。E.164 地址由接入码和电话号码组成，该接入码可以用来标识网关；H.323 标识为字符串形式，可以是用户名、E-mail 名或其他标识名。一个端点可以有多个别名，对应于 PRQ 消息，所有别名都应该在 PRQ 消息中送往网守，这些别名将被翻译为同一传输层地址。

AlternateEndpoints：可选端点，当主叫呼叫一个被叫号码和别名时，GK 可以返回一个主端点，主叫端点可以向这个主端点发起呼叫。同时 GK 也可以发回一些可选端点即 AlternateEndpoints 字段，假如主叫端点呼叫 GK 返回的主端点不通则可以按照可选端点序列中的顺序依次再行呼叫，用于提高接通率。

DiscoveryComplete：该参数仅包含在 RRQ 消息中。如果发出登记请求的端点在发出 RRQ 消息之前已经完成了网守搜索流程，则该参数值为“True”；若只仅仅请求登记，该参数值则为“False”。

CallSignalAddress：携带端点或网守用于传递 Q.931 消息的 IP 地址和端口号。Q.931 消息基于 TCP 的传输，端口号为 1720。

VendorIdentifier：该参数用于厂商标识一个产品。vendor 单元允许根据不同国家编码、扩展和厂商编号的标识。productId 和 versionId 是能提供产品和版本信息的文本串。

TimeToLive：该参数包含于 PRQ 和 PCF 消息中，用于指示本次登记信息的寿命，单位为秒。

KeepAlive：在终端向GK注册时，第一个注册消息中带的内容比较多，后面为了节省消息大小，可以将KeepAlive置为“True”，而新的注册消息中不用带初次消息中那么多字段，这种消息叫轻量级注册。

WillRespondToIRR：如果端点主动发送IRR消息，上报自身状态信息给GK，则该消息中的NeedsResponse参数设置为“True”。此时，由WillRespondToIRR参数决定网守是否给该IRR消息回应IACK或INAK消息。

RejectReason：该参数包含于请求拒绝响应消息中，用于解释请求消息遭到拒绝的原因。

CallType：该参数提供呼叫的拓扑信息，其默认值为“PointToPoint”。

CallModel：H.323建议规定端点至端点的呼叫信令有两种传送方式。一是经由网守转接的网守选路呼叫信令方式(GatekeeperRouted)，该方式中双方不知道对端的地址，有利于保护用户的隐私权，网守介入呼叫信令过程；另一种是端到端的直接选路呼叫信令(direct)，此方式中网守只在初始RAS过程中提供被叫的传输层地址，其后不再介入呼叫信令过程。

EndpointIdentifier：一系列端点的别名，如端点的E.164地址或H.323标识。

DestCallSignalAddress：经翻译后所得的目的地或GK自身的呼叫信令信道地址，即传递Q.931消息的IP地址和端口号。

SrcInfo：一系列本端端点的别名，如本端端点的E.164地址或H.323标识。

SrcCallSignalAddress：本端使用的传递Q.931消息的IP地址和端口号。

BandWidth：网守使用带宽管理控制允许同时接入PBN的H.323终端个数。通过RAS协议过程，网守可以拒绝某终端发起的呼叫，其原因是它判定网络没有足够的带宽支持该呼叫。呼叫接纳(ARQ/ACF)中的带宽参数指的是该端点所有音频和视频信道收发双向总的带宽上限。网守在ACF消息中给定的带宽可以低于端点在ARQ中请求的带宽。

CallReferenceValue(CRV)：呼叫引用值，该参数引自Q.931，用于标识呼叫，仅在呼叫段上局部有效。例如：呼叫信令采用网守选路方式传送，则主叫终端－网守和网守－被叫终端这两个信令段的CRV一般是不相同的，网守负责建立两个CRV之间的关联，以保证信令消息的正确传送。但是在同一信令段上，属于同一呼叫的所有H.225.0消息，包括呼叫接纳、呼叫建立、补充业务、带宽改变、呼叫终结等消息的CRV均相同。

ConferenceID：唯一标识会议的全局标识，由主叫端点创建，可简写为CID。CID由三部分组成：端点网络地址、会议呼叫发起的绝对时间和所用的协议版本。如果一个会议包括若干个呼叫，则每个呼叫有其各自的呼叫标识，所有呼叫有一个共同的会议标识，凡是该会议的所有H.225.0消息均采用该会议标识。

CallID：用于标识呼叫。与CRV不同，CallID是全局有效参数。即从主叫端点到其网守、主叫端点到被叫端点、被叫端点到网守，属于同一呼叫的所有RAS消息和呼叫信令消息中的呼叫标识均相同。CallID主要用于端到端的信息传送，如封装在Q.931消息的用户－用户信息中传递，可供补充业务使用。呼叫标识由主叫端点赋值。

ActiveMC：指示主叫端点是否受 ActiveMC 的控制。

AnswerCall：不但主叫发起呼叫时需要请求网守接纳，被叫收到呼叫建立信令时也要向网守发起 ARQ 请求，因此在 ARQ 中包含 AnswerCall 参数，指示是否接纳来话呼叫。

WillSupplyUUIEs：指示如果网守请求，端点是否在 IRR 消息中提供 Q.931 消息。

(3) RAS 消息示例如下：

```
registrationRequest
        requestSeqNum: 969
        protocolIdentifier: 0.0.8.2250.0.3
        discoveryComplete: True
        callSignalAddress (TransportAddress)
            Item 0 (ipAddress)
                ipAddress
                    ip: 191.169.200.31 (191.169.200.31)
                    port: 1720
        rasAddress (TransportAddress)
            Item 0 (ipAddress)
                ipAddress
                    ip: 191.169.200.31 (191.169.200.31)
                    port: 1719
        terminalType (EdpointType)
            terminal (TerminalInfo)
            mc: False
            undefinedNode: False
        terminalAlias (AliasAddress)
            Item 0 (h323_ID)
                h323_ID: 666302
            Item 1 (e164)
                e164: 666302
        endpointVendor (VendorIdentifier)
            vendor (H221NonStandard)
                t35CountryCode: 82
                t35Extension: 0
                manufacturerCode: 2290
            productId: CnS H.323v2
            versionId: 2.0
        timeToLive: 3600
        keepAlive: True
```

endpointIdentifier：24－3

说明：第一行：表示该消息为登记请求消息。

第二行：表示请求序列号为969。该登记请求消息和其触发的RCF、RRJ消息的RequestSeqNum相同，用于将请求消息和其触发的响应相关联。

第三行：协议标识，指示当前支持的H.225协议的版本号。

第四行：DiscoveryComplete参数，该参数仅包含在RRQ消息中，此时该参数值为"True"，表示该发出登记请求的端点在发出RRQ消息之前已经完成了网守搜索流程。

第五～九行：表示该端点用于传递Q.931消息的IP地址为：191.169.200.31，端口号为：1720。

第十～十四行：表示该端点用于传递RAS消息的IP地址为：191.169.200.31，端口号为：1719。

第十五～十八行：指示发送该登记请求消息的终端类型。此时终端类型为H.323终端。

第十九～二十三行：端点别名。端点别名可为E.164地址或H.323标识。此时，该端点的E.164地址为电话号码666302，H.323标识也为666302。

第二十四～三十行：该发出登记请求的端点的厂商标识。vendor单元表示国家编码为82、扩展码为0、厂商编号为2290。productId和versionId是能提供产品和版本信息的文本串。

第三十一行：指示本次登记的寿命为3600 s。

第三十二行：由KeepAlive定义可知第一个注册消息KeepAlive为"False"，此后的注册消息KeepAlive为"True"。

第三十三行：端点标识。

3）基本消息流程

网守搜寻如图7.6.1－3所示。

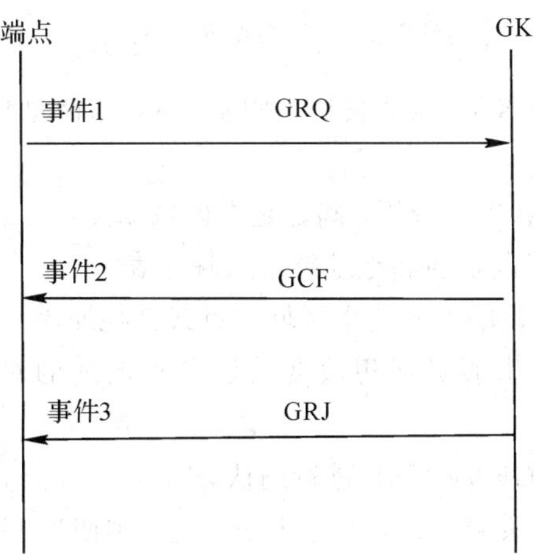

图7.6.1－3　网守搜寻

事件1：端点在启动后，首先向网守发送GRQ消息，寻找GK。端点发送的GRQ消息包含端点类型、端点自身的 RAS 地址、希望在其上登记的 GK 标识等参数。

事件 2：GK 对端点信息进行分析，确定是本区域端点，发送 GCF 确认。

事件 3：如果 GK 不愿意该端点在其上登记，则返回 GRJ 消息，并给出拒绝原因。

端点登记与注销如图 7.6.1－4 所示。

端点须在搜寻过程中确定的 GK 上登记，只有在登记后才能发起和接收呼叫，登记表明该端点加入管理区。

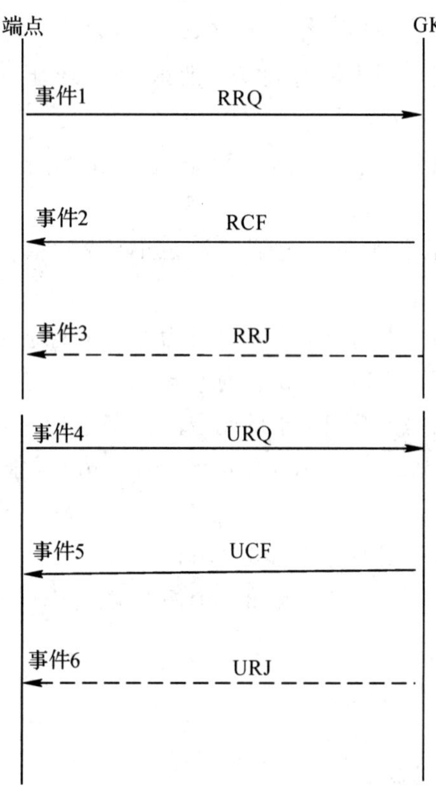

图 7.6.1－4　端点登记与注销

事件 1：端点向 GK 的 RAS 地址发送 RRQ 消息，该消息包含两个重要的参数：端点别名及呼叫信令传输层地址。

事件 2：GK 对端点信息进行分析，确定是本区域端点，发送 RCF 确认，告知 GK 的呼叫信令传输层地址，并将端点别名和地址登记入翻译表。

事件 3：如果 GK 发现该端点不是本区域端点或其他原因，则回送 RRJ 消息拒绝。

事件 4：如果端点要退出服务或想改变其别名和地址的对应关系，可以向 GK 发送 URQ，请求注销登记。

事件 5：一般情况下，GK 回 URF 进行确认。

事件 6：如果 GK 发现该端点并未在它上面登记，则回送 URJ 消息。

呼叫接纳与退出如图 7.6.1－5 所示。

ARQ/ACF 和 DRQ/DCF 是整个呼叫控制过程第一对和最后一对消息，分别标志呼叫的开始和结束。

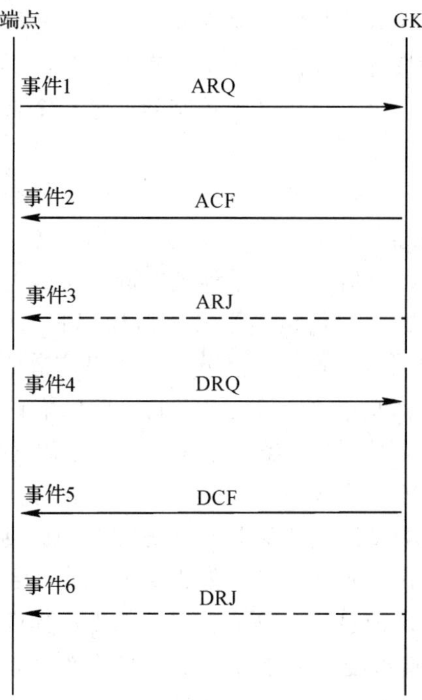

图 7.6.1-5　呼叫接入与退出

事件 1：端点发起呼叫时，端点向 GK 发送 ARQ 请求用户接入认证/地址解析。在 ARQ 消息中，端点给出目的地信息以及所要求的带宽。

事件 2：GK 如果同意接纳此呼叫，则回送 ACF 消息，其中包括的两项主要参数是允许分配的带宽和翻译后所得目的地的呼叫信令传送层地址或者是 GK 本身的呼叫信令传输层地址。

事件 3：GK 如果不同意接纳此呼叫，则回送 ARJ 消息拒绝。

事件 4：呼叫完毕，端点向 GK 发送 DRQ 请求退出呼叫。

事件 5：一般情况下，GK 回送 DCF 进行确认。

事件 6：如果 GK 不同意该端点退出呼叫，则回送 DRJ 消息拒绝。

5. H.245.0 呼叫信令协议

1）概述

H.245 是通用的多媒体通信控制协议，主要针对会议通信设计。H.323 系统采用 H.245协议作为控制协议，用于控制通信信道的建立、维护和释放。

在 H.245 中，定义了两类信道，包括

(1) 控制信道：也称为 H.245 信道，位于不同 H.323 实体上的两个 H.245 对等信令实体通过该信道传送 H.245 消息，以控制媒体信道的建立和释放。控制信道是可靠信道，在 IP 网络中对应为一个 TCP 的连接，连接端口号动态分配。在 H.225.0 呼叫建立过程中主被叫端点(或网守)通过 Setup 和 Connect 消息互相交换各自分配的 H.245 端口地址，呼叫建立完成后，H.245 控制信道建立完成。每个呼叫有且仅有一个 H.245 控制信道，该信道在整个呼叫期间始终存在，直到呼叫完成后才予释放。

(2) 通信信道：也叫媒体信道，在 H.245 中被称为逻辑信道，在该信道中传送用户通

信信息。一般来说，两个实体间可有多条逻辑信道，在呼叫中可以根据需要随时建立和释放，在 H.245 协议中被称为打开和关闭。逻辑信道的开关由 H.245 控制协议完成，每个逻辑信道在打开时赋予一个标识号。可以认为控制信道是一个特殊的永久逻辑信道，其信道号指定为 0。

H.323 中大多数逻辑信道都是单向信道，在会议通信中尤为如此。但是 T.120 数据通信协议和普通的点到点电话通信都要求双向信道，双向信道由一对单向逻辑信道构成，占用两个逻辑信道号。H.245 逻辑信道打开过程既支持单向信道的建立，也支持双向信道的建立。传送音频和视频信号的逻辑信道为不可靠信道(如 UDP)，传送数据信号的为可靠信道(如 TCP)，两种信道的端口号均为动态分配。逻辑信道的建立，是通信双方通过逻辑信道打开消息(OLC)和证实消息(OLCA)交换各自分配的端口号。

每个逻辑信道限定传送某种媒体信息，采用一定的编码算法，具有一定的带宽，因此，在信道建立之前，收发双方必须就这些参数进行协商，确定双发可接受的参数范围，这就是 H.245 的能力交换过程。H.245 协议采用接收方控制的原则建立逻辑信道，发送方只能在接收方规定的范围内确定信道特性参数。能力交换过程的主要功能是通过适当的消息向对方通告本端的接收能力。该消息也允许通告发送能力，但其作用只是表示本端的一种选择意向，希望对方在确定其接收能力时予以考虑。当获知对方的接收能力后，本端就在此范围内确定其发送方式，启动逻辑信道打开过程。

H.245 定义的主要控制过程包括：

(1) 能力集交换。能力集交换的过程将保证传输的多媒体信号能被接收并能得到相应处理。这就要求每个终端的接收和解码的能力应被另一个终端所知。每个终端不需要理解或储存所有的输入(incoming)能力。那些不被理解的或不被用到的能力可被忽视，系统不会认为是出错。当接收到的能力包含另一终端不理解的扩展时，能力将按不包含扩展来接收。终端的整个接收和对不同信号的解码能力将通过传送能力集(TerminalCapabilitySet)消息通知其他终端。接收能力表示了终端接收和处理输入(incoming)信息流的能力。发送器将限制它们传送信息的内容，以保证符合接收器指出的接收能力。如果没有接收能力这一项则表明终端不能接收(只是一个传送器)。发送能力表示终端发送信息流的能力。发送能力用于发给接收器一个可能的操作模式的选择。这样接收器可以要求它愿意接收的模式。如果没有发送能力这一项则表明终端没有给接收器提供一个模式的优先选择权(但是它仍能发送在接收器能力范围之内的任何东西)。能力集提供了同时发送一种以上的所给媒体类型的信息流的能力。例如，终端可以宣布其具有同时接收(或发送)两个独立 H.262 视频流和两个独立 G.722 音频流的能力。能力消息可以定义为允许一个终端指示它不具有固定的能力，但该能力依赖于同时所用的其他模式。例如，能力消息可能指示当用一个简单音频算法时，可以解码较高视频分辨率，包括可解码两路低分辨率视频序列或一路高分辨率序列。能力消息也可能指示在发送能力和接收能力间的折中。非标准的能力和控制消息可以用 NonStandardParameter 结构发送。当非标准消息的含义由某个机构定义时，如果制造商的设备理解其含义，可发送非标准信号。

(2) 逻辑信道信令过程。逻辑信道信令过程定义了如何打开和关闭音频图像和数据的逻辑信道，采用证实协议过程实现。其设计思路是首先建立连接，确保接收方能够接收并已准备好接收由对端发来的数据后，然后开始媒体数据的传送。在接纳新的逻辑信道时，接收方必须确保原有逻辑信道的通信不受影响。H.245协议包括双向信道的打开，即为了避免在两个终端同时初始化同样的事件，一个终端会被定义为主终端，而另一个定义为从终端。为此，定义了一个主从决定过程来决定哪一个终端是主终端，哪一个是从终端。使用本建议的系统可指定用在本建议中定义的过程或其他方式来决定主终端和从终端。逻辑信道的打开和关闭都由发送方发起。

(3) 接收方关闭逻辑信道请求。接收方关闭逻辑信道请求的作用是使接收方也能提出关闭逻辑信道的请求，发送终端可以接受该请求，也可以拒绝该请求。设计此过程的目的是使接收方在遇到特殊情况，如无法解码输入信息时，可以主动提出关闭信道请求。另一用途是在双向逻辑信道的情况下，可由非信道建立方(如从终端)请求关闭信道。需要注意的是，接收方只能提出请求，真正的关闭过程仍应由发送方启动。

(4) 主从确定过程。主从确定过程用于避免信令过程中的冲突现象。其主要应用是会议通信中的MC(Multipoint Controller)仲裁。由于一个会议呼叫只能有一个MC，如果两个参会的H.323实体都含有MC，则必须通过一定的规则确定其中一个是主MC。同样的协议过程也适用于双向信道建立时的主从终端确定。主从状态确定后，在整个呼叫中将保持不变。

(5) 往返延时确定。某些应用需要知道发送终端和接收终端之间的往返延时，往返延时确定过程即提供了测量该延时的一种机制。其方法十分简单，只需包含两个无参数的消息：延时测量请求和响应，发起请求方本地测量发收这两个消息之间的时间间隔得出该延时值。该过程也可用于检测远端终端是否在工作(如是否关机)。

(6) 维护环路。维护环路是一个常规的维护过程，经由专用消息通知对方配合进行环路测试，还包含一个环路测试结束命令消息。此过程对于网关来说是必备功能。

(7) 其他命令和指示。H.245协议定义了许多简单的命令和指示消息，可用于各种用途，它们不涉及通常的协议过程。比较常用的有流量控制命令、多点方式命令、通信方式命令、用户输入指示等。

2) 协议消息

(1) H.245消息可分为4种类型：请求、响应、命令和指示。请求和响应消息由协议实体使用，构成协议过程。请求消息要求接收方执行所要求的动作，并立即返回响应。响应消息是对请求消息的回复，可以是证实、拒绝或返回请求的结果。命令消息也要求接收方执行指定的动作，但不要求其回送响应。指示消息只是传送信息，不要求接收方执行动作，也不要求其回复响应，通常只是指示终端的状态信息。

协议消息包括以下几种类型。

能力集交换消息如表7.6.1-10所示。

表7.6.1-10 能力集交换消息

英文全称	消息中文名称	消息类型
Terminal Capability Set	终端能力集	请求
Terminal Capability Set Acknowledge	终端能力集证实	响应
Terminal Capability Set Reject	终端能力集拒绝	响应
Terminal Capability Set Release	终端能力集释放	指示

逻辑信道信令过程消息如表 7.6.1－11 所示。

表 7.6.1－11　逻辑信道信令过程消息

英文全称	含义	消息类型
Open Logical Channel	打开逻辑信道	请求
Open Logical Channel Acknowledge	打开逻辑信道证实	响应
Open Logical Channel Reject	打开逻辑信道拒绝	响应
Open Logical Channel Confirm	打开逻辑信道确认	指示
Close Logical Channel	关闭逻辑信道	请求
Close Logical Channel Acknowledge	关闭逻辑信道证实	响应

接收方关闭逻辑信道请求消息如表 7.6.1－12 所示。

表 7.6.1－12　接收方关闭逻辑信道请求消息

英文全称	含义	消息类型
Request Channel Close	请求信道关闭	请求
Request Channel Close Acknowledge	请求信道关闭证实	响应
Request Channel Close Reject	请求信道关闭拒绝	响应
Request Channel Close Release	请求信道关闭释放	指示

在建立 H.245 信道过程中，可以使用主从确定过程，也可以不使用，对于 IP 电话，H.245体制建议不采用此流程。主从确定过程消息如表 7.6.1－13 所示。

表 7.6.1－13　主从确定过程消息

英文全称	含义	消息类型
Master Slave Determination	主从确定请求	请求
Master Slave Determination Acknowledge	主从确定证实	响应
Master Slave Determination Reject	主从确定拒绝	响应
Master Slave Determination Release	主从确定释放	指示

往返延时确定消息如表 7.6.1－14 所示。

表 7.6.1－14　往返延时确定消息

英文全称	含义	消息类型
Round Trip Delay Request	往返延时请求	请求
Round Trip Delay Response	往返延时响应	响应

维护环路确定消息如表 7.6.1－15 所示。

表 7.6.1－15　维护环路确定消息

英文全称	含义	消息类型
Maintenance Loop Request	维护环路请求	请求
Maintenance Loop Acknowledge	维护环路证实	响应
Maintenance Loop Reject	维护环路拒绝	响应
Maintenance Loop Command off	维护环路命令关闭	命令

(2) H.245 基本命令消息如表 7.6.1－16 所示。

表 7.6.1－16　H.245 基本命令消息

英文全称	含义
Flow Control	流量控制
Send Terminal Capability Set	发送终端能力集
Encryption	加密
End Session	结束会话
(Miscellaneous Commands)	(其他命令)

其中，“发送终端能力集”命令的作用是在发生中断或其他不确定问题的情况下，请求远端终端发送能力集消息告之其发送和接收能力。除非有非常必要的原因，该命令不能重复发送。“加密”命令用来交换加密能力，命令远端在信道上发送初始矢量。“结束会话”表示呼叫结束，终止 H.245 消息传送，通常是呼叫控制过程的最后一个消息。“其他命令”指的是相当于 H.230 中规定的控制可视电话的一些命令。

H.245 基本指示消息如表 7.6.1－17 所示。

表 7.6.1－17　H.245 基本指示消息

英文全称	含义
Function Not Understood	功能无法理解
Jitter Indication	抖动指示
H.225.0 Maximum Skew Indication	H.225.0 最大偏斜指示
User Input	用户输入
(Miscellaneous Indication)	(其他指示)

其中，“功能无法理解”返回不理解或不支持的请求、响应或命令，不理解的原因可能是对方的 H.245 版本较高或消息中含有非标准的数据单位。“抖动指示”用于向发送端告之接收端计算的逻辑信道抖动量，有助于对端选择视频信道的比特率和缓冲器控制策略，确定定时信息的传送速率。“H.225.0 最大斜偏指示”用于向远端指示指定的两个逻辑信道之间的平均时间偏差，单位为 ms，常用于可视电话中指示视频和音频之间的同步偏差，偏差的原因可包括取样时间、编码器时延和发送缓冲器的时延。“用户输入”消息用于传送 DTMF 信号，即 0～9，＊和＃，供和 SCN 互通时使用。“其他指示”指的是用于可视电话的指示信号。

会议通信相关的 H.245 消息如表 7.6.1－18 所示。

表 7.6.1－18　会议通信相关的 H.245 消息

英文全称	含义	消息类型
Conference Request	会议请求	请求
Conference Response	会议响应	响应
Conference Command	会议命令	命令
Communication Mode Request	通信方式请求	请求
Communication Mode Response	通信方式响应	响应
Communication Command	通信方式命令	命令
MC Location Indication	MC 位置指示	指示
(Miscellaneous Conference Indication)	(其他会议指示)	指示

其中，会议类消息主要是控制会议相关操作，如请求参会终端清单、终端标识、会议标识、成为会议主席及退出会议等。会议命令中的退出会议命令用来结束会议，此命令发出后，会议包含的所有呼叫均释放。通信方式类消息主要供 MC 指示各终端各类媒体信道的类型、通信方式(单播或多播)及通信地址。“MC 位置指示”用于主 MC 向其他端点发送其自身地址，以便实施对会议通信的控制。“其他会议指示”主要通告接收终端或其他终端的状态，如接收用户图像正在被播放、某终端加入或退出会议、终端号码分配等。

3) 消息参数

本节以几个主要的协议过程为线索，介绍消息中常用的参数。

(1) 能力交换过程。描述终端接收和/或发送能力的终端能力集消息不但提供了终端可支持的各种媒体信号的操作模式，而且提供了终端同时处理多种媒体信号的可能的组合操作模式。

终端能力集消息使用嵌套式数据结构，如图 7.6.1－6 所示。

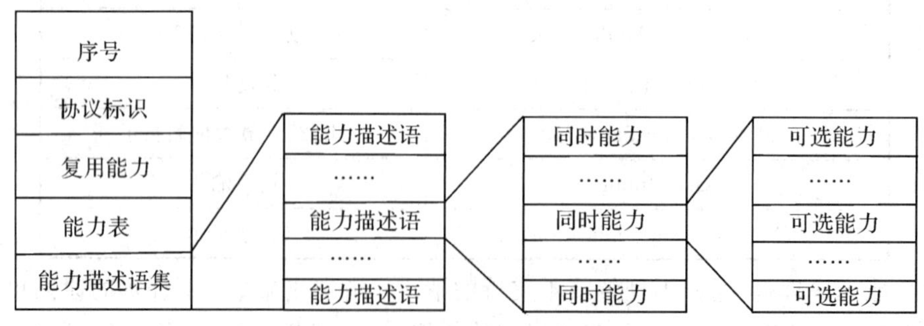

图 7.6.1－6　终端能力集消息的嵌套式数据结构

序号：序号由证实消息返回，发送端据此可以确定与该证实消息匹配的终端能力集消息。

协议标识：指明 H.245 版本号。

复用能力：主要指示该终端的多点通信能力，用于会议通信。

能力表：该表列出了终端所有允许的操作模式，如 G.723 音频、G.728 音频、CIF H.

263视频等，每种模式对应能力表中的一个表项，赋予相应的序号(能力号)，能力表格式如表7.6.1-19所示。

表7.6.1-19　能力表格式

能力表项目序号(Capability Table Entry Numbers)	具体能力描述(Capability)
0	能力0
1	能力1
……	…….

能力表每个表项的内容不仅包括简单的编译码标准还包含许多相关的参数。例如，每个H.263能力包括支持的各种图像格式及使用任选编码方式的能力等。能力表可表示为：

① 可选能力集：若干个能力序号构成一个“可选能力集”(Alternative Capability Set)数据结构，表示该终端可以按其中的任一种方式工作。例如，可选能力集{G.711，G.723，G.728}表示终端可以采用其中任何一种音频编码方式，但是不能同时使用两种或两种以上的模式。可选能力结构表明了一个多选一的能力范围：{能力表项目序号0，能力表项目序号1，…}。

② 同时能力：若干个可选能力集又构成了“同时能力”(Simultaneous Capabilities)结构。每个同时能力结构表示终端能同时使用的一组能力模式。例如，一个包含两个可选能力集{H.261，H.263}和{G.711，G.723.1，G.728}的同时能力结构表示终端可以同时工作于一个视频信道和一个音频信道，视频信道有两种可选操作模式，音频信道有三种可选操作模式。同时能力集{{H.261}，{H.261，H.263}，{G.711，G.723.1，G.728}}表示终端可同时操作两个视频信道和一个音频信道：一个视频信道只能采用H.261编译码，另一视频信道可采用H.261或H.263编译码，音频信道则可采用G.711，G.723.1或G.728编译码。因此，同时能力结构表明了可以同时进行的能力：{可选能力结构0，可选能力结构1，…}。

③ 能力描述语集：若干个同时能力又可构成一个“能力描述语集”(Capability descriptors)数据结构，它包括一组能力描述语，每个描述语由一个同时能力和一个能力描述语序号组成。该数据结构给出了终端的总体能力，之所以要定义多个能力描述语，是因为终端可能选用多种组合方式工作，在不同的组合方式下，各个信道的允许操作模式可能不一样，以满足所需的要求，例如：某终端的能力描述语集包含两个描述语，一个是如前所述的{{H.261，H.263}，{G.711，G.723，G.728}}，另一个是{{H.262}，{G.711}}，它表示该终端的视频信道也可采用H.262编译码，但此时音频信道只能采用低复杂度的G.711编译码。

(2) 主从确定过程。主从确定过程主要用于会议通信中，解决两个均含MC功能的端点的MC冲突问题；也可用于解决两个端点同时打开双向信道时的冲突问题。在建立信道连接之前必须首先解决端点间的主从关系。为了确定主从关系，任一端点可向对方发送一个主从确定消息，该消息包含两个参数：状态确定号(StatusDeterminationNumber)和终端类型(Terminal Type)。每个端点对于每个呼叫只能选定一个随机数作为状态确定号，其取值范围为0～224-1；终端类型也为一个整数，其值按规定确定，终端类型值确定如表7.6.1-20所示。

表 7.6.1－20　终端类型值确定

实体功能	H.323 实体			
	终端	网关	网守	MCU
实体不含 MC 功能	50	60	/	/
实体含 MC，但不含 MP 功能	70	80	120	160
实体含 MC 和数据 MP 功能	/	90	130	170
实体含 MC 和数据、音频 MP	/	100	140	180
实体含 MC 和数据、音频、视频 MP	/	110	150	190

对端收到确定消息后，执行确定计算过程。确定的规则是：首先比较两个端点的终端类型值，大者为主机；如果相同，再比较两个端点的状态确定号，大者为主机；如果仍然相同，则判定为不可确定。一般情况下是可确定的，此时对方回送确定证实消息，告之判定结果。如果不可确定，则回送确定拒绝消息，告之理由为“数字相同”，此时本端重新生成一个状态确定号，再次启动主从确定过程。

此外，在会议通信中，如果某个 MC 成为主 MC，则其终端类型值立即上升为 240。也就是说，一旦某个 MC 在某次主从确定过程中赢得主机地位，它将在此会议中始终保持其主 MC 的地位。

(3) 逻辑信道信令过程。信道打开恒由发送方启动。发送方向接收方发送打开逻辑信道消息，消息包含前向逻辑信道号及信道参数。

前向逻辑信道号(ForwardLogicalChannelNumber)：必须由发送方赋值，证实消息返回此值，以和请求消息匹配。

信道参数：包括数据类型、媒体信息是否需要确保传送、是否执行静音抑制、目的地终端标记等。如果该信道用来传送 RTP(Real－time Transport Protocol)封装的实时媒体信息(如音频或视频)，则信道参数还应包括：

① 会话标识：一组通信参与者经由 RTP 互相通信即构成一个 RTP 会话。对于每个参与者来说，该会话由一对传输层地址(一个网络层地址＋用于 RTP 和 RTCP 的一对端口)定义。在 IP 多播方式中，每个参与者的传输层地址对可以都相同；在单播方式中，每个参与者的地址对均不相同，因为每个人的网络层地址都不相同。在多媒体会话中，每个媒体信号由不同的 RTP 会话传送，有其自己的 RTCP 分组。各 RTP 会话由不同的端口对和/或不同的多播地址区分。

② 媒体信道：用来传送 RTP 封装的实时媒体消息的 IP 地址和端口号及其他传输保证参数。

③ 媒体控制信道：用来传送 RTCP 封装。

6. H.225.0 呼叫信令协议

1) 概述

H.323 系统的呼叫信令协议以 ISDN 的 Q.931/Q.932 为基础，其中 Q.931 最重要。Q.931/Q.932 协议是 ITU－T 制定的一种关于呼叫控制的标准，是 ISDN 用户网络接口第三层关于基本呼叫控制的描述。

2）协议消息

H.225.0 呼叫控制消息取自于 Q.931/Q.932 消息，主要是 Q.931 消息。由于H.255.0 呼叫信令消息不承担连接控制任务，许多 Q.931 和 Q.932 消息失去了意义，因此对 Q.931 和 Q.932 消息进行了精简。下面仅介绍 H.255.0 呼叫信令消息。

（1）呼叫建立消息如表 7.6.1－21 所示。

表 7.6.1－21 呼叫建立消息

消　息	含　义
Setup（建立）	请求建立呼叫
Setup Acknowledge（建立确认）	响应 Setup 消息，请求后续地址信息
Call Proceeding（呼叫进行中）	响应 Setup 消息，表示被叫号码已全，呼叫建立过程已启动
Alerting（提醒）	指示呼叫已经达到被叫，正向其发通知指示被叫用户应答
Connect（连接）	建立连接
Progress（进展）	指示呼叫建立中的其他信息（如网间互通，带内信令等）

（2）呼叫清除消息如表 7.6.1－22 所示。

表 7.6.1－22 呼叫清除消息

消　息	含　义
Release Complete（释放完成）	响应 Release 消息，指示释放信道和呼叫引用（CR）

（3）H.255.0 呼叫信令消息中的其他消息如表 7.6.1－23 所示。

表 7.6.1－23 H.255.0 呼叫信令消息中的其他消息

消　息	含　义
Information（信息）	提供附加信息（如后续被叫地址）
Notify（通知）	通知远端用户呼叫中发生事件（如呼叫暂停/恢复）
Status Enquiry（状态询问）	终端或网络向对方询问呼叫状态
Status（状态）	响应 Status Enquiry 消息，也可主动报告呼叫状态或收到不认识消息
Facility（性能）	用于补充业务操作的调用和证实
User Information（用户信息）	用于主被叫用户之间直接传送信息

（4）Q.932 消息如表 7.6.1－24 所示。

表 7.6.1－24 Q.932 消息

消　息	含　义
Facility（性能）	用于补充业务操作的调用和证实
User Information（用户信息）	用于主被叫用户之间直接传送信息

3）消息结构

Q.931 消息的一般结构如图 7.6.1－7 所示。

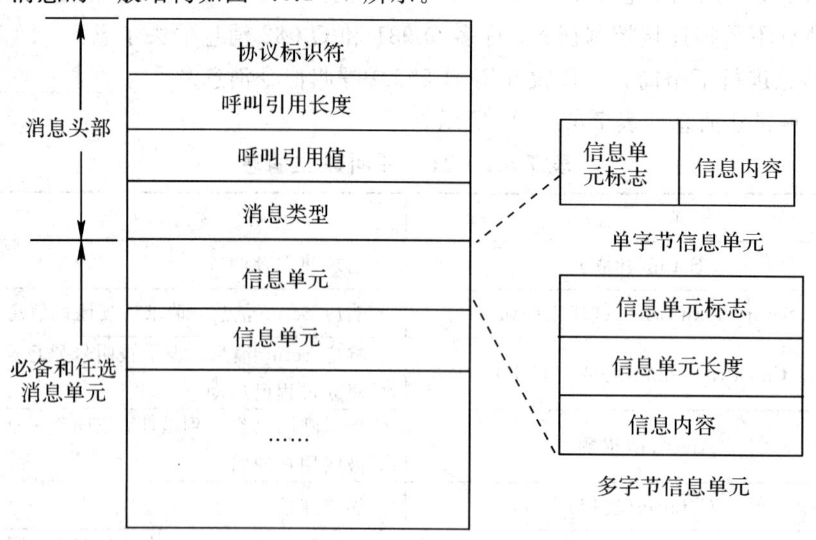

图 7.6.1－7 Q.931 消息的一般结构

消息头部的结构包括：

协议标识符：此例中为 Q.931。

呼叫引用长度：呼叫引用值的长度，若呼叫引用值长度置为零，则称此 CRV 为"虚呼叫引用"，表示消息和任何呼叫无关，用于补充业务。

呼叫引用值：用于标识呼叫，仅在呼叫段上局部有效，例如：呼叫信令采用网守选路方式传送，则主叫终端－网守和网守－被叫终端这两个信令段的 CRV 一般是不相同的，网守负责建立两个 CRV 之间的关联，以保证信令消息的正确传送，一般用于三方或多方通话时关联多个呼叫。

消息类型：其值由 Q.931 统一编码。

4）信息单元

H.225.0 呼叫信令协议信息单元包括：

(1) 承载能力(BC)。承载能力是 Q.931 中最重要的必备信息单元，描述了对承载连接的要求。在 H.225.0 中，虽然承载能力是 Setup 消息的必备信息单元，但已不是很重要。对于两个 H.323 终端之间的呼叫，接收方可以不解释此单元。若用于和呼叫无关信令的 Setup 消息中，该字段对补充业务有特殊含义，在此不作详细介绍。该信息单元在 H.225.0 中的使用规定包括：

① 信息传送能力：若主叫为 ISDN 端点，则网关应将承载能力字段前传，使 H.323 被叫终端获得呼叫的性质(话音/数据/视频)，有助于确定带宽。若主叫是 H.323 端点，则可用承载能力字段表示是否进行可视电话呼叫，若进行，可将承载能力置为"不受限数字信息"；若仅为话音呼叫，则可将承载能力置为"话音"和"3.1kHz 音频"。

② 多速率系数：如果信息传送速率是多速率，则承载能力字段必须存在。如果主叫是 ISDN 端点，网关透明传递该字段值。如果主叫是 H.323 端点，可用来指示该呼叫在 SCN 侧所需得带宽，网关据此生成 SCN 侧的 BC。

③ 第1层协议：若为话音呼叫，第1层协议应为G.711；若为H.323可视电话呼叫，第1层协议应为H.221/H.242。

(2) 显示(Display)。网络向用户发送ASCII(American Standard Code for Information Interchange)字符串，用于显示。

(3) 主叫号码和被叫号码。主叫用户号码：用于计费、主叫号码显示等。被叫用户号码：用于网络选路。如果编码计划标识置为“专用编号计划”，且主叫为H.323终端(由PBN发起)，则表示Setup消息中未含E.164地址，呼叫应按用户－用户信息单元中的别名地址来选路。

(4) 原因(Cause)。给出产生本消息的原因，供诊断用。原因一般是任选信息单元，但在Release Complete消息中则是必备单元。在H.225.0中，释放原因可以由原因表示，也可以由“用户－用户”信息单元中的释放理由表示，二者只能取一。但是二者的表达不相同，原因信息单元直接取自于Q.931，释放理由则是针对PBN而言的原因。

对于PC－GW－电话呼叫，若PC首先释放，网关收到的Release Complete消息中的释放原因是由释放完成理由表述的，它必须转换为Q.931的原因值，才能送往SCN侧。释放完成理由与Q.931原因值的映射关系如表7.6.1－25所示。

表7.6.1－25　释放完成理由与Q.931原因值的映射关系

释放完成理由	Q.931原因值
无带宽	34－无可用电路/信道
网守资源	47－无资源
目的地不可达	3－无至目的地的路由
目的地拒绝	16－正常呼叫清除
不合法修正	88－目的地不兼容
未得到允许	111－互通原因，不在规定之中
网守不可达	38－网络故障
网关资源	42－交换设备拥塞
地址格式不正确	28－不合法号码格式
适应性忙	41－临时故障
在会议中	17－用户忙
未定义	31－未规定

如果是SCN侧用户先释放原因，则网关不必作映射，只需将原因值传给H.323终端即可，因为后者具有解码原因信息单元的能力。

(5) 用户－用户信息单元(UUIE)。UUIE(User - User Information Element)是H.225.0呼叫信令中最为重要的信息单元。它不只可以传送常规的端到端用户数据，还可传送H.323特定的呼叫控制信息，正是这些特定信息构成了H.323系统呼叫信令的核心内容，体现了系统的呼叫信令能力。UUIE信息单元是Setup、Alerting、CallProceeding、Connect、Release Complete、Facility、User Information等主要消息的必备信息单元。

UUIE结构如图7.6.1－8所示。

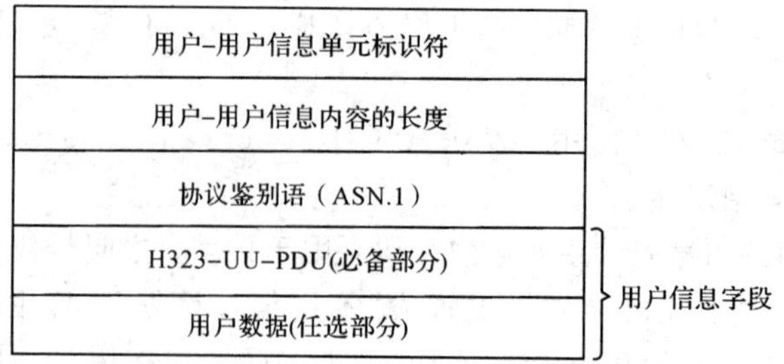

图 7.6.1 - 8　UUIE 结构

其中，协议鉴别语(ASN.1)即用户信息字段的格式由原来 Q.932 的 IA5 字符(相当于 ASCII 字符)改为通用的 ASN.1 描述。

用户信息字段由两部分组成。主体部分为 H323 - UU - PDU，是各相关消息中的 UUIE 内容，即 H323 特定的信令信息；任选部分为真正在终端之间传送的用户数据，是 IA5 字符串，最大长度为 131 字节，相当于原来 Q.932 定义的用户－用户信息，但封装在新的以 ASN.1 描述的 UUIE 数据结构中，作为其数据序列中的一个元素，称为 User - Data。

H.225.0 定义了每个相关消息 UUIE 中的 H323 - UU - PDU 的内容。例如，Connect 消息的 UUIE 包含如下内容：

① 协议标识：由被叫端点设定为该端点支持的 H.225 协议版本号。

② H.245 地址：被叫端点或网守的 H.245 控制信道的传输层地址，主叫侧根据这个地址就可建立至被叫或被叫网守的 H.245 控制信道，进而建立所需的媒体信道，这也是 H.225.0呼叫建立要达到的最主要的目的，该参数也可以由 Alerting 或 Call Proceeding 消息的 UUIE 传送。

③ 目的地信息：指示端点类型，使主叫确定该呼叫是否涉及网关。

④ 会议标识：即 Setup 消息中所带的会议标识。

⑤ 呼叫标识：由主叫端点设定。

5) 基本呼叫建立流程

(1) 基本呼叫建立流程(直接选路)信令过程如图 7.6.1 - 9 所示。

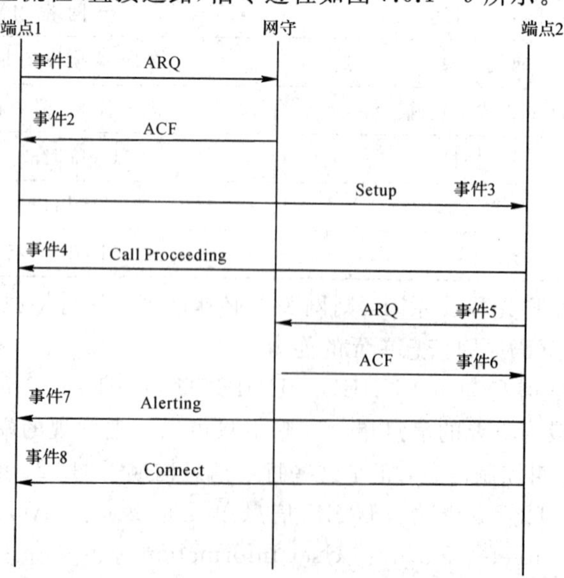

图 7.6.1 - 9　基本呼叫建立流程(直接选路)信令过程

事件1：端点1(主叫)在RAS信道上向其网守发送ARQ消息，请求发起至端点2的呼叫。

事件2：网守同意接纳此呼叫，并翻译得出端点2的呼叫信令信道传输层地址(IP地址+TCP端口号)，由ACF消息回送端点1。

事件3：端点1建立至端点2的呼叫信令信道，在此信道上发送Setup消息。如果ARQ中已带呼叫引用值CRV，则Setup及其后信令消息中的CRV应取此相同值。

事件4：端点2回送Call Proceeding消息，指示呼叫已抵达，正在处理之中。对于两个H.323终端之间的呼叫，除了UUIE之外，消息一般不必带其他信息单元。如果是H.323终端和ISDN终端之间的通信，即端点2是网关，则端点2将把自SCN侧收到的信息单元，如承载能力和进展表示语透明回传给端点1。若端点1是H.323终端，则不予解释；若端点1也是网关，则需将这些信息单元继续向前传给SCN侧的主叫。

事件5：端点2愿意接收此呼叫，经RAS信道向网守发送ARQ，请求接受此呼叫。

事件6：网守同意接纳，回送ACF。

事件7：端点2向端点1回送Alerting消息，等待用户应答。

事件8：用户应答，端点2向端点1发送Connect消息，消息中带有端点2的H.245控制信道TCP端口号。至此，呼叫建立完成。

如果网守不同意端点2接受此呼叫，则回送ARJ，此时端点2将向端点1发送Release Complete消息。

(2) 基本呼叫建立流程(网守选路)信令过程如图7.6.1-10所示。

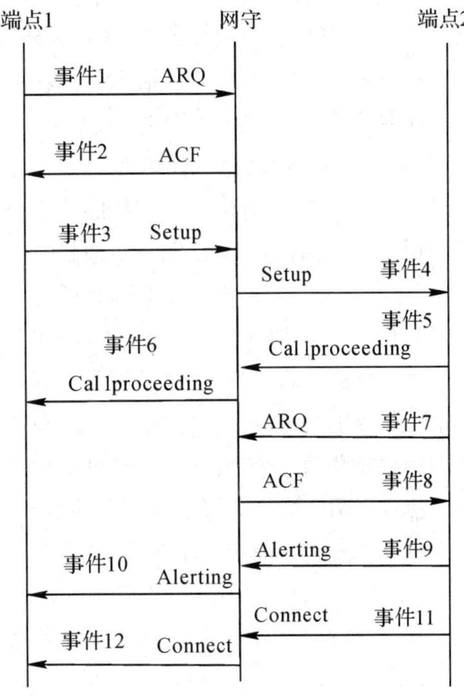

图7.6.1-10　公共网守(网守选路)信令过程

网守选路信令方式与直接选路信令方式的差别在于：

① 网守向端点1回送的ACF消息中包含的不是端点2的呼叫信令信道传输层地址，而是网守自身的呼叫信令信道传输层地址。同时，网守建立至端点2的呼叫信令信道。

② 建立至端点2的呼叫信令信道后，端点1的呼叫信令消息只能发送到网守，再由网守将其转发给端点2。由于端点2只和网守建有信令信道，因此其信令消息也只能发往网守，再由网守转发给端点1。

③ 呼叫建立成功时，端点2仍经Connect消息告之其H.245控制信道传输层地址，但网守向端点1发送的Connect消息所含信息取决于H.245控制消息的传送方式。如果网守决定采用直接方式传送媒体控制消息，则消息中包含的是端点2的H.245控制信道地址；如果采用网守转接方式，则消息中包含的是网守的H.245控制信道地址，此时，网守中一般包含MC功能。

主被叫任何一端挂机，发送 Release Complete 消息给网守，网守再发送 Release Complete 消息给对端。

7.6.2 SIP 协议

1. 协议体系概述

会话启动协议 SIP(Session Initiation Protocol)是由 IETF 提出并主持研究的一个在 IP 网络上进行多媒体通信的应用层控制协议，被用来创建、修改、和终结一个或多个参加者参加的会话进程。这些会话包括 Internet 多媒体会议、Internet 电话、远程教育以及远程医疗等。即所有的因特网上交互式两方或多方多媒体通信活动，统称为多媒体会话。参加会话的成员可以通过组播方式、单播联网方式或者两者结合的方式进行通信。

SIP 协议是一个正在发展和不断研究中的协议。一方面，它借鉴了其他 Internet 标准和协议的设计思想，在风格上遵循因特网一贯坚持的简练、开放、兼容和可扩展等原则，并充分注意到因特网开放而复杂的网络环境下的安全问题。另一方面，它也充分考虑了传统公共电话网的各种业务，包括 IN 业务和 ISDN 业务的支持。

利用带有会话描述的 SIP 邀请消息来创建会话，以使参加者能够通过 SIP 交互进行媒体类型协商。SIP 协议通过代理和重定向请求用户当前位置，以支持用户的移动性。用户也可以登记自己的当前位置。SIP 协议独立于其他会议控制协议，它在设计上独立于下面的传输层协议，因此可以灵活方便地扩展其他附加功能。

SIP 作为一个应用层的多媒体会话信令协议，可以被用来发起一个会话进程、在会话中邀请其他参加者加入会议，会话本身可以通过基于组播协议的会话通告协议(SAP)、电子邮件、网页通告以及轻量级号簿访问协议(LDAP)等方式预先通告各个可能的参加者。SIP 协议支持别名映射、重定向服务、ISDN 和 IN 业务，支持个人移动(personal mobility)即终端用户能够在任何地方、任何时间请求和获得已订购的任何电信业务。总的来说，会话启动协议(SIP)能够支持下列五种多媒体通信的信令功能：

(1) 用户定位：确定参加通信的终端用户的位置；

(2) 用户通信能力协商：确定通信的媒体类型和参数；

(3) 用户意愿交互：确定被叫是否乐意参加某个通信；

(4) 建立呼叫：包括向被叫“振铃”，确定主叫和被叫的呼叫参数；

(5) 呼叫处理和控制：包括呼叫重定向、呼叫转移、终止呼叫等。

SIP 协议可以通过 MCU(Multipoint Control Unit)、单播联网方式或组播方式创建多方会话，支持 PSTN 和因特网电话之间的网关功能。

SIP 协议可以与其他用于建立呼叫的信令系统或协议结合使用，它在设计上充分考虑了对其他协议的可扩展性。例如，SIP 协议支持的主叫可以识别出 H.323 协议支持的被叫，通过 H.245 网关利用 H.225.0 协议向被叫发起并建立呼叫；一个 SIP 主叫可以识别出 PSTN 上的被叫及其电话号码，通过与 PSTN 相连的网关向被叫发起并建立呼叫。

SIP 协议不提供发言控制(floor control)、投票等会议控制功能，也不规定如何管理一个会议。但是 SIP 协议可被用来引发这些会议控制协议。SIP 协议本身不具备资源预留功能，但可以向被邀请者们传达这方面的信息。

2. 网络架构

SIP网络的架构由四类服务器和用户代理组成，如图7.6.2-1所示。

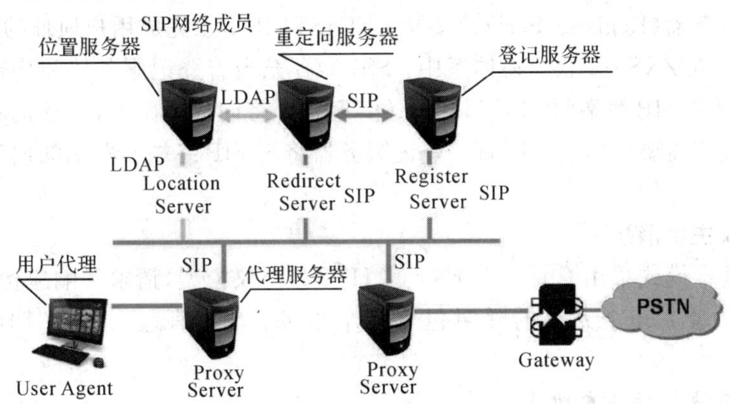

图7.6.2-1　SIP网络的架构

四类服务器分别是：用户代理服务器(当接收到SIP请求时联系用户，并代表用户返回响应)，代理服务器(代理其他客户机发起请求，既充当服务器又充当客户机的媒介程序，其在转发请求之前可能改写消息的内容)，重定向服务器(当收到SIP消息时，把请求中的地址映射为0个或者多个新地址，返回给客户机)，登记服务器(收到客户机的注册消息，完成用户地址的注册)。以上的服务器只是一种逻辑上的概念，实际物理分布上，几种服务器可以继承在同一个设备上，在软交换网络中，代理、注册、重定向功能的服务器一般都由软交换核心设备充当。

(1) 用户代理(User Agent)是一个发起和终止会话的实体，包含两个功能实体，如图7.6.2-2所示。

图7.6.2-2　用户代理

其中，User Agent Clients (UAC)：发起SIP事务请求的功能实体；

User Agent Server (UAS)：接收SIP事务请求的功能实体；

UAC和UAS都能终止一个呼叫。

(2) 代理服务器(Proxy Server)与重定向服务器(Redirect Server)及位置服务器(Location Server)都有联系。为其他的客户机代理，进行SIP消息的路由转发功能。消息机制与UAC和UAS相似。

(3) 重定向服务器(Redirect Server)与位置服务器(Location Server)有联系，使用的协议为LDAP(轻量目录访问协议)。将用户新的位置返回给呼叫方。呼叫方可根据得到的新位置重新呼叫。与代理服务器Proxy Server不同的是，Redirect Server不会发起自己的呼叫。与User Agent不同的是，Redirect Server不接受呼叫终止或主动终止呼叫。

(4) 位置服务器(Location Server)是一个数据库，用于存放终端用户当前的位置信息，为 SIP 重定向服务器(Redirect Server)或代理服务器(Proxy Server) 提供被叫用户可能的位置信息。

(5) 登记服务器(Register Server)接受 REGISTER 请求完成用户地址的注册，可以支持鉴权的功能。在 ZXSS10 软交换体系中，SS1A/B 充当着登记服务器和代理服务器的功能。每当用户打开 SIP 终端(如 PC、IP PHONE)时，将向代理服务器/登记服务器发起登记过程，登记过程需要周期性地刷新。登记服务器将把 SIP 终端所登记的信息传送到位置服务器存放。

3. SIP 协议主要消息

SIP 消息基本模式采用 Client/Server 和 HTTP 协议模型，请求和响应构成一个事务，事务之间相互独立，一个完整的呼叫包含多个事务。SIP 消息中可携带任意类型的消息体。

1) SIP 消息支持的基本功能

SIP 消息支持的基本功能包括：

(1) 为 SIP 终端用户提供定位功能：定位方式 SIP URL，类似 E-mail 地址形式。

(2) 进行媒体属性协商封装协议：SDP(会话描述协议，Session Description Protocol)。

(3) 发起会话采用请求消息：INVITE(邀请)。

(4) 改变会话采用请求消息：Re-INVITE(重发邀请，Cseq 增加)。

(5) 结束会话采用请求消息：BYE，CANCEL。

2) SIP 请求消息

SIP 请求消息包括：

(1) INVITE：类似于 No.7 信令里面的 IAM 消息，主叫初始发出的消息，表征主叫方能力，邀请被叫参加某一个会话。

(2) ACK：类似于 3 次握手中的确认消息，当被叫方对主叫方的 INVITE 消息进行最终响应后，主叫方将发送 ACK 消息表征已经收到了被叫方的响应。

(3) BYE：User Agent 用此方法指示释放呼叫，类似于 No.7 信令中的拆线消息。

(4) CANCEL：用于取消一个正在进行的请求，此时并没有收到被叫方的最终响应，与 BYE 相区别。该方法用于取消一个尚未完成的请求，对于已完成的请求则无影响。

(5) REGISTER：客户使用该方法在服务器上登记列于 To 字段中的地址。

(6) OPTIONS：用于询问网络中客户机和服务器的能力，主叫方在发起请求时通过发送 OPTIONS 消息询问代理服务器的能力，也可以询问被叫方客户端的能力。

(7) INFO：用于承载带外信息，如 DTMF 信息。

3) SIP 应答消息

SIP 应答消息包含并扩展了 HTTP/1.1 应答码。并不是所有的 HTTP/1.1 应答码都应当应用，只有在以下指出的才是应当使用的，而此处未提到的其他 HTTP/1.1 应答码不应当使用。SIP 还定义了新的应答码系列：6xx。

(1) 临时应答 1xx。临时应答即消息性质的应答，标志了对方服务器正在处理请求，且还没有决定最后的应答。如果服务器处理请求需要花 200 ms 以上才能产生终结应答时，服务器应当发送一个 1xx 应答。1xx 应答并不是可靠传输，不会导致客户端传送一个 ACK 应答。临时性质的 1xx 应答可以包含消息体及会话描述。

1xx应答包括以下几种：

100 Trying：100 Trying应答表示下一个节点的服务器已经接收到了这个请求并且还没有执行这个请求的特定动作(比如，正在打开数据库的时候)。此应答像其他临时应答一样，会使UAC重新传送INVITE请求。100 Trying应答与其他临时应答不同的是，此应答永远不会被有状态PROXY转发到上行流中。

180 Ringing：UA收到INVITE请求并且试图提示给用户，此应答应当初始化一个本地回铃。

181 Call is Being Forwarded：服务器可以用此应答代码来表示呼叫正在转发到另一个目的地集合。

182 Queued：当呼叫的对方暂时不能接收呼叫时，并且服务器决定将呼叫排队等候，而不是拒绝呼叫时，则应当发出这个应答，当被叫方一旦恢复接收呼叫，该应答会返回合适的终结应答。

183(Session Progress)：183(Session Progress)应答用于提示建立对话的进度信息。Reason - Phrase(表达原因的句子)、头域或者消息体可以用于提示呼叫进度的更新消息的信息。

(2) 成功信息：2xx，表示请求是成功的。2xx应答包括200 OK应答等。

200 OK：请求已经处理成功。

(3) 转发请求：3xx。3xx系列的应答是用于提示用户的新位置信息的，或者为了满足呼叫而转发的额外服务地点。

3xx应答包括以下几种：

300 Multiple Choices：请求可以有多个选择，每个选择都有自己的地址，用户或UA可以选择合适的通信终端，并且转发这个请求到这个地址。此应答包含一个具有每一个地点的在Accept请求头域中允许的资源特性，用户或UA可以选择一个最合适的地址来转发请求。该应答的消息体并未定义MIME类型。

301 Moved Permently：Request - URI指定的地址找到用户的时候，请求的客户端应当使用Contact头域(20.10)所指出的新的地址重新尝试，请求者应当用这个新的值来更新本地的目录、地址本和用户地址Cache，并且在后续请求中，将信息发送到这个/这些列出的地址。

302 Moved Temporarily：当把请求重新发到这个Contact头域所指出的新地址(20.10)，新请求的Request - URI应当用这个应答的Contact头域所指出的值，在应答中的Expires或者Contact头域的Expires参数定义了这个Contact URI的生存周期。UA或者Proxy在这个生存周期内Cache此URI。如果没有严格的有效时间，那么这个地址仅本次有效，且不能在以后的事务中保存。如果Cache的Contact头域的值失败了，那么被转发请求的Request - URI应当再次尝试一次。临时URI可以比超时时间更快地失效，并且可以有一个新的临时URI。

305 Use Proxy：源必须通过Contact头域中指出的Proxy来访问。Contact头域指定了一个Proxy的URI。接收到这个应答的对象应当通过这个Proxy重新发送这个单个请求。305(UseProxy)必须是UAS产生的。

380 Alternative Service：呼叫不成功，但是可以尝试另外的服务。另外的服务在应答的消息体中定义。消息体的格式在此处并没有定义，可能在以后的规范中会定义。

(4) 请求失败：4xx。4xx 应答定义了特定服务器响应的请求失败的情况。客户端不应当在不更改请求的情况下重新尝试同一个请求(例如，增加合适的认证信息)。但同一个请求交给不同服务器也许就会成功。

4xx 应答包括以下几种：

400 Bad Request：请求中的语法错误。Reason - Phrase 应当标志这个详细的语法错误，比如"Missing Call - ID header field"。

401 Unauthorized：请求需要用户认证。这个应答是由 UAS 和注册服务器产生的。

402 Payment Required：保留/以后使用。

403 Forbidden：服务端支持请求，但是拒绝执行请求。增加验证信息是没有必要的，并且请求不应当被重试。

404 Not Found：服务器返回最终信息是用户在 Request - URI 指定的域上不存在。在 Request - URI 的 domain 和接收这个请求的 domain 不匹配的情况下，也会产生这个应答。

405 Method Not Allowed：服务器支持 Request - Line 中的方法，但是对于这个 Request- URI 中的地址来说，是不允许应用这个方法的。应答必须包括一个 Allow 头域，这个头域包含了指定地址允许的方法列表。

407 Proxy Authentication Required：该返回码和 401(Unauthorized)很类似，但是此应答标志了客户端应当首先在 proxy 上通过认证。此返回码用于应用程序访问通信网关(比如，电话网关)，而很少用于被叫方要求认证。当返回码为 407 时，应答由 Proxy 服务器产生。

408 Request Timeout：在一段时间内，服务器不能产生一个终结应答，例如，如果它无法及时决定用户的位置。客户端可以在稍后不更改请求的内容然后重新尝试请求。

410 Gone：请求的资源在本服务器上已经不存在了，并且不知道应当把请求转发到哪里。这个问题将会是永久性的。如果服务器不知道，或者不容易检测到这个资源消失是临时性质的还是永久性质的，那么应当返回一个 404 Not Found。

413 请求实体过大：服务器拒绝处理请求，因为请求的实体超过了服务器希望或者能够处理的大小，服务器应当关闭连接避免客户端重发这个请求。如果这种情况是暂时的，那么服务端应当包含一个 Retry - After 头域来表明这是一个暂时的故障，并且客户端可以过一段时间再次尝试。

414 Request - URI Too Long：服务器拒绝该请求，因为 Request - URI 超过了服务器能够处理的长度。

415 Unsupported Media Type：服务器由于请求的消息体的格式本服务器不支持，所以拒绝处理这个请求。服务器必须根据内容的故障类型，返回一个 Accept，Accpet - Encoding或者 Accept - Language 头域列表。

416 Unsupported URI Scheme：服务器由于不支持 Request - URI 中的 URI 方案而终止处理这个请求。

421 Extension Required：UAS 需要特定的扩展来处理这个请求，但是这个扩展并没有在请求的 Supported 头域中列出。具有此应答码的应答必须包含一个 Require 头域列出所需要的扩展。

423 Interval Too Brief：服务器因为在请求中设置的资源刷新时间(或者有效时间)过短而拒绝请求，此应答可以用于注册服务器来拒绝 Contact 头域有效期过短的注册请求。

480 Temporarily Unavailable：请求成功到达被叫方的终端系统，但是被叫方当前不可用(例如，没有登录或者登录了但是状态是不能通信或者有"请勿打扰"的标记)。应答应当在 Retry－After 中标志一个合适的重发时间。此请求用户也有可能在其他地方是有效的(在本服务器中不知道)。Reason－Phrase(原因短句)应当提示更详细的原因如为什么被叫方暂时不可用，这个值应当可以被 UA 设置。状态码 486 Busy Here 可以用来更精确地表示本请求失败的特定原因。此状态码也可以是转发服务或者 proxy 服务器返回的，因为他们发现 Request－URI 指定的用户存在，但是没有一个给这个用户合适的当前转发的地址。

481 Call/Transaction Does Not Exist ：这个状态表示了 UAS 接收到请求，但是没有和现存的对话或者事务匹配。

482 Loop Detected：服务器检测到了一个循环。

483 Too Many Hops：服务器接收到了一个请求包含的 Max－Forwards(20.22)头域是 0。

484 Address InComplete：服务器接收到了一个请求，但该请求的 Request－URI 是不完整的，在原因短句中应当有附加的信息说明。Address InComplete 状态码可以与拨号交叠，在与拨号交叠过程中，客户端不知道拨号串的长度。客户端发送增加长度的字串，并且提示用户输入更多的字串，直到不再出现 484(Address InComplete)应答为止。

485 Ambiguous：此应答可以在 Contact 头域中包含一个可能的明确的地址列表，该提示列表包括在安全性和隐私性方面对用户或者组织造成的破坏。必须能够由配置决定是否以 404 Not Found 代替这个应答，或者禁止对不明确的地址使用可能的选择列表。

486 Busy Here：如果成功联系到被叫方的终端系统，但是被叫方当前在这个终端系统上不能接听这个电话，那么应答应当回给呼叫方一个更合适的时间在 Retry－After 头域重试。该用户请求也许在其他地方有效，比如电话邮箱系统等。如果没有其他终端系统能够接听这个呼叫，那么应当返回一个状态码 600 Busy Everywhere。

487 Request Terminated：请求被 BYE 或者 CANCEL 所终止。此应答永远不会给 CANCEL 请求本身回复。

488 Not Acceptable Here：比应答和 606 Not Acceptable 有相同的含义，但只应用于 Request－URI 所指出的特定资源不能接受，在其他地方请求可能可以接受。包含了媒体兼容性描述的消息体可以出现在应答中，并且根据 INVITE 请求中的 Accept 头域进行规格化(如果没有 Accept 头域，那么就是 Application/SDP)。此应答与给 OPTIONS 请求的 200 OK 应答的消息体类似。

491 Request Pending：在同一个对话中，UAS 接收到的请求有一个已来到的请求正在处理。

493 Undecipherable：UAS 接收到了一个请求，该请求中包含了一个加密的 MIME，并且不知道或者没有提供合适的解密密钥。此应答可以包含单个包体，若包体包含了合适的公钥，则此公钥用于给这个 UAS 通信中加密包体使用。

(5) 服务器失败：5xx。5xx 应答是当服务器本身故障的时候给出的失败应答。

5xx 应答包括以下几种：

500 Server Internal Error：服务器遇到了未知的情况且不能继续处理请求。客户端可以显示特定的错误情况，并且可以在几秒钟以后重新尝试这个请求。

501 Not Implemented：服务器没有实现相关的请求功能。当 UAS 不认识请求的方法，且对每一个用户都无法支持这个方法时，应当返回该应答(proxy 不考虑请求的方法而转发请求)。

502 Bad Gateway：若服务器作为 gateway 或 proxy 存在，从下行服务器上接收到了一个非法的应答，则应返回此应答。

503 Service Unavailable：由于临时的过载或者服务器管理导致的服务器暂时不可用。服务器可以在应答中增加一个 Retry - After 来让客户端重试这个请求。如果没有 Retry - After 指出，客户端必须就像收到了一个 500 Server Internal Error 应答一样处理。客户端(proxy 或者 UAC)收到 503 Service Unavailable 应当尝试转发这个请求到另外一个服务器处理。并且在 Retry - After 头域中指定的时间内，不应当转发其他请求到这个服务器。作为 503 Service Unavaliable 的替代，服务器可以拒绝连接或者把请求扔掉。

504 Server Time - out：服务器在一个外部服务器上没有收到一个及时的应答。这个外部服务器是本服务器用来访问处理这个请求所需要的。如果从上行服务器上收到的请求中的 Expires 头域超时，那么应当返回一个 408 Request Timeout 错误。

505 Version Not Supported：服务器不支持对应的 SIP 版本。服务器无法处理具有客户端提供的相同主版本号的请求，就会导致此种错误信息。

(6) 全局失败：6xx。6xx 应答意味着服务器给特定用户一个最终的信息，该信息并不只是在 Request - URI 的特定示例有最终信息。6xx 应答包括以下几种。

600 Busy Everywhere：成功联系到被叫方的终端系统，但是被叫方处于忙的状态，并不打算接听电话。此应答可以通过增加一个 Retry - After 头域更明确地告诉呼叫方多久以后可以继续呼叫。如果被叫方不希望提示拒绝的原因，被叫方应当使用 603 Decline 应答。只有当终端系统知道没有其他终端节点(比如语音邮箱系统)能够访问到这个用户的时候才能使用这个应答，否则应当返回一个 486 Busy Here 的应答。

603 Decline：当成功访问到被叫方的设备，但是用户明确地不想应答。此应答可以通过增加一个 Retry - After 头域更明确地告诉呼叫方多久以后可以继续呼叫。只有当终端知道没有其他任何终端设备能够响应这个呼叫的时候才能给出这个应答。

604 Does Not Exists Anywhere：服务器验证了在请求中 Request - URI 的用户信息不存在。

606 Not Acceptable：成功联系到一个 UA，但是会话描述的一些部分比如请求的媒体、带宽或者地址类型不被接收。606 Not Acceptable 应答意味着用户希望通信，但是不能充分支持会话描述。606 Not Acceptable 应答可以在 Warning 头域中包含一个原因列表，用于解释为何会话描述不能被支持。

4. SIP 消息结构

1) 请求消息

(1) SIP 请求消息结构如图 7.6.2 - 3 所示，SIP 请求消息由起始行、消息头和消息体组成。通过换行符区分消息头中的每一条参数行。对于不同的请求消息，有不同的参数可选。

(2) 请求消息参数包括：

① Call - ID：该字段用以唯一标识一个特定的邀请或标识某一客户的所有登记。需要注意的是，一个多媒体会议可能会有多个呼叫，每个呼叫有其自己的 Call - ID。例如，某用户数次邀请某人参加同一历时很长的会议；用户也可能会收到数个参加同一会议或呼叫的邀请，其 Call - ID 各不相同。

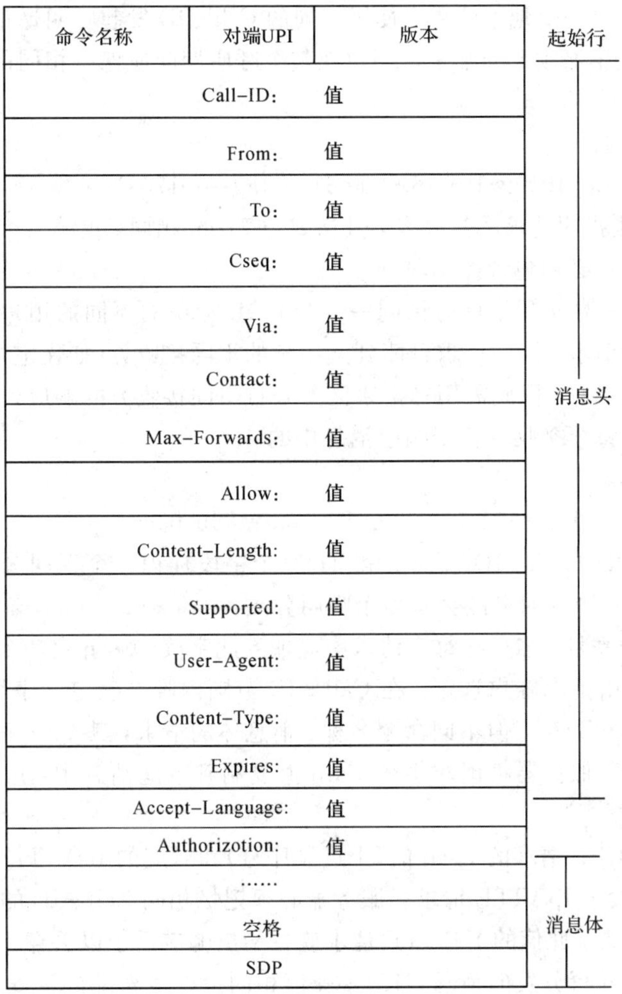

命令名称	对端UPI	版本	起始行
Call-ID: 值			消息头
From: 值			
To: 值			
Cseq: 值			
Via: 值			
Contact: 值			
Max-Forwards: 值			
Allow: 值			
Content-Length: 值			
Supported: 值			
User-Agent: 值			
Content-Type: 值			
Expires: 值			
Accept-Language: 值			
Authorizotion: 值			
……			消息体
空格			
SDP			

图 7.6.2 - 3　SIP 请求消息结构

Call - ID 字段的一般格式为：

　　Call - ID：本地标识@主机

其中，主机应为全局定义域名和全局可选路 IP 地址，此时，本地标识由在"主机"范围内唯一的 URI 字符组成。本地标识必须是全局唯一的值，以保证 Call - ID 的全局唯一性。Call - ID字符需区分大小写。

Call - ID 示例：

　　Call - Id：call - 973636852 - 4@101.169.150.101

其中，101.169.150.101 为主机的 IP 地址，call - 973636852 - 4 为全局唯一的本地标识。

② From：所有请求和响应必须包含此字段，以指示请求的发起者。服务器将此字段从请求消息复制到响应消息。

From 字段的一般格式为：

From：显示名＜SIP - URL＞；tag＝xxxx

其中，显示名为用户界面上显示的字符，如果系统不予显示，应设置显示名为“匿名(Anonymous)”，显示名为任选字段。tag 即标记，为十六进制数字串，中间可带连字符“-”。当两个共享同一 SIP 地址的用户使用相同的 Call - ID 发起呼叫邀请时，就需用此标记予以区分。tag 标记值必须全局唯一。用户在整个呼叫期间应保持相同的 Call - ID 和 tag 标记值。

From 字段示例：

From：＜sip：1000@191.169.200.61＞；tag＝1c17691

③ To：该字段指明请求的接收者，其格式与 From 相同，仅第一个关键词代之以 To。所有请求和响应消息必须包含此字段。

字段中的标记参数可用于区分由同一 SIP URL 标识的不同的用户。由于代理服务器可以并行分发多个请求，同一请求可能到达用户的不同接收方(如住宅电话等)。由于每个接收方都可能实例响应，因此需用标记来区分来自不同接收方的响应。需要注意的是，To 字段中的标记是由每个接收方置于响应消息中的。

To 字段示例：

To：＜sip：1001@191.169.200.61＞；tag＝62beb3ca

注意：在 SIP 中，Call - ID、From 和 To 三个字段标识一个呼叫分支。在代理服务器并行分发请求时，一个呼叫可能会有多个呼叫分支。

④ Cseq：命令序号，客户在每个请求中应加入此字段，Cseq 由命令名称和一个十进制序号组成，该序号由请求客户选定，在 Call - ID 范围内唯一确定。序号初值可为任意值，其后具有相同 Call - ID 值，但不同命令名称、消息体的请求，其 Cseq 序号应加 1。重发请求的序号保持不变。服务器将请求中的 Cseq 值复制到响应消息中，用于将请求和其触发的响应相关联。

ACK 和 CANCEL 请求的 Cseq 值(十进制序号)和对应的 INVITE 请求相同，BYE 请求的 Cseq 序号应大于 INVITE 请求。服务器必须记忆相同 Call - ID 的 INVITE 请求的最高序号，收到序号低于此值的 INVITE 请求应在给出响应后予以丢弃。

由代理服务器并行分发的请求，其 Cseq 值相同。严格来说，Cseq 对于任何可由 BYE 或 CANCEL 请求取消的请求以及客户可连续发送多个具有相同 Call - ID 请求的情况都是需要的，其作用是判定响应和请求的对应关系。

Cseq 字段示例：

Cseq：1 INVITE

⑤ Via：Via 字段用以指示请求历经的路径，可以防止请求消息传送产生环路，并确保响应和请求消息选择同样的路径，以保证通过防火墙或满足其他特定的选路要求。

发起请求的客户必须将自身的主机名或网络地址插入请求的 Via 字段，如果未采用缺省端口号，还需插入端口号。在请求前传过程中，每个代理服务器必须将其自身地址作为一个新的 Via 字段加在已有的 Via 字段之前。如果代理服务器收到一个请求，发现其自身地址位于 Via 头部中，则必须回送响应“检测到环路”。

当请求消息通过网络地址翻译点(如防火墙)时，请求的源地址和端口号可能被改变，此时Via字段就不能成为响应消息选路的依据。为了防止这一点，代理服务器应校验顶端Via字段，如果发现其值和代理服务器检测到的前站地址不符，则应在该Via字段中加入"receive"参数，如此修改后的字段称为"接收方标记Via头部字段"。例如：

Via：SIP/2.0/UDPSS软交换控制设备.bell-telephone.com:5060

Via：SIP/2.0/UDP 10.0.0.1:5060;received=191.169.12.30

由点10.0.0.1发出的请求消息路径外部地址为191.169.12.30的网络地址翻译点后，到达代理服务器SS软交换控制设备.bell-telephone.com。后者注意到前站发送地址和Via字段地址不符，就把实际发送地址作为接收方标记加在顶端Via字段的末尾，然后再将代理自己的地址作为新加的Via字段置于最上面。

若代理服务器向多播地址发送请求，则必须在其Via头部字段中加入"多播地址(maddr)"参数，此参数指明该多播地址。

代理服务器或UAC收到Via头部字段时的处理规则是：第1个Via头部字段应该指示本代理服务器或UAC，如果不是则丢弃该消息，否则删除该Via字段。

如果没有第2个Via头部字段，则该响应已经到达目的地，否则继续做下一步处理；如果第2个Via头部字段包含"MADDR"参数，则按该参数指示的多播地址发送响应，端口号由"发送方"参数指明，如未指明，就使用端口号5060，响应的生存期应置为"生存期(TTL)"参数指定的值，如未指明，则置为1；如果第2个Via字段不包含"MADDR"参数，但有一个接收方标记字段，则应将该响应发往"received"参数指示的地址；如果既无"MADDR"参数又无标记，则按发送方参数指示的地址发送响应。

Via字段的一般格式为：

Via：发送协议发送方；隐藏参数；生存期参数；多播地址参数；接收方标记，分支参数

其中，发送协议的格式为：协议名/协议版本/传送层，协议名和传送层的缺省值分别为SIP和UDP。发送方通常为发送方主机和端口号。隐藏参数就是关键词hidden，如有此参数，表示该字段已由上游代理予以加密，以提供隐私服务。多播地址参数和接收方标记的意义如前所述。生存期参数与多播地址参数配用。分支参数用于代理服务器并行分发请求时标记各个分支，当响应到达时，代理可判定是哪一分支的响应。

Via字段示例：

Via:SIP/2.0/UDP191.169.1.116:5061;ttl=16;maddr=191.169.10.20;branch=z9hG4bkbc427dad6

⑥ Contact：该字段用于INVITE、ACK和REGISTER请求以及成功响应、呼叫进展响应和重定向响应消息，其作用是给出其后和用户直接通信的地址。

INVITE和ACK请求中的Contact字段指示该请求发出的位置，使被叫方可以直接将请求(如BYE请求)发往该地址，而不必借助Via字段经由一系列代理服务器返回。

对INVITE请求的成功响应消息可包含Contact字段，使其后SIP请求(如ACK请求)可直接发往该字段给定的地址。该地址一般是指被叫主机的地址，如果该主机位于防火墙之后，则为代理服务器地址。

对应于INVITE请求的呼叫进展响应消息中包含的Contact字段的含义和成功响应消息相同。但是，CANCEL请求不能直接发往该地址，必须沿原请求发送的路径前传。

REGISTER 请求中的 Contact 字段指明用户可达位置。该请求还定义了通配 Contact 字段“*”，它只能和值为 0 的“失效”字段配用，表示去除某用户的所有登记。Contact 字段也可设定“失效”参数(任选)，给定登记的失效时间。如果没有设定该参数，则用“失效”字段值作为其缺省值。如果两者均无，则认为 SIP URI 的失效时间为 1 小时。

REGISTER 请求的成功响应消息中的 Contact 字段返回该用户当前可达的所有位置。

重定向响应消息，如用户临时迁移、永久迁移、地址模糊等消息中的 Contact 字段给出供重试的其他可选地址，可用于对 BYE、INVITE 和 OPTIONS 请求的响应消息。

Contact 字段的一般格式为：Contact：地址；q 参数；动作参数；失效参数；扩展属性其中，地址的表示形式与 To、From 字段相同。q 参数取值范围为[0,1]，指示给定位置的相对优先级，数值越大，优先级越高。动作参数仅用于 REGISTER 请求，表明希望服务器对其后到达该客户的请求进行代理服务还是重定向服务，如果未含此参数，则执行动作取决于服务器的配置。失效参数指明 URI 的有效时间，可用秒表示，也可用 SIP 日期表示。扩展属性就是扩展名。

Contact 字段示例：

Contact：<Sip:66500002@191.169.1.110:5061>;q=0.7;expires=3600

⑦ Max-Forwards：该字段用于定义一个请求到达其目的地址所允许经过的中转站的最大值。请求每经过一个中转站，该值减 1。如果该值为 0 时该请求还没有到达其目的地址，服务器将回送 483 Too Many Hops 响应并终止这个请求。设置该字段的目的主要是为了出现环路时不会一直消耗代理服务器的资源。该字段的初始值为 70。

Max-Forwards 字段的一般格式为：Max-Forwards：十进制整数

⑧ Allow：该字段给出代理服务器支持的所有请求消息类型列表。

Allow 字段示例：

INVITE，ACK，OPTIONS，CANCEL，BYE

⑨ Content-Length：该字段表示消息体的大小，为十进制值。应用程序使用该字段表示要发送的消息体的大小，而不考虑实体的媒体类型。如果使用基于流的协议(如 TCP 协议)作为传输协议，则必须使用此消息体字段。

消息体的长度不包括用于分离消息头部和消息体的空白行。Content-Length 值必须大于等于 0。如果消息中没有消息体，则 Content-Length 头字段值必须设为 0。

SDP 用于构成请求消息和 2xx 响应消息的消息体。

Content-Length 字段的一般格式为：

Content-Length：十进制值

Content-Length 字段示例：

Content-Length：349

⑩ Supported：SIP 协议中定义的 100 类临时响应消息的传输是不可靠的，即 UAS 发送临时响应后并不能保证 UAC 端能够接收到该消息。

如果需要在该响应消息中携带媒体信息，那么就必须保证该消息能够可靠的传输到对端。100rel 扩展为 100 类响应消息的可靠传输提供了相应的机制。100rel 新增加对临时响应消息的确认请求方法：PRACK。

如果 UAC 支持该扩展，则在发送的消息中增加 Supported:100rel 头域和字段。如果

UAS 支持该扩展，则在发送 100 类响应时增加 Require：100rel 头域和字段。UAC 收到该响应消息后需要向 UAS 发送 PRACK 请求通知 UAS 已收到该临时响应。UAS 向 UAC 发送对 PRACK 的 2xx 响应消息结束对该临时响应的确认过程。

如果某 UA 想要在发送的临时响应消息中携带 SDP 消息体，那么 UAC 和 UAS 都必须支持和使用 100rel 扩展以保证该消息的可靠传输。

Supported 字段示例：

Supported：100rel

⑪ User - Agent：该头字段包含有发起请求的用户终端的信息。显示用户代理的软件版本信息可能会令用户在使用有安全漏洞的软件易受到外界攻击，因此，应该使 User - Agent头字段成为可选配置项。

User - Agent 字段示例：

User - Agent：Softphone Beta1.5

⑫ Content - Type：表示发送的消息体的媒体类型。如果消息体不为空，则必须存在 Content - Type 头字段。如果消息体为空且 Content - Type 头字段存在，则表示此类型的消息体长度为 0（如一个空的声音文件）。

Content - Type 字段示例：

Content - Type：application/sdp

⑬ Expires：该头字段指定了消息(或消息内容)多长时间之后超时。

Expires 字段示例：

Expires：5

⑭ Accept - Language：该头字段用在请求消息中，表示原因短语、会话描述或应答消息中携带的状态应答内容的首选语言类型。如果消息中没有 Accept - Language 头字段，则服务器端认为客户端支持所有语言。

Accept - Language 字段示例：

Accept - Language：en

⑮ Authorization：该字段包含某个终端的鉴权证书。

Authorization 字段的一般格式为：

Authorization：认证方式 USERNAME，REALM，NONCE，RESPONSE，URI，CNONCE，ALGORITHM

其中，认证方式包括 DIGEST、BASIC、CHAP - PASSWORD、CARDDIGEST 等。DIGEST 为 HTTP - DIGEST 认证方式。目前 SS 软交换控制设备只支持 HTTP - DIGEST 方式。以后为了实现 Uniphone 的卡号呼叫还会加入卡号认证的 CARDDIGEST 方式。

USERNAME：被认证的用户的用户名。

REALM：用于标识发起认证过程的域。

NONCE：由发起认证过程的实体产生的加密因子。

RESPONSE：终端在收到服务器的认证请求后根据服务器端产生的 NONCE、用户名、密码、URI 等信息经过一定的算法生成的一个字符串。该字符串中包含了经过加密后的用户密码(在认证过程中处理用户密码之外其他信息都会通过 SIP 消息以明文的方式在终端和服务器端进行传递)。

URI：发起的呼叫请求消息的 Request - URI。由于终端在收到认证请求后需要重新向服务器端发起请求(其中带有认证响应信息)。该请求消息在经过网络服务器时某些字段包括 Request—URI 都有可能被修改。认证头域的 URI 参数用于传递终端发起请求时原始消息的 Request - URI 用于对认证信息进行认证，这样才能保证认证过程的正确性。

CNONCE：如果在服务器端超时后终端才向服务器返回了带有认证响应的新的请求消息，则服务器端需要重新产生 NONCE 重新对用户进行认证。其中 NONCE 中带有新的 NONCE，旧的 NONCE 会通过 CNONCE 参数返回给终端。

ALGORITHM：用于传递生成 RESPONSE 的算法。

Authorization 字段示例：

Authorization：DIGEST USERNAME＝"6540012"，REALM＝"huawei.com"，NONCE＝"20036172231049117992２"，RESPONSE＝"b7c848831dc489f8dc663112b21ad3b6"，URI＝"sip:191.169.150.30"

(3) 请求消息示例。

以下为 SIP 请求消息编码的示例：

INVITE sip:66500002@191.169.1.110 SIP/2.0
From：<sip:44510000@191.169.1.116>;tag＝1ccb6df3
To：<sip:66500002@191.169.1.110>
CSeq：1 INVITE
Call - ID：20973e49f7c52937fc6be224f9e52543@sx3000
Via：SIP/2.0/UDP 191.169.1.116:5061;branch＝z9hG4bkbc427dad6
Contact：<sip:44510000@191.169.1.116:5061>
Supported：100rel,100rel
Max - Forwards:70
Allow:INVITE,ACK,CANCEL,OPTIONS,BYE,REGISTER,PRACK,INFO,UPDATE,SUBSCRIBE,NOTIFY,MESSAGE,REFER
Content - Length:230
Content - Type：application/sdp

v：0
o：HuaweiSS 软交换控制设备 1073741831 1073741831 IN IP4 191.169.1.116
s：Sip Call
c：IN IP4 191.169.1.95
t：0 0
m：audio 30000 RTP/AVP 8 0 4 18
a：rtpmap:8 PCMA/8000
a：rtpmap 0 PCMU/8000
a：rtpmap 4 G723/8000
a：rtpmap 18 G729/8000

说明：第一行：请求起始行。INVITE 请求消息。请求 URI，即被邀用户的当前地址为“sip:66500002@191.169.1.110”。SIP 版本号为 2.0。

第二行：From 字段。指明请求发起方的地址为“<sip:44510000@191.169.1.116>”。

标记为“1ccb6df3”，用于共享同一 SIP 地址的不同用户用相同的 Call-ID 发起呼叫邀请时，对用户进行区分。

第三行：To 字段。指明请求接收方的地址为“<sip:66500002@191.169.1.110>”。

从 From 和 To 字段，可以看出：IP 地址为 191.169.1.116 的 SS 软交换控制设备控制下的终端 44510000 拨打 IP 地址为 191.169.1.110 的 SS 软交换控制设备控制下的 66500002 终端。终端类型可以为 SIP、H.323、IAD/AG 下挂的 ESL 等。

第四行：Cseq 字段。用于将 INVITE 请求和其触发的响应、对应的 ACK、CANCEL 请求相关联。

第五行：Call-ID 字段。该字段唯一标识一个特定的邀请，全局唯一。Call-ID 为“20973e49f7c52937fc6be224f9e52543@sx3000”，sx3000 为发起呼叫的 SS 软交换控制设备的域名，20973e49f7c52937fc6be224f9e52543 为本地标识。

第六行：Via 字段。该字段用于指示该请求历经的路径。“SIP/2.0/UDP”表示发送的协议，协议名为“SIP”，协议版本为 2.0，传输层为 UDP；“191.169.1.116:5061”表示发送方 SS 软交换控制设备 IP 地址为 191.169.1.116，端口号为 5061；“branch = z9hG4bkbc427dad6”为分支参数，SS 软交换控制设备并行分发请求时标记各个分支。

第七行：Contact 字段。指示其后的请求(如 BYE 请求)可以直接发往<sip:44510000@191.169.1.116:5061>，而不必借助 Via 字段。

第八行：100rel 扩展，该字段为 100 类响应消息的可靠传输提供了相应的机制。

第九行：Max-Forwards 字段。表示该请求到达其目的地址所允许经过的中转站的最大值为 70。

第十～十一行：Allow 字段。给出 IP 地址为 191.169.1.116 的 SS 软交换控制设备支持的请求消息类型列表。

第十二行：Content-Length 字段，表示消息长度为 230 个字节。

第十三行：Content-Type 字段，表示消息中携带的消息体是单消息体且为 SDP。

第十四行：空行，表示下面为 SDP 会话描述。

第十五行：SDP 协议版本号，目前为 0 版本。

第十六行：会话拥有者/创建者和会话标识，用于给出会话的发起者(其用户名和用户主机地址)以及会话标识和会话版本号。“HuaweiSS 软交换控制设备”为用户名，用户名是用户在发起主机上的登录名，如果主机不支持用户标识的概念，该字段标记为“-”。第一个“1073741831”为会话标识，会话标识为一数字串，使得多元组(用户名、会话标识、网络类型、地址类型、地址)构成会话的全球唯一的标识符。第二个“1073741831”为版本号，指该会话公告的版本。供代理服务器检测同一会话的若干个公告哪一个是最新的公告。其基本要求是会话数据修改后，其版本号应递增。“IN”指网络类型，为文本串形式，目前规定的“IN”为 Internet。“IP4”指地址类型，为文本串形式，目前已定义的有“IP4”和“IP6”两种。“191.169.1.116”为创建会话的主机的 IP 地址。对于 IP4 地址类型，可以是域名全称或点分十进制 IP4 地址表示形式。对于 IP6 地址类型，可以是域名全称或压缩文本 IP6 地址表示形式。

第十七行：会话名。每个会话描述必须有一个且只有一个会话名。

第十八行：连接数据。网络类型和地址类型目前的定义值仅限于 IN 和 IP4。“191.169.1.95”为 SS 软交换控制设备(IP 地址：191.169.1.116)控制下的终端的 IP 地址(终端类型为 SIP、H.323 电话或 IAD/AG 下挂的 ESL 电话）。

第十九行：时间描述，给出会话激活的时间区段，允许会话周期性发生。“0”表示起始时间。该字段的格式为 t：＜起始时间＞＜终止时间＞。其中起始时间和终止时间值为 NTP(Network Time Protocol)时间值的十进制表示，单位为秒。

第二十行：媒体级描述，该部分给出只适用于该媒体流的信息。“audio”表示媒体类型为音频。目前定义的媒体类型有 5 种：音频、视频、应用、数据和控制。“30000”指明媒体流发往的传送层端口，即终端的 UDP 端口号(终端类型为 SIP、H.323 电话或 IAD/AG 下挂的 ESL 电话)。“RTP/AVP”为传送层协议，其值和“c”行中的地址类型有关，对于 IP4 来说，大多数媒体业务流都在 RTP/UDP 上传送，已定义如下两类协议：RTP/AVP，音频/视频应用文档，在 UDP 上传送；Udp，UDP 协议。“8 0 4 18”对于音频和视频来说，就是 RTP 音频/视频应用文档中定义的媒体静荷类型。表示会话中所有这些格式都可能被用到，但第一个格式是会话的缺省格式。该行总体表示，缺省 A 律 PCM 编码单信道音频信号，其在 RTP 音频/视频应用文档中的静态静荷类型号为 8，该信号发往 UDP 端口 30000。

第二十一～二十四行：rtpmap 属性行，指明从 RTP 静荷类型至编码的映射关系。该行的格式为：a：rtpmap：＜静荷类型＞＜编码名＞/＜时钟速率＞\[/＜编码参数＞\]。其中，＜编码参数＞指的就是音频信道数，对于视频信号尚无编码参数。

2）响应消息

(1) SIP 响应消息结构如图 7.6.2-4 所示，SIP 响应消息由起始行、消息头和消息体组成。通过换行符区分消息头中的每一行参数。对于不同的响应消息，有不同的参数可选。

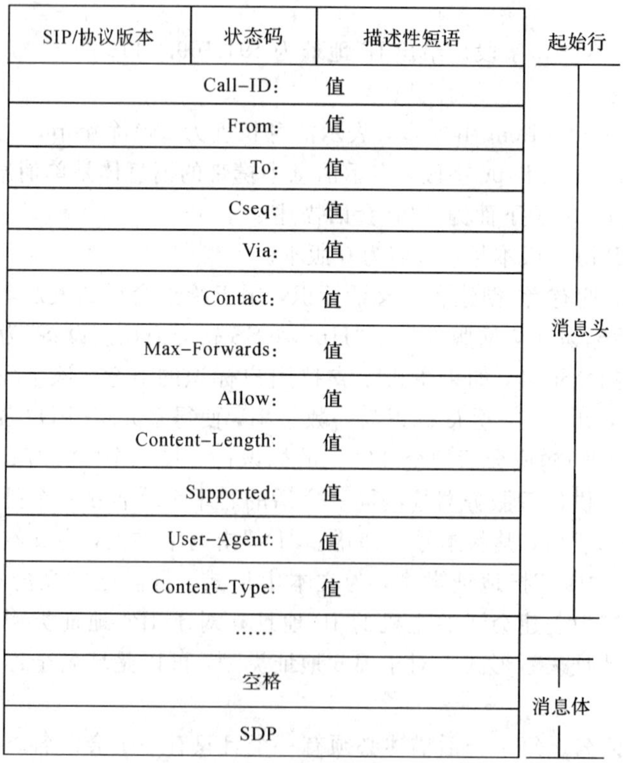

SIP/协议版本	状态码	描述性短语	起始行
Call-ID：值			消息头
From：值			
To：值			
Cseq：值			
Via：值			
Contact：值			
Max-Forwards：值			
Allow：值			
Content-Length：值			
Supported：值			
User-Agent：值			
Content-Type：值			
……			
空格			消息体
SDP			

图 7.6.2-4　SIP 响应消息结构

(2) SIP 响应消息编码的示例如下：

```
SIP/2.0 180 Ringing
From：＜sip：44510000@191.169.1.116＞；tag＝1ccb6df3
To：＜sip：66500002@191.169.1.110＞；tag＝58877b85
Cseq：1 INVITE
Call-ID：20973e49f7c52937fc6be224f9e52543@sx3000
Via：SIP/2.0/UDP 191.169.1.116：5061；branch＝z9hG4bkbc427dad6
Require：100rel
RSeq：1
Contact：＜sip：66500002@191.169.1.110：5061；transport＝udp＞
Content-Length：157
Content-Type：application/sdp

v＝0
o＝HuaweiSS 软交换控制设备 1073741824 1073741824 IN IP4 191.169.1.110
s＝Sip Call
c＝IN IP4 191.169.1.135
t＝0 0
m＝audio 30016 RTP/AVP 8
a＝rtpmap：8 PCMA/8000
```

说明：第一行：SIP 协议，版本号为 2.0。状态码为 180。“Ringing”为注释短语。表示向被叫方发送振铃。

第二行、第三行：请参考“请求消息示例”部分。

第四行：Cseq 字段。用于将 INVITE 请求和其触发的响应、对应的 ACK、CANCEL 请求相关联。该响应消息和上文中的请求消息 Cseq 字段相同，均为“1 INVITE”，表明该响应消息由上文中的请求消息触发。

第五～第十一行：请参考“请求消息示例”部分。

第十二行：空行，表示下面为 SDP 会话描述。

第十三行：SDP 协议版本号，目前为 0 版本。

第十四行：会话拥有者/创建者和会话标识，用于给出会话的发起者(其用户名和用户主机地址)以及会话标识和会话版本号。“HuaweiSS 软交换控制设备”为用户名，用户名是用户在发起主机上的登录名，如果主机不支持用户标识的概念，该字段标记为“-”。第一个“1073741824”为会话标识，会话标识为一数字串，使得多元组(用户名、会话标识、网络类型、地址类型、地址)构成会话的全球唯一的标识符。第二个“1073741824”为版本号，指该会话公告的版本。供代理服务器检测同一会话的若干个公告哪一个是最新的公告。其基本要求是会话数据修改后，其版本号应递增。“IN”指网络类型，为文本串形式，目前规定的“IN”为 Internet。“IP4”指地址类型，为文本串形式，目前已定义的有“IP4”和“IP6”两种。“191.169.1.110”为创建会话的主机的 IP 地址。

第十五行：会话名。每个会话描述必需有一个且只有一个会话名。

第十六行：连接数据。网络类型和地址类型目前的定义值仅限于 IN 和 IP4。“191.

169.1.135”为 SS 软交换控制设备(IP 地址：191.169.1.110)控制下的终端的 IP 地址(终端类型为 SIP、H.323 电话或 IAD/AG 下挂的 ESL 电话)。

第十七行：时间描述，给出会话激活的时间区段，允许会话周期性发生。

第十八行：媒体级描述，该部分给出只适用于该媒体流的信息。“audio”表示媒体类型为音频。“30016”指明媒体流发往的传送层端口，即终端的 UDP 端口号(终端类型为 SIP、H.323 电话或 IAD/AG 下挂的 ESL 电话)。“RTP/AVP”为传送层协议，其值与“c”行中的地址类型有关，对于 IP4 来说，大多数媒体业务流都在 RTP/UDP 上传送，已定义如下两类协议：RTP/AVP，音频/视频应用文档，在 UDP 上传送；Udp，UDP 协议。“8”就是 RTP 音频/视频应用文档中定义的媒体静荷类型。

第十九行：rtpmap 属性行，指明从 RTP 静荷类型至编码的映射关系。RTP 静荷类型“8”对应的编码为 PCMA。

5. 基本消息流程

1) SIP 用户注册流程

用户每次开机时都需要向服务器注册，当 SIP Client 的地址发生改变时也需要重新注册。注册信息必须定期刷新。下面以 SIP Phone 向 SS 软交换控制设备注册的流程为例，说明 SIP 用户的注册流程，SIP 实体和 SIP 服务器之间的注册流程示例如图7.6.2－5所示。

此处示例基于以下约定：

SS 软交换控制设备的 IP 地址为 191.169.150.30；

SIP Phone 的 IP 地址为 191.169.150.251；

SIP Phone 向 SS 软交换控制设备请求登记。

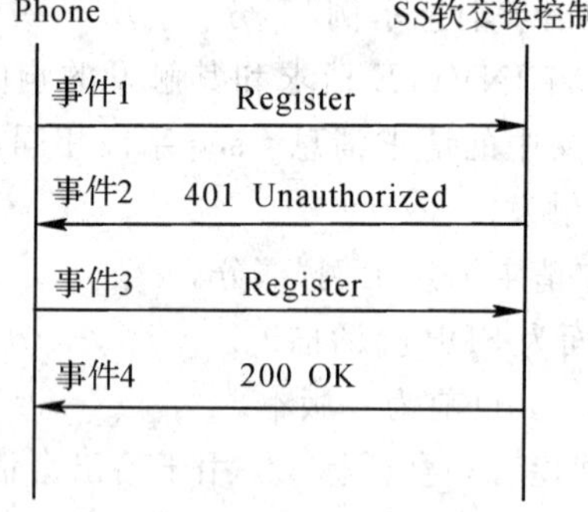

图 7.6.2－5　SIP 实体和 SIP 服务器之间的注册流程示例

(1) 事件 1：SIP Phone 向 SS 软交换控制设备发起注册请求，汇报其已经开机或重启动。下面是 Register 请求消息编码的示例。

REGISTER sip:191.169.150.30 SIP/2.0

From：sip:6540012@191.169.150.30;tag＝16838c16838

To：sip:6540012@191.169.150.30;tag＝946e6f96

Call－Id：1－reg@191.169.150.251

Cseq：2762 REGISTER

Contact：sip:6540012@191.169.150.251

Expires：100

Content - Length：0

Accept - Language：en

Supported：sip - cc，sip - cc - 01，timer

User - Agent：Pingtel/1.2.7 (VxWorks)

Via：SIP/2.0/UDP 191.169.150.251

说明：第一行：请求起始行。REGISTER 请求消息。表示终端向 IP 地址为 191.169.150.30的 SS 软交换控制设备发起登记。SIP 版本号为 2.0。

第二行：From 字段。指明该 REGISTER 请求消息由 SS 软交换控制设备(IP 地址：191.169.150.30)控制的 SIP Phone 发起的。

第三行：To 字段。指明 REGISTER 请求接收方的地址。此时 REGISTER 请求的接收方为 IP 地址为 191.169.150.30 的 SS 软交换控制设备。

第四行：Call - ID 字段。该字段唯一标识一个特定的邀请，全局唯一。Call - ID 为 "1 - reg@191.169.150.251"，191.169.150.251 为发起 REGISTER 请求的 SIP Phone 的 IP 地址，1 - reg 为本地标识。

第五行：Cseq 字段。此时用于将 REGISTER 请求和其触发的响应相关联。

第六行：Contact 字段。在 REGISTER 请求中的 Contact 字段指明用户可达位置。表示 SIP Phone 当前的 IP 地址为"191.169.150.251"，电话号码为"6540012"。

第七行：表示该登记生存期为 100 s。

第八行：表明此请求消息消息体的长度为空，即此消息不带会话描述。

第九行：表示原因短语、会话描述或应答消息中携带的状态应答内容的首选语言为英语。

第十行：表示发送该消息的 UA 实体支持 sip - cc，sip - cc01 以及 timer 扩展协议。timer 表示终端支持 session - timer 扩展协议。

第十一行：发起请求的用户终端的信息。此时为 SIP Phone 的型号和版本。

第十二行：Via 字段。该字段用于指示该请求历经的路径。"SIP/2.0/UDP"表示发送的协议，协议名为"SIP"，协议版本为 2.0，传输层为 UDP；"191.169.150.251"表示该请求消息发送方 SIP 终端 IP 地址为 191.169.150.251。

(2) 事件 2：SS 软交换控制设备返回 401 Unauthorized(无权)响应，表明 SS 软交换控制设备端要求对用户进行认证，并且通过 WWW - Authenticate 字段携带 SS 软交换控制设备支持的认证方式 Digest 和 SS 软交换控制设备域名"huawei.com"，产生本次认证的 NONCE，并且通过该响应消息将这些参数返回给终端从而发起对用户的认证过程。

SIP/2.0 401 Unauthorized

From：<sip:6540012@191.169.150.30>;tag=16838c16838

To：<sip:6540012@191.169.150.30>;tag=946e6f96

CSeq：2762 REGISTER

Call - ID：1 - reg@191.169.150.251

Via：SIP/2.0/UDP 191.169.150.251

WWW - Authenticate：Digest realm="huawei.com",nonce="2003617223104911799 22"

Content－Length：0

（3）事件 3：SIP Phone 重新向 SS 软交换控制设备发起注册请求，携带 Authorization 字段，包括认证方式 DIGEST、SIP Phone 的用户标识（此时为电话号码）、SS 软交换控制设备的域名、NONCE、URI 和 RESPONSE（SIP Phone 收到 401 Unauthorized 响应后根据服务器端返回的信息和用户配置等信息采用特定的算法生成加密的 RESPONSE）字段。下面是 Register 请求消息编码的示例。

REGISTER sip:191.169.150.30 SIP/2.0

From：sip:6540012@191.169.150.30;tag＝16838c16838

To：sip:6540012@191.169.150.30;tag＝946e6f96

Call－Id：1－reg@191.169.150.251

Cseq：2763 REGISTER

Contact：sip:6540012@191.169.150.251

Expires：100

Content－Length：0

Accept－Language：en

Supported：sip－cc，sip－cc－01，timer

User－Agent：Pingtel/1.2.7（VxWorks）

Authorization：DIGEST USERNAME＝"6540012"，REALM＝"huawei.com"，NONCE ＝ " 2003617223104911799 22 "， RESPONSE ＝ " b7c848831dc489f8dc663112b21ad3b6"，URI＝"sip:191.169.150.30"

Via：SIP/2.0/UDP 191.169.150.251

（4）事件 4：SS 软交换控制设备收到 SIP Phone 的注册请求，首先检查 NONCE 的正确性，如果和在 401 Unauthorized 响应中产生的 NONCE 相同则通过，否则直接返回失败。然后，SS 软交换控制设备会根据 NONCE、用户名、密码（服务器端可以根据本地用户信息获取用户的密码）、URI 等采用和终端相同的算法生成 RESPONSE，并且对此 RESPONSE和请求消息中的 RESPONSE 进行比较，如果二者一致则用户认证成功，否则认证失败。此时，SS 软交换控制设备返回 200 OK 响应消息，表明终端认证成功。

SIP/2.0 200 OK

From：<sip:6540012@191.169.150.30>;tag＝16838c16838

To：<sip:6540012@191.169.150.30>;tag＝946e6f96

CSeq：2763 REGISTER

Call－ID：1－reg@191.169.150.251

Via：SIP/2.0/UDP 191.169.150.251

Contact：<sip:6540012@191.169.150.251>;expires＝3600

Content－Length：0

2）*成功的 SIP 用户呼叫流程*

在同一 SS 软交换控制设备控制下的两个 SIP 实体之间的 SIP 呼叫流程示例如图 7.6.2－6所示。

此处示例基于以下约定：

SS软交换控制设备的IP地址为191.169.200.61；

SIP Phone A的IP地址为191.169.150.101；

SIP Phone B的IP地址为191.169.150.100；

SIP Phone A为主叫，SIP Phone B为被叫，主叫先挂机；

SIP Phone A的电话号码为1000，SIP Phone B的电话号码为1001。

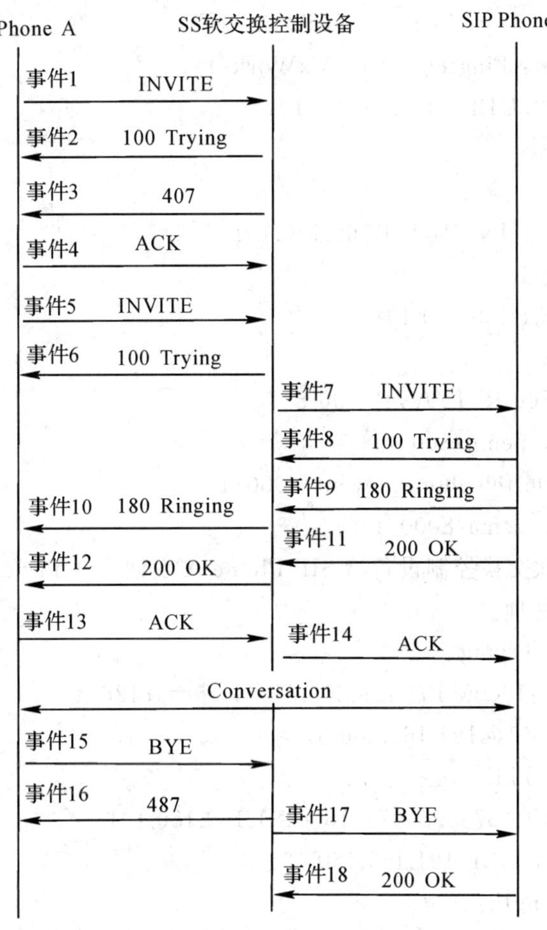

图7.6.2-6　SIP实体之间的SIP呼叫流程示例

(1) 事件1：SIP Phone A发INVITE到SS软交换控制设备，请求SS软交换控制设备邀请SIP Phone B加入会话。SIP Phone A通过INVITE消息的会话描述，将自身的IP地址：191.169.150.101，端口号：8766，静荷类型，静荷类型对应的编码等信息传送给SS软交换控制设备。

INVITE sip:1001@191.169.200.61 SIP/2.0

From：sip:1000@191.169.200.61;tag=1c12674

To：sip:1001@191.169.200.61

Call-Id：call-973598097-16@191.169.150.101

Cseq：1 INVITE

Contact：sip:1000@191.169.150.101

```
Content - Type：application/sdp
Content - Length：203
Accept - Language：en
Allow：INVITE，ACK，CANCEL，BYE，REFER，OPTIONS，NOTIFY，REGISTER，SUBSCRIBE
Supported：sip - cc，sip - cc - 01，timer
User - Agent：Pingtel/1.2.7 (VxWorks)
Via：SIP/2.0/UDP 191.169.150.101

v=0
o=Pingtel 5 5 IN IP4 191.169.150.101
s=phone - call
c=IN IP4 191.169.150.101
t=0 0
m=audio 8766 RTP/AVP 0 96 8
a=rtpmap:0 pcmu/8000/1
a=rtpmap:96 telephone - event/8000/1
a=rtpmap:8 pcma/8000/1
```

（2）事件 2：SS 软交换控制设备给 SIP Phone A 发回 100 Trying 表示已经接收到请求消息，正在对其进行处理。

```
SIP/2.0 100 Trying
From：<sip:1000@191.169.200.61>;tag=1c12674
To：<sip:1001@191.169.200.61>
CSeq：1 INVITE
Call - ID：call - 973598097 - 16@191.169.150.101
Via：SIP/2.0/UDP 191.169.150.101
Content - Length：0
```

（3）事件 3：SS 软交换控制设备给 SIP Phone A 发 407 Proxy Authentication Required 响应，表明 SS 软交换控制设备端要求对用户进行认证，并且通过 Proxy - Authenticate 字段携带 SS 软交换控制设备支持的认证方式 Digest 和 SS 软交换控制设备域名“huawei.com”，产生本次认证的 NONCE，并且通过该响应消息将这些参数返回给终端从而发起对用户的认证过程。

```
SIP/2.0 407 Proxy Authentication Required
From：<sip:1000@191.169.200.61>;tag=1c12674
To：<sip:1001@191.169.200.61>;tag=de40692f
CSeq：1 INVITE
Call - ID：call - 973598097 - 16@191.169.150.101
Via：SIP/2.0/UDP 191.169.150.101
Proxy - Authenticate：Digest realm="huawei.com",nonce="1056131458"
```

Content - Length：0

(4) 事件 4：SIP Phone A 发 ACK 消息给 SS 软交换控制设备，证实已经收到 SS 软交换控制设备对于 INVITE 请求的最终响应。

ACK sip:1001@191.169.200.61 SIP/2.0
Contact：sip:1000@191.169.150.101
From：<sip:1000@191.169.200.61>;tag=1c12674
To：<sip:1001@191.169.200.61>;tag=de40692f
Call - Id：call - 973598097 - 16@191.169.150.101
Cseq：1 ACK
Accept - Language：en
User - Agent：Pingtel/1.2.7 (VxWorks)
Via：SIP/2.0/UDP 191.169.150.101
Content - Length：0

(5) 事件 5：SIP Phone A 重新发 INVITE 请求到 SS 软交换控制设备。携带 Proxy - Authorization 字段，包括认证方式 DIGEST、SIP Phone 的用户标识(此时为电话号码)、SS 软交换控制设备的域名、NONCE、URI 和 RESPONSE(SIP PhoneA 收到 407 响应后根据服务器端返回的信息和用户配置等信息采用特定的算法生成加密的 RESPONSE)字段。

INVITE sip:1001@191.169.200.61 SIP/2.0
From：sip:1000@191.169.200.61;tag=1c12674
To：sip:1001@191.169.200.61
Call - Id：call - 973598097 - 16@191.169.150.101
Cseq：2 INVITE
Contact：sip:1000@191.169.150.101
Content - Type：application/sdp
Content - Length：203
Accept - Language：en
Allow：INVITE，ACK，CANCEL，BYE，REFER，OPTIONS，NOTIFY，REGISTER，SUBSCRIBE
Supported：sip - cc，sip - cc - 01，timer
User - Agent：Pingtel/1.2.7 (VxWorks)
Proxy - Authorization：DIGEST USERNAME="1000"，REALM="huawei.com"，NONCE="1056131458"，RESPONSE="1b5d3b2a5441cd13c1f2e4d6a7d5074d"，URI="sip:1001@191.169.200.61"
Via：SIP/2.0/UDP 191.169.150.101
v=0
o=Pingtel 5 5 IN IP4 191.169.150.101
s=phone - call
c=IN IP4 191.169.150.101

t=0 0
m=audio 8766 RTP/AVP 0 96 8
a=rtpmap:0 pcmu/8000/1
a=rtpmap:96 telephone-event/8000/1
a=rtpmap:8 pcma/8000/1

(6) 事件 6：SS 软交换控制设备给 SIP Phone A 发回 100 Trying 表示已经接收到请求消息，正在对其进行处理。

SIP/2.0 100 Trying
From：＜sip:1000@191.169.200.61＞;tag=1c12674
To：＜sip:1001@191.169.200.61＞
CSeq：2 INVITE
Call-ID：call-973598097-16@191.169.150.101
Via：SIP/2.0/UDP 191.169.150.101
Content-Length：0

(7) 事件 7：SS 软交换控制设备向 SIP Phone B 发 INVITE 消息，请求 SIP Phone B 加入会话。并且通过该 INVITE 请求消息携带 SIP Phone A 的会话描述给 SIP Phone B。

INVITE sip:1001@191.169.150.100 SIP/2.0
From：＜sip:1000@191.169.200.61＞;tag=1fd84419
To：＜sip:1001@191.169.150.100＞
CSeq：1 INVITE
Call-ID：1746ac508a14feaaccb35e4a35ea1768@sx3000
Via：SIP/2.0/UDP 191.169.200.61:5061;branch=z9hG4bK8fd4310b0
Contact：＜sip:1000@191.169.200.61:5061＞
Supported：100rel,100rel
Max-Forwards：70
Allow:INVITE,ACK,CANCEL,OPTIONS,BYE,REGISTER,PRACK,INFO,UPDATE,SUBSCRIBE,NOTIFY,MESSAGE,REFER
Content-Length：183
Content-Type：application/sdp
v=0
o=HuaweiSS 软交换控制设备 1073741833 1073741833 IN IP4 191.169.200.61
s=Sip Call
c=IN IP4 191.169.150.101
t=0 0
m=audio 8766 RTP/AVP 0 8
a=rtpmap:0 PCMU/8000
a=rtpmap:8 PCMA/8000

(8) 事件 8：SIP Phone B 给 SS 软交换控制设备发回 100 Trying 表示已经接收到请求消息，正在对其进行处理。

SIP/2.0 100 Trying
From：<sip:1000@191.169.200.61>;tag=1fd84419
To：<sip:1001@191.169.150.100>;tag=4239
Call-Id：1746ac508a14feaaccb35e4a35ea1768@sx3000
Cseq：1 INVITE
Via：SIP/2.0/UDP 191.169.200.61:5061;branch=z9hG4bK8fd4310b0
Contact：sip:1001@191.169.150.100
User-Agent：Pingtel/1.0.0 (VxWorks)
CONTENT-LENGTH：0

(9) 事件 9：SIP Phone B 振铃，并发回 180 Ringing 响应通知 SS 软交换控制设备。

SIP/2.0 180 Ringing
From：<sip:1000@191.169.200.61>;tag=1fd84419
To：<sip:1001@191.169.150.100>;tag=4239
Call-Id：1746ac508a14feaaccb35e4a35ea1768@sx3000
Cseq：1 INVITE
Via：SIP/2.0/UDP 191.169.200.61:5061;branch=z9hG4bK8fd4310b0
Contact：sip:1001@191.169.150.100
User-Agent：Pingtel/1.0.0 (VxWorks)
CONTENT-LENGTH：0

(10) 事件 10：SS 软交换控制设备发回 180 Ringing 响应给 SIP Phone A，SIP Phone A 听回铃音。

SIP/2.0 180 Ringing
From：<sip:1000@191.169.200.61>;tag=1c12674
To：<sip:1001@191.169.200.61>;tag=e110e016
CSeq：2 INVITE
Call-ID：call-973598097-16@191.169.150.101
Via：SIP/2.0/UDP 191.169.150.101
Contact：<sip:1001@191.169.200.61:5061;transport=udp>
Content-Length：0

(11) 事件 11：SIP Phone B 给 SS 软交换控制设备发回 200 OK 响应表示其发过来的 INVITE 请求已经被成功接受、处理。并且通过该消息将自身的 IP 地址 191.169.150.101，端口号 8766，静荷类型及静荷类型对应的编码等信息传送给 SS 软交换控制设备。

SIP/2.0 200 OK
From：<sip:1000@191.169.200.61>;tag=1fd84419
To：<sip:1001@191.169.150.100>;tag=4239
Call-Id：1746ac508a14feaaccb35e4a35ea1768@sx3000
Cseq：1 INVITE
Content-Type：application/sdp
Content-Length：164

Via：SIP/2.0/UDP 191.169.200.61:5061;branch=z9hG4bK8fd4310b0
Session－Expires：36000
Contact：sip:1001@191.169.150.100
Allow：INVITE，ACK，CANCEL，BYE，REFER，OPTIONS，NOTIFY
User－Agent：Pingtel/1.0.0（VxWorks）
v=0
o=Pingtel 5 5 IN IP4 191.169.150.100
s=phone－call
c=IN IP4 191.169.150.100
t=0 0
m=audio 8766 RTP/AVP 0 8
a=rtpmap:0 pcmu/8000/1
a=rtpmap:8 pcma/8000/1

（12）事件 12：SS 软交换控制设备给 SIP Phone A 发回 200 OK 响应表示其发过来的 INVITE 请求已经被成功接受、处理，并且将 SIP Phone B 的会话描述传送给 SIP Phone A。

SIP/2.0 200 OK
From：<sip:1000@191.169.200.61>;tag=1c12674
To：<sip:1001@191.169.200.61>;tag=e110e016
CSeq：2 INVITE
Call－ID：call－973598097－16@191.169.150.101
Via：SIP/2.0/UDP 191.169.150.101
Contact：<sip:1001@191.169.200.61:5061;transport=udp>
Content－Length：183
Content－Type：application/sdp
v=0
o=HuaweiSS 软交换控制设备 1073741834 1073741834 IN IP4 191.169.200.61
s=Sip Call
c=IN IP4 191.169.150.100
t=0 0
m=audio 8766 RTP/AVP 0 8
a=rtpmap:0 PCMU/8000
a=rtpmap:8 PCMA/8000

（13）事件 13：SIP Phone A 发回 ACK 消息给 SS 软交换控制设备，证实已经收到 SS 软交换控制设备对于 INVITE 请求的最终响应。

ACK sip:1001@191.169.200.61:5061;transport=UDP SIP/2.0
Contact：sip:1000@191.169.150.101
From：<sip:1000@191.169.200.61>;tag=1c12674
To：<sip:1001@191.169.200.61>;tag=e110e016

Call－Id：call－973598097－16@191.169.150.101

Cseq：2 ACK

Accept－Language：en

User－Agent：Pingtel/1.2.7 (VxWorks)

Via：SIP/2.0/UDP 191.169.150.101

Content－Length：0

(14) 事件14：SS软交换控制设备发回ACK消息给SIP Phone B，证实已经收到SIP Phone B对于INVITE请求的最终响应。此时，主被叫双方都知道了对方的会话描述，启动通话。

ACK sip:1001@191.169.150.100 SIP/2.0

From：<sip:1000@191.169.200.61>;tag=1fd84419

To：<sip:1001@191.169.150.100>;tag=4239

CSeq：1 ACK

Call－ID：1746ac508a14feaaccb35e4a35ea1768@sx3000

Via：SIP/2.0/UDP 191.169.200.61:5061;branch=z9hG4bK44cfc1f25

Max－Forwards：70

Content－Length：0

(15) 事件15：SIP Phone A挂机，发回BYE消息给SS软交换控制设备，请求结束本次会话。

BYE sip:1001@191.169.200.61:5061;transport=UDP SIP/2.0

From：sip:1000@191.169.200.61;tag=1c12674

To：sip:1001@191.169.200.61;tag=e110e016

Call－Id：call－973598097－16@191.169.150.101

Cseq：4 BYE

Accept－Language：en

Supported：sip－cc，sip－cc－01，timer

User－Agent：Pingtel/1.2.7 (VxWorks)

Via：SIP/2.0/UDP 191.169.150.101

Content－Length：0

(16) 事件16：SS软交换控制设备给SIP Phone A发回487响应，表明请求终止。

SIP/2.0 487 Request Terminated

From：<sip:1000@191.169.200.61>;tag=1c12674

To：<sip:1001@191.169.200.61>;tag=e110e016

CSeq：4 BYE

Call－ID：call－973598097－16@191.169.150.101

Via：SIP/2.0/UDP 191.169.150.101

Content－Length：0

(17) 事件17：SS软交换控制设备收到SIP Phone A发过来的BYE消息，知道A已挂机，给 SIP Phone B 发送 BYE 请求，请求结束本次会话。

BYE sip:1001@191.169.150.100 SIP/2.0
From：＜sip:1000@191.169.200.61＞;tag=1fd84419
To：＜sip:1001@191.169.150.100＞;tag=4239
CSeq：2 BYE
Call-ID：1746ac508a14feaaccb35e4a35ea1768@sx3000
Via：SIP/2.0/UDP 191.169.200.61:5061;branch=z9hG4bKf5dbf00dd
Max-Forwards：70
Content-Length：0

(18) 事件 18：SIP Phone B 挂机，给 SS 软交换控制设备发回 200 OK 响应，表明已经成功结束会话。

SIP/2.0 200 OK
From：＜sip:1000@191.169.200.61＞;tag=1fd84419
To：＜sip:1001@191.169.150.100＞;tag=4239
Call-Id：1746ac508a14feaaccb35e4a35ea1768@sx3000
Cseq：2 BYE
Via：SIP/2.0/UDP 191.169.200.61:5061;branch=z9hG4bKf5dbf00dd
Contact：sip:1001@191.169.150.100
Allow：INVITE，ACK，CANCEL，BYE，REFER，OPTIONS，NOTIFY
User-Agent：Pingtel/1.0.0 (VxWorks)
CONTENT-LENGTH：0

7.6.3 MGCP 协议

1. 协议体系概述

媒体网关控制协议(MGCP)是一种 VoIP 协议，应用于分开的多媒体网关单元之间。多媒体网关由包含“智能”呼叫控制的呼叫代理和包含媒体功能的媒体网关组成，媒体功能的执行例如由 TDM 语音到 VoIP 的转化。

MGCP 协议制定的主要目的是将网关功能分解成负责媒体流处理的媒体网关(MG)，以及掌控呼叫建立与控制的媒体网关控制器(MGC)两大部分。MGCP 协议与 IP 电话网络无关，只涉及网关分解上的问题。该协议可同时适用于支持 H.323 或 SIP 协议的网络电话系统。

MGCP 基于 UDP 传输，消息编码基于文本，只能采用域名方式注册。

2. 呼叫模型

MGCP 的呼叫模型的两个基本概念是端点和连接，它们用于建立端到端的话音通信。一个或多个连接组合成一个呼叫，呼叫的建立和释放要使用事件和信号。

(1) 端点和连接。MGCP 的端点分为物理端点和虚拟端点。物理端点可以是 PSTN 的中继接口或是网关上的普通电话接口；虚拟端点可以是临时性的信息流。连接可以是点到点连接或多点连接，点到点连接是两个互相发送数据的端点之间的连接，多点连接是多个端点之间的连接。

(2) 事件和信号。事件和信号是 MGCP 的重要概念。软交换可以要求端点检测某些事件如摘机、挂机或拨号号码等，并在事件发生时发出通知；也可以请求将某些信号如拨号音、回铃音、忙音或导通音等加到端点上。

事件和信号组合成包，每个包由某一特定端点支持，例如某个包包含的是模拟接入线需支持的事件和信号，另一个包包含的是中继需支持的事件和信号。

(3) 呼叫和连接。呼叫由建立在端点上的连接组成，例如数字信道端点之间建立呼叫，软交换将为连接的端点建立两个连接，MGCP 的呼叫模型如图 7.6.3-1 所示。

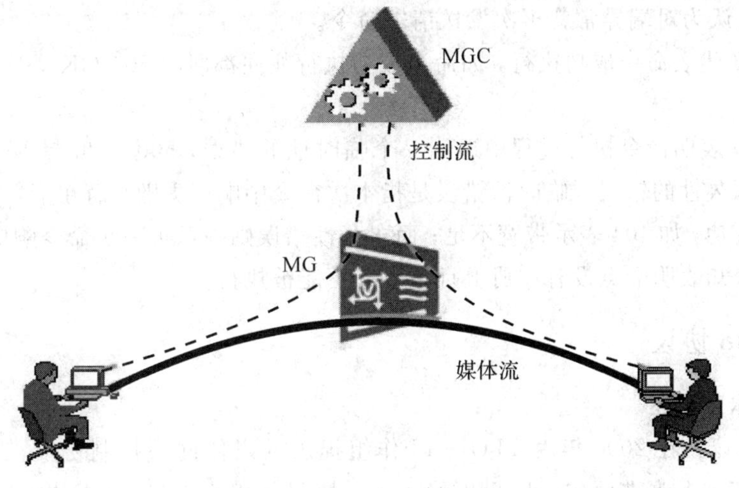

图 7.6.3-1　MGCP 的呼叫模型

3. MGCP 命令

EPCF：E 端点配置命令，由 MGC 向 MG 下发，规定在端点上接受信号的编码，该命令在实际中的应用非常少。

RQNT：通知请求命令，是由 MGC 向 MG 下发，请求网关监测某端点发生的某些事件，一旦事件发生则要求网关通知 MGC。

NTFY：NTFY 命令是由 MG 向 MGC 发起，网关用此命令通知呼叫代理，请求监视的某些事件已经发生，如在呼叫时网关上报摘机事件、上报收到的电话号码等都通过 NTFY 发起。

CRCX，MDCX，DLCX：均为针对连接的操作，分别是创建连接、修改连接和删除连接，均由 MGC 主动发起。

AUEP：审计端点命令，软交换服务器一般通过 AUEP 命令来审计网关上的端点状态。

AUCX：审计连接，呼叫代理通过此命令来获取某端点上某连接的详细信息。当长时间通话时，连接建立的时间非常长，为了防止出现连接资源吊死的情况，MGC 会定期下发 AUCX 来审计连接状态。

RSIP：重启注册消息，这个消息是由 MG 向 MGC 发起通知某端点退出服务或投入服务。MG 重启后，MG 的每一个端点都会向 MGC 发送 RSIP 消息进行注册。对 AMG5000

这样的大型接入网关，存在数百个端口，此时可以使用“aaln/ * ”代表网关上所有的端点向MGC 发起 RSIP 注册，通过这种方式来提高 MGC 的系统处理能力。

从上面这些命令中可以看出大多数命令都是 MGC 向 MG 下发起的，由 MG 主动发起的命令只有 NTFY 和 RSIP。网关通过 NTFY 来通知 MGC 监控的事件已经发生，通过 RSIP 告知 MGC 某些端点退出服务或投入服务。

4. MGCP 协议响应码

100 - 199 代表临时应答，主要用于收到需要执行时间较长的命令后先临时回送一个临时应答消息告诉发送方消息已收到正在处理，可以避免发送方在一定时间内未收到对端的响应消息，误认为对端异常就再次发送请求命令。

200 - 299 代表命令成功执行，如命令成功执行往往都回应 200 OK ，连接正常往往回应 250。

400 - 499 表明命令执行过程中遇到一个临时性的错误，500 - 599 表明命令执行过程中遇到一个永久性的错误。临时性错误是指本次命令中响应失败，而在下一次命令中响应有可能执行成功，如 404 表示带宽不足；而永久性错误则表示再一次命令响应仍然会失败，如 500 端点未知表明端点没有注册上且该事务不能被执行。

7.6.4 H.248 协议

1. 协议体系概述

H.248 协议是在 2000 年由 ITU - TI 作组提出的媒体网关控制协议，它是在早期的 MGCP 协议基础上改进而成。H.248/MeGaCo 协议是用于连接 MGC 与 MG 的网关控制协议，H.248 协议是由 MGC 控制 MG 的协议，也称 MeGaCo。H.248 协议已取代 MGCP，成为 MGC 与 MG 之间的协议标准。

H.248 是一种媒体网关控制协议，是软交换网络中控制层的软交换设备(媒体网管控制器 MGC)和接入层中各种媒体网关(MG)的标准接口协议。

H.248 协议是一种主从协议，在 MGC 与 MG 的交互中，MGC 控制呼叫建立的过程，MG 只是被动的接收 MGC 下发的各种指令，然后完成相应的动作。

H.248 协议消息编码采用二进制(端口号为 2945)或文本方式(端口号为 2944)(由于文本方式具有很强的可读性，目前工程上都采用的是文本方式)。

H.248 协议底层传输机制采用 UDP/TCP/SCTP,也可以基于 ATM 传输(由于 H.248 协议对网络延时和丢包不太敏感，目前工程上都是采用基于 UDP 的方式)。

2. H.248 架构

H.248 网络架构如图 7.6.4 - 1 所示。

软交换设备(MGC)的功能：处理与网守间的 H.225 RAS 消息；处理 No.7 信令(可选)；处理 H.323 信令(可选)。

IAD(MG)的功能：IP 网的终节点接口；电路交换网终节点接口；处理 H.323 信令(在某类分解中)；处理带有 RAS(Registeration Admission Status)功能的电路交换信令(在某类分解中)；处理媒体流。

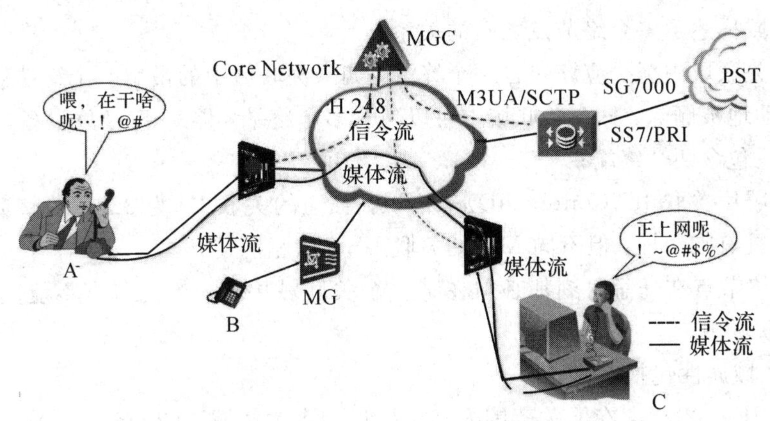

图 7.6.4－1　H.248 网络架构

3. 连接模型的两个概念

H.248/MeGaCo 定义的连接模型包括终端(Termination)和关联域(Context)两部分。关联域和终端是两个实体。一个关联域中至少要包含一个终端，否则此关联域将被删除。同时一个终端在任一时刻也只能属于一个关联域。

1) 终端

(1) 概念：终端是媒体流的源和宿。一个终端可以终结一个或多个媒体流。终端通过终节点 ID 来标识，如 line/1,RTP/000，同一 MG 内的终节点 ID 具有唯一性，但不同 MG 之间可以存在相同的终端 ID。

(2) 终端的分类有：

半永久性终端：物理终端，例如 IAD 上的一个 Z 接口；

临时性终端：表示临时性的信息流，如 RTP 流，使用时被创建，用完后删除；

Root 终端：代表 MG 本身。

(3) 终端的属性包括：

Termination ID：用二进制编码表示，可以有 64 位，文本编码可以达 64 个字符。

属性 Properties：终端本身具有的属性。

事件 Events：终端能够检测事件的发生。如：摘机事件。

信号 Signals：网关产生的各种类型的媒体流。如：各种信号音。

统计 Statistics：用于描述一个 Termination 的统计信息，它可以在一次呼叫完成后向 MGC 上报，或者 MGC 使用命令 AuditValue 查询相关的统计信息，该信息可用来计费。

包 Package：不同类型网关的终端可能具有不同的特性。为了获取网关媒体与网关控制器之间良好的互操作性，将终端的可选属性组合成包，通常终端实现这些包的一个子集。

2) 关联域

(1) 概念：关联域代表一组终端之间的相互关系。

Null Context：空关联域，是 H.248 协议中的一个特殊关联，是永久存在的，代表尚未和其他终端关联的终端，例如，空闲的用户线。

(2) 关联域特点为：

① 关联域描述了多个终节点之间的关系；

② 一个关联域中至少应该包含一个终端，如果关联域中的最后一个终端被删除，则关联域也会自动地被删除，一个关联域中可以包含多个终端，但对于 IAD 设备，通常一个关联域中最多只包含两个终端；

③ 关联域用关联 ID(Context ID)来标识，普通的关联 ID 为 32bit 的整数，同一 MG 内，关联 ID 具有唯一性，但不同 MG 的关联 ID 可以相同；

④ 一个终节点在任意时刻都必须在某一个关联域中；一个终节点不能同时存在于一个以上的关联域中。

(3) 关联域属性包括：

Context ID：32bits，在网关范围内唯一标识一个关联域。Context ID 由 MG 创建，在一个 MG 范围内唯一；

Topology：拓扑，用于描述一个关联域内部终端之间的媒体流向，域终端也存在一个称之为 MODE 的属性，用于描述媒体的流向，但它描述的是相对于关联域外部的流向；

Priority：标识 MG 对关联域处理的优先级先后次序，级别为 0～15 级，其中，“0”为最低优先级，“15”为最高优先级；

Emergency：紧急呼叫标识符，MG 优先处理使用紧急呼叫标识符的呼叫。

4. 事务

MGC 和 MG 之间的一组命令构成事务，事务由 Transaction ID 进行标识。事务包含一个或多个动作，一个动作由一系列局限于一个关联域的命令组成。

事务包括请求和响应两种类型，其中响应事务可分为完成响应事务和正在处理响应事务。

请求事务(Transaction Request)：每个 Transaction Request 请求激发一个事务。一个事务包含一个到多个动作，每个动作包含与同一个关联(Context)相关的一个到多个命令。

完成响应事务(Transaction Replay)：事务接收者对 Transaction Request 的一种响应，表明接收者完成该 Transaction Request 命令执行，对每个事务都应有一个 Reply 响应。

正在处理响应事务(Transaction Pending)：由接收者发送，指示事务正在处理，但仍然没有完成。当命令处理时间较长时，可以防止发送者重发事务请求。

5. 动作(Action)

动作由一系列局限于一个关联内的命令组成。动作与关联(Context)是密切相关的，动作由 Context ID 进行标识。在一个动作内，命令需要顺序执行。

6. 八个命令

八个命名为：

(1) ADD：增加一个 Termination 到一个 Context 中，当 Context ID 为 CHOOSE 关联(或第一次增加一个 Termination)，MG 将创建一个 Context，然后往其中加入 Termination。

(2) MODIFY：修改一个 Termination 的属性、事件和信号参数。如：修改终端的编码类型、通知终端检测摘机/挂机事件、修改终端的拓扑结构(双向/单向/隔离等)。

(3) SUBSTRACT：从一个 Context 中删除一个 Termination，同时返回该 Termination 的统计状态。如果 Context 中只有此 Termination，则删除此 Context。

(4) MOVE：将一个 Termination 从一个 Context 转移到另一个 Context 中。

(5) AUDITVALUE：审计命令，返回 Termination 的当前的 Properties、Events、Signals、Statistics。

(6) AUDITCAPABILITIES：返回 MG 中 Termination 特性的能力集。

(7) NOTIFY：允许 MG 将检测到的事件通知给 MGC。如：MG 将检测到的摘机事件上报给 MGC。

(8) SERVICECHANGE：允许 MG 向 MGC 通知一个或者多个终端将要脱离或者加入业务。MG 向 MGC 进行注册、重启通知。MGC 可以使用 ServiceChange 对 MG 进行重启。MGC 可以使用 ServiceChange 通知 MG 注销一个或一部分 Termination。

7. 事件名和常见的名次包

1) 事件名示例

事件名如表 7.6.4-1 所示。

表 7.6.4-1　事件名

事件名	含　义
al/fl	模拟线包中的拍叉事件
al/of	模拟线包中的摘机事件
al/on	模拟线包中的挂机事件
al/ri	模拟线包中的振铃音信号
cg/bt	呼叫音包中的忙音信号
cg/ct	呼叫音包中的拥塞音信号
cg/cw	呼叫音包中的呼叫等待音信号
cg/dt	呼叫音包中的拨号音信号
cg/rt	呼叫音包中的回铃音信号
dd/ce	DTMF 检测包中的 DigitMap Completion 事件
nt/jit	Network Package 中的抖动缓存最大值，单位为毫秒
tdmc/ec	TDM 电路包中的回声取消特性
tdmc/gain	TDM 电路包中的增益控制特性

2) 包分类列表示例

包分类列表如表 7.6.4-2 所示。

表 7.6.4－2　包分类列表

包 名	中文名	包 ID	含 义
Generic	通用包	G	常见项目里都会用到通用包
Base Root Package	基础根包	root	该包定义了网关范围内的属性
Tone Generator Package	音生成器包	tonegen	该包定义了生成放音的各种信号。基于扩展性的考虑，该包没有指定参数值。放音一般定义为单个的信号，信号包含一个参数 ind、一个放音 ID。参数 ind 表示 interdigit 时延，放音 ID 用于放音。放音 ID 对于任何相同的语音来说都应该与语音生成保持一致。MG 应提供其所在国家支持的各种放音的特性
Basic DTMF Generator Package	基本 DTMF 生成器包	dg	该包将基本的 DTMF 音定义成各种信号，并扩展了 tonegen 中 playtone 的参数 tl 的允许取值
DTMF detection Package	DTMF 检测包	Dd	该包定义了基本的 DTMF 音检测。该包扩展了“start tone detected”、“end tone detected”和“long tone detected”事件中放音 ID 的可能的取值
Call Progress Tones Generator Package	呼叫进展音生成器包	Cg	该包将基本的呼叫进展音定义成各种信号，并扩展了 tonegen 中 playtone 的参数 tl 的允许取值
Call Progress Tones Detection Package	呼叫进展音检测包	Cd	该包定义了基本呼叫进展检测音。该包扩展了“start tone detected”、“end tone detected”和“long tone detected”事件中放音 ID 的可能的取值
Analog Line Supervision Package	模拟线监控包	Al	该包定义了模拟线的各种事件和信号
Tone Detection Package	音检测包	tonedet	该包定义了用于音检测的各种事件。各种音通过其名称(放音 ID)来选择。MG 应提供其所在国家支持的各种放音的特性
Basic Continuity Package	基本导通包	Ct	该包定义了用于导通测试的各种事件和信号。导通测试包括提供环回或收发器功能
Network Package	网络包	Nt	该包定义了与网络类型无关的网络终端的属性

8. H.248 协议呼叫流程及信令分析

H.248 协议呼叫流程由 18 个事件组成，同一 MG 下的两个终端之间的 H.248 协议呼叫流程如图 7.6.4－2 所示。

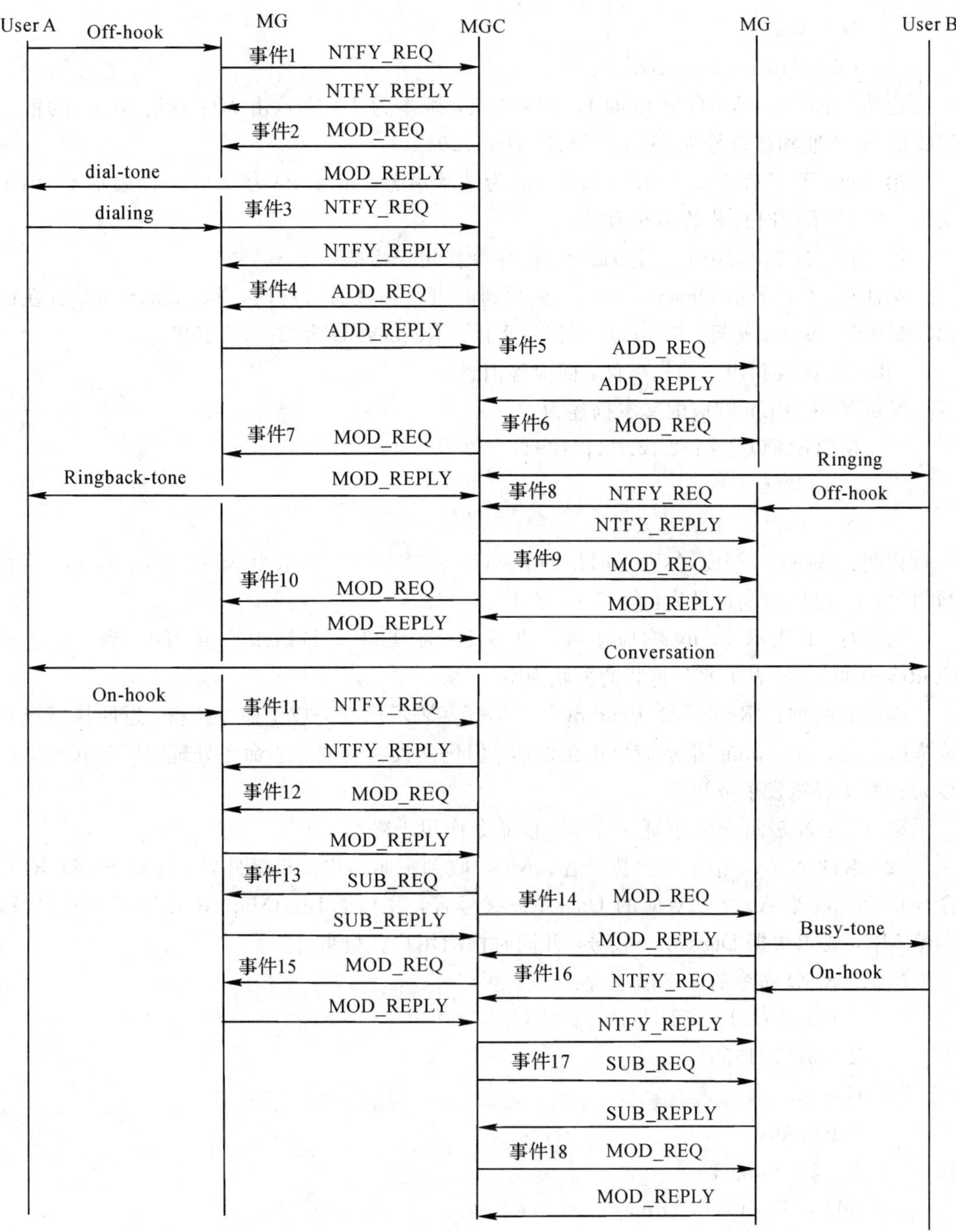

图 7.6.4－2　同一 MG 下的两个终端之间的 H.248 协议呼叫流程

(1) 事件 1：主叫用户摘机。MG 设备检测到终端 A0 对应的主叫用户 UserA 摘机，并通过 NTFY_REQ 命令，把摘机事件通知给 MGC。

NTFY_REQ 命令的文本描述为：

```
MEGACO/1 [172.16.10.70]:2944
T=883{C= - {
```

N＝A0{

OE＝369109250{al/of}}}}

说明：第一行：MEGACO 即 H..248 协议，版本为 1。表示由 MG 发给 MGC 的消息 MG 的 IP 地址和端口号为：\[172.16.10.70\]:2944

第二行：T 表示 Transaction 事务，此为请求事务，事务 ID 为“883”；C 表示 Context 关联，“-”表示此时封装的关联为空。

第三行：N 表示 Notify 通知命令，该命令作用于终端 A0。

第四行：OE 表示 Observe Event 观测到的事件描述符。此时，TerminationA 所在的 MG 观测到 UserA 摘机，向 MGC 汇报该事件。RequestID 为“369109250”。

MGC 确认收到用户摘机事件，回应答消息。

NTFY_REPLY 响应的文本描述为：

MEGACO/1 [172.16.10.1]:2944

P＝883{C＝－{

N＝A0}}

说明：第一行：MEGACO 即 H..248 协议，版本为 1。表示由 MGC 发给 MG 的消息 MGC 的 IP 地址和端口号为：[172.16.10.1]:2944。

第二行：P 表示 Reply 响应事务，事务 ID 为“883”，与请求事务 ID 一致；C 表示 Context关联，“-”表示此时封装的关联为空。

响应有两种：“Reply”和“Pending”。“Reply”表示已经完成了命令执行，返回执行成功或失败信息；“Pending”指示命令正在处理，但仍然没有完成。当命令处理时间较长时，可以防止发送者重发事务请求。

第三行：N 表示 Notify 通知命令，该命令作用于终端 A0。

(2) 事件 2：MG 给主叫放拨号音。MGC 收到主叫用户摘机事件后，通过 MOD_REQ 命令指示 MG 给 A0 终端对应的 UserA 放拨号音，并且把 DigitMap(拨号计划 dmap1)通知给 MG，要求根据 DigitMap 收号，并同时检测用户挂机事件。

MOD_REQ 命令的文本描述为：

MEGACO/1 [172.16.10.1]:2944

T＝372771555{

C＝－{

MF＝A0{

E＝369109251{

dd/ce{DigitMap＝dmap1}，al/＊}，

SG{cg/dt}，

DM＝dmap1{

([2－9]xxxxxx|13xxxxxxxxx|0xxxxxxxxx|9xxxx|1[0124－9]x|E|x.F|[0－9EF].L)}}}}}

说明：第一行：MEGACO 协议的版本为 1，以及消息发送者标识(MID)。

第二行：请求事务 ID 为“372771555”，该事务 ID 用于将该请求事务和其触发的响应事务相关联。

第三行：此时，该事务封装的关联为空。

第四行：MF 表示 Modify 命令，用来修改终端 A0 的特性、事件和信号。

第五行：E 表示 Event 事务描述符，其 RequestID 为"369109251"。通过 RequestID 可以将事件请求命令和事件发生通知 Notify 命令关联。

第六行：MGC 请求 MG 监视终端 A0 发生的以下事件：事件一，根据 Digit Map 规定的拨号计划(dmap1)收号。事件二，请求 MG 检测模拟线包(al)中的所有事件。

第七行：SG 表示 Signal 信号描述符。表示 MGC 请求 MG 给终端 A0 送拨号音(dt：dial tone)。

第八行：DM 表示 Digit Map 数图描述符。MGC 给 MG 下发拨号计划 dmap1。

第九～十行：拨号计划 dmap1。其中，"[2-9]xxxxxx"表示用户可以拨 2～9 中任意一位数字开头的任意 7 位号码；"13xxxxxxxxx"表示 13 开头的任意 11 号码；"0xxxxxxxxx"表示 0 开头的任意 10 位号码；"9xxxx"表示 9 开头的任意 5 位号码；"1[0124-9]x"表示 1 开头，3 以外的十进制数为第二位的任意 3 位号码；"E"表示字母"*"；"F"表示字母"#"；"[0-9EF].L"表示拨以数字 0～9、字母"*"、"#"开头的任意位等长定时器超时之后就会上报。

协议中定义的数字如表 7.6.4-3 所示。

表 7.6.4-3　协议中定义的数字

数字或字符	含　义
0～9	—
A～D	—
X	通配值，表示"0～9"之间的任意数字
T	表示检测到定时器超时，即在匹配完拨号方案后，如果仍然有号码，系统将逐位上报号码
*	表示 DTMF 方式中的"*"
#	表示 DTMF 方式中的"#"
.	表示其前面的数字或字符可以出现任意多个，包括 0 个
|	用于分隔字符串，表示每个字符串为一个可选择的拨号方案
[]	表示在其中的数字或字符串中任选一位

MG 返回 MOD_REPLY 响应 MGC 的 MOD_REQ 命令。

MOD_REPLY 响应的文本描述为：

```
MEGACO/1 [172.16.10.70]:2944
P=372771555{
C=-{
MF=A0}}
```

说明：第一行：MEGACO 协议的版本为 1，以及消息发送者标识(MID)。

第二行：响应事务 ID 为"372771555"，该事务 ID 用于和请求事务相关联。

第三行：此时，该事务封装的关联为空。

第四行：MF 表示 Modify 命令，用来修改终端 A0 的特性、事件和信号。

(3) 事件 3：主叫用户拨号。UserA 拨号，MG 对所拨号码进行收集，并与对应的 DigitMap进行匹配，匹配成功，通过 NTFY_REQ 命令发送给 MGC。

NTFY_REQ 命令的文本描述为：

```
MEGACO/1 [172.16.10.70]:2944
T=884{C= - {
N=A0{
OE=369109251{
20030429T06132700:
dd/ce
{Meth=UM,ds=6540100}}}}}
```

说明：第一行：MEGACO 协议的版本为 1，以及消息发送者标识(MID)。

第二行：请求事务 ID 为 884。此时，该事务封装的关联为空。MGC 的实现方式为主叫拨号之后才建立关联，以免主叫摘机不拨号、所拨的号码不存在等原因引起的资源浪费。

第三行：Notify 命令，该命令作用于终端 A0。

第四行：观测到的事件描述符。RequestID 为"369109251"，与上文 MOD_REQ 命令的 RequestID 相同，表示该通知由此 MOD_REQ 命令触发。

第五行：上报 DigitMap 事件的时间戳。"20030429T06132700"表示 2003 年 4 月 29 日早上 6 时 13 分 27 秒。

第六行：终端 A0 观测到的事件为 DTMF 检测包中的 DigitMap Completion 事件。该事件的两个参数为：DigitMap 结束方式(Meth)和数字串(ds)。

第七行：Meth 为 DigitMap 结束方式。数字串"ds"，此时表示 UserA 所拨的号码为"6540100"。

DigitMap 结束方式(Meth)有三种可能匹配方式，包括：

① "UM"：明确匹配。如果恰好只剩下一个候选拨号序列且完全匹配，就会产生一个"明确匹配"的 DigitMap Completion 事件。

② "PM"：部分匹配。在每一步中，等待下一拨号事件的定时器将采用缺省的定时原则，或者参照一个或多个拨号事件序列中明确规定的定时器。若定时器超时，且不能与候选拨号事件集完全匹配或没有候选拨号事件可以匹配，则报告"定时器超时，部分匹配"。

③ "FM"：完全匹配。若定时器超时，且能与候选拨号事件集中的一个拨号事件完全匹配，则报告"定时器超时，完全匹配"。

MGC 发 NTFY_REPLY 响应确认收到 MG 的 NTFY_REQ 命令。

NTFY_REPLY 响应的文本描述为：

```
MEGACO/1 [172.16.10.1]:2944
P=884{C= - {
N=A0}}
```

说明：第一行：MEGACO 协议的版本为 1，以及消息发送者标识(MID)。

第二行：请求事务 ID 为 884。此时，该事务封装的关联为空。

第三行：Notify 命令，该命令作用于终端 A0。

(4) 事件 4：在主叫用户侧增加新的关联。MGC 在 MG 中创建一个新 context，并在 context 中加入 TDM termination 和 RTP termination。

ADD_REQ 命令的文本描述为：

```
MEGACO/1 [172.16.10.1]:2944
T=369363687{
C=${
A=A0{
M{O{MO=SR,RV=OFF,RG=OFF}},
E=369109253{al/*},
SG{}},
A=${
M{O{MO=IN,RV=OFF,RG=OFF,nt/jit=40},
L{v=0 c=IN IP4 $ m=audio $ RTP/AVP 8}}}}}
```

说明：第一行：MEGACO 协议的版本为 1，以及消息发送者标识(MID)。

第二行：请求事务 ID 为“369363687”。

第三行：“$”表示请求 MG 创建一个新关联。由于目前关联还不确定，所以使用“$”。

第四行：A 表示 ADD 命令，将终端 A0 加入到新增的关联中。

第五行：M 表示 Media 媒体描述符。“O”表示 LocalControl 本地控制描述符。MO 表示 Modify 命令，修改终端 A0 的属性为收发模式(SR)，预留组属性(RG)、预留值属性(RV)均为“OFF”。

第六行：事件描述符。RequestID 为“369109253”，MGC 请求 MG 检测模拟线包中所有事件的发生，例如挂机事件。

第七行：信号描述符。此时信号为空，表示 MGC 要求 MG 停止目前所播放的任何信号。

第八行：ADD 命令，将某个 RTP 终端加入新增关联。其中，新的 RTP 终端为临时终端，由于 RTP 终端的描述符没有确定，所以使用“$”。

第九行：媒体描述符。“O”表示本地控制描述符，MO 表示 Modify 命令，此时修改 RTP 终端模式为去激活(INACTIVE)，预留组属性(RG)、预留值属性(RV)均为“OFF”，“nt/jit=40”表示 Network Package 中的抖动缓存最大值为 40 毫秒。

第十行：L 表示 Local，MGC 建议新的 RTP 终端采用一系列本地描述参数。“v=0”表示 SDP(Session Description Protocol)会话描述协议版本为 0。“c=IN IP4 $”表示 RTP 终端的关联信息，IN 表示关联的网络标识为 Internet，关联地址类型为 IP4，“$”表示目前本地 IP 地址未知。“m=audio $ RTP/AVP 8”表示 MGC 建议新的 RTP 终端的媒体描述，“audio”表示 RTP 终端的媒体类型为音频，“$”表示 RTP 终端的媒体端口号目前未知，“RTP/AVP”为传送层协议，其值和“c”行中的地址类型有关，对于 IP4 来说，大多数媒体业务流都在 RTP/UDP 上传送，已定义如下两类协议：RTP/AVP，音频/视频应用文档，在 UDP 上传送；Udp，UDP 协议。“8”对于音频和视频来说，表示 RTP 音频/视频应用文档中定义的媒体静荷类型，即 MGC 建议 RTP 终端媒体编码格式采用 G.711A。

H.248 协议规定 RTP 静荷类型至编码的映射关系为：

G.711U＝0；G.726＝2；G.723，G.7231＝4；G.711A＝8；G.729，G.729A＝18。

MG 返回 ADD_REPLY 响应，分配新的连接描述符及新的 RTP 终端描述符。

ADD_REPLY 响应的文本描述为：

```
MEGACO/1 [172.16.10.70]:2944
P=369363687{C=286{
A=A0,A=A100000034{
M{O{MO=IN,RV=OFF,RG=OFF,nt/jit=40},
L{v=0 c=IN IP4 172.16.10.70 m=audio 18300 RTP/AVP 8}}}}}
```

说明：第一行：MEGACO 协议的版本为 1，以及消息发送者标识(MID)。

第二行：响应事务 ID 为“369363687”。“C＝286”表示关联已建立，MG 赋予一个关联 ID“286”来标识这个关联。

第三行：确认物理终端 A0 和临时终端 A100000034 已经加入关联 286。

第四行：媒体描述符。

第五行：根据 MGC 的建议，网关确认 A100000034 终端采用 G.711A 媒体编码格式，设置其 RTP 端口号为 18300，填充本地 IP 地址 172.16.10.70。

(5) 事件 5：在被叫用户侧增加新的关联。MGC 进行被叫号码分析后，确定被叫 UserB 与 MG 的物理终端 A1 相连。因此，MGC 使用 ADD_REQ 请求 MG 把物理终端 A1 和某个 RTP 终端加入到一个新的关联中。MG 返回 ADD_REPLY 响应，分配新的连接描述符为 287，新的 RTP 终端描述符为 A100000035。MG 根据 MGC 的建议，决定 MG 的 A100000035 终端采用 G.711A 编解码方式，设置其 RTP 端口号为 18296，填充本地 IP 地址 172.16.10.70，同时设置 A100000035 终端为去激活(Inactive)模式。

ADD_REQ 命令的文本描述为：

```
MEGACO/1 [172.16.10.1]:2944
T=369363688{
C= ${
A=A1{
M{O{MO=SR,RV=OFF,RG=OFF}},
E=369108998{al/*},
SG{}},
A= ${
M={O{MO=IN,RV=OFF,RG=OFF,nt/jit=40},
L{v=0 c=IN IP4 $ m=audio $ RTP/AVP 8}}}}}
```

各个参数的详细解释可参考事件 4。

ADD_REPLY 响应的文本描述为：

```
MEGACO/1 [172.16.10.70]:2944
P=369363688{C=287{
A=A1,A=A100000035{
```

M{O{MO=IN,RV=OFF,RG=OFF,nt/jit=40},

L{v=0 c=IN IP4 172.16.10.70 m=audio 18296 RTP/AVP 8}}}}}

各个参数的详细解释可参考事件4。

(6) 事件6：MG给被叫用户放振铃音。MGC发送MOD_REQ命令给终端A1，修改终端A1的属性并请求MG给UserB放振铃音。

MOD_REQ命令的文本描述为：

```
MEGACO/1 [172.16.10.1]:2944
T=372771561{C=287{
MF=A1{
E=369108999{al/*},
SG{al/ri}}}}
```

说明：第一行：MEGACO协议的版本为1，以及消息发送者标识(MID)。

第二行：请求事务ID为"372771561"。"C=287"表示关联已建立，MG赋予一个关联ID"287"来标识这个关联。

第三行：MF表示Modify命令，该命令作用于终端A1。

第四行：事件描述符。RequestID为"369108999"，MGC请求MG检测模拟线包中所有事件的发生，例如挂机事件。

第五行：信号描述符。ri即ring,此时MGC要求MG给被叫UserB放振铃音。

MG返回MOD_REPLY响应进行确认。

MOD_REPLY响应的文本描述为：

```
MEGACO/1[172.16.10.70]:2944
P=372771561{C=287{MF=A1}}
```

说明：第一行：MEGACO协议的版本为1，以及消息发送者标识(MID)。

第二行：响应事务ID为"372771561"，与请求事务ID一致。

(7) 事件7：MG给主叫用户放回铃音。MGC发送MOD_REQ命令给终端A0，修改终端A0的属性并请求MG给UserA放回铃音。

MOD_REQ命令的文本描述为：

```
MEGACO/1 [172.16.10.1]:2944
T=372771562{C=286{
MF=A0{
E=369109256{al/*},
SG{cg/rt}}}}
```

说明：第一行：MEGACO协议的版本为1，以及消息发送者标识(MID)。

第二行：请求事务ID为"372771562"。"C=286"表示关联ID为286。

第三行：MF表示Modify命令，该命令作用于终端A0。

第四行：事件描述符。RequestID为"369109256"，MGC请求MG检测模拟线包中所有事件的发生，例如挂机事件。

第五行：信号描述符。rt即ringback tone,此时MGC要求MG给被叫UserA放回铃音。

MG返回MOD_REPLY响应进行确认。MOD_REPLY响应的文本描述：

MEGACO/1 [172.16.10.70]:2944

P=372771562{C=286{MF=A0}}

各个参数的详细解释可参考事件6。

(8) 事件8：被叫用户摘机。被叫UserB摘机，MG把摘机事件通过NTFY_REQ命令通知MGC。

NTFY_REQ命令的文本描述为：

MEGACO/1 [172.16.10.70]:2944

T=885{C=287{

N=A1{

OE=369108999{al/of}}}}

说明：第一行：MEGACO协议的版本为1，以及消息发送者标识(MID)。

第二行：请求事务ID为"885"。"C=287"表示关联ID为287。

第三行：N表示Notify命令，该命令作用于终端A1。

第四行：OE表示Observe Event观测事件。MG观测到UserB摘机(of：off-hook)，向MGC汇报该事件，事件ID为"369108999"。

MGC返回NTFY_REPLY响应进行确认。

NTFY_REPLY响应的文本描述为：

MEGACO/1 [172.16.10.1]:2944

P=885{C=287{N=A1}}

各个参数的详细解释可参考事件6。

(9) 事件9：MG给被叫停放振铃音。MGC把与终端A0关联的RTP终端A100000034的连接描述通过MOD_REQ命令送给与终端A1关联的RTP终端A100000035。并且修改RTP终端A100000035的模式为收/发。

MOD_REQ命令的文本描述为：

MEGACO/1 [172.16.10.1]:2944

T=370281195{C=287{

MF=A1{M{O{MO=SR,RV=OFF,RG=OFF,tdmc/ec=ON}},

E=369109001{al/*},

SG{}},

MF=A100000035{M{O{MO=SR,RV=OFF,RG=OFF},

L{v=0 c=IN IP4 - m=audio - RTP/AVP 8},

R{v=0 c=IN IP4 172.16.10.70 m=audio 18300 RTP/AVP 8}}}}}

说明：第一行：MEGACO协议的版本为1，以及消息发送者标识(MID)。

第二行：请求事务ID为"370281195"，关联ID为"287"，即MGC和Termination2建立的关联。

第三行：Modify命令，修改终端A1的属性。"M"表示媒体描述符，"O"表示Local-Control描述符，"MO=SR"表示MGC修改终端A1的模式为收/发，"RV=OFF，RG=OFF"表示预留组属性、预留值属性均为"OFF"，"tdmc/ec=ON"表示MGC建议MG

TDM 电路包中的回声取消特性为“ON”。

第四行：MGC 请求 MG 检测终端 A1 发生的事件，例如挂机等。

第五行：信号描述符。此时信号为空，表示 MGC 要求 MG 停止目前所播放的任何信号。

第六行：Modify 命令，修改 RTP 终端 A100000035 的属性。“M”表示媒体描述符，“O”表示 LocalControl 描述符，“MO＝SR”表示 MGC 修改 RTP 终端 A100000035 的模式为收/发，“RV＝OFF,RG＝OFF”表示预留组属性、预留值属性均为“OFF”。

第七行：Local 描述符，包含本端 RTP(与终端 A1 关联)终端 A100000035 的连接描述。

第八行：Remote 描述符，包含远端 RTP(与终端 A0 关联的)终端 A100000034 的连接描述。

MG 返回 MOD_REPLY 响应进行确认。

MOD_REPLY 响应的文本描述为：

```
MEGACO/1 [191.165.15.122]:2944
P=370281195{C=287{
MF=A1,MF=A100000035{
M{L{v=0 c=IN IP4 172.16.10.70 m=audio 18296 RTP/AVP 8}}}}}
```

各个参数的详细解释可参考事件 4。

(10) 事件 10：MG 给主叫停放回铃音。MGC 把与终端 A1 关联的 RTP 终端 A100000035 的连接描述通过 MOD_REQ 命令送给与终端 A0 关联的 RTP 终端 A100000034。并且修改 RTP 终端 A100000034 的模式为收/发。

MOD_REQ 命令的文本描述为：

```
MEGACO/1 [172.16.10.1]:2944
T=370281196{C=286{
MF=A0{M{O{MO=SR,RV=OFF,RG=OFF,tdmc/ec=ON}},
E=369109258{al/*},
SG{}},
MF=A100000034{M{O{MO=SR,RV=OFF,RG=OFF},
L{v=0 c=IN IP4 - m=audio - RTP/AVP 8},
R{v=0 c=IN IP4 172.16.10.70 m=audio 18296 RTP/AVP 8}}}}}
```

各个参数的详细解释可参考事件 9。

MG 返回 MOD_REPLY 响应进行确认。此后终端 A0 和终端 A1 都知道了本端和对端的连接信息，具备通话条件，开始通话。

MOD_REPLY 响应的文本描述为：

```
MEGACO/1 [191.165.15.122]:2944
P=370281196{C=286{
MF=A0,MF=A100000034{
M{L{v=0 c=IN IP4 172.16.10.70 m=audio 18300 RTP/AVP 8}}}}}
```

(11) 事件 11：主叫用户挂机。MG 检测到主叫用户 UserA 挂机后发送 NTFY_REQ 命令通知 MGC。

NTFY_REQ 命令的文本描述为：

MEGACO/1 [172.16.10.70]:2944

T=886{C=286{

N=A0{OE=369109258{al/on}}}}

说明：第一行：MEGACO 协议的版本为 1，以及消息发送者标识(MID)。

第二行：请求事务 ID 为“886”。“C=286”表示关联 ID 为 286。

第三行：当 MG 观测到 UserA 挂机后(on：On-hook)，通过 Notify 命令向 MGC 汇报该事件，事件 ID 为“369109258”。

MGC 发送 NTFY_REPLY 确认已收到通知命令。

NTFY_REPLY 响应的文本描述为：

MEGACO/1 [172.16.10.1]:2944

P=886{N=A0}}

(12) 事件 12：MGC 请求 MG 监测用户是否有摘机事件。当 MGC 收到 UserA 的挂机事件，MGC 给 MG 发送 MOD_REQ 命令修改终端 A0 属性，请求 MG 进一步检测终端 A0 发生的事件，如摘机事件等，并且修改 RTP 终端 A100000034 的模式为去激活。

MOD_REQ 命令的文本描述为：

MEGACO/1 [172.16.10.1]:2944

T=370281199{C=286{

MF=A0{E=369109259{al/ * },SG{}},

MF=A100000034{M{O{MO=IN,RV=OFF,RG=OFF}}}}}

说明：第一行：MEGACO 协议的版本为 1，以及消息发送者标识(MID)。

第二行：请求事务 ID 为“370281199”，关联 ID 为“286”，即 MGC 和 Termination1 建立的关联。

第三行：Modify 命令，修改终端 A0 的属性。并检测终端 A0 模拟线路上所有事件，此时停放任何信号音。

第四行：Modify 命令，修改终端 A100000034 的属性。“M”表示媒体描述符，“O”表示 LocalControl 描述符，“MO=SR”表示 MGC 修改终端 A100000034 的模式为去激活(IN：Inactive)，“RV=OFF,RG=OFF”表示预留组属性、预留值属性均为“OFF”。

MG 发送 MOD_REPLY 响应确认已接收 MOD_REQ 命令并执行。

MOD_REPLY 响应的文本描述为：

MEGACO/1 [172.16.10.70]:2944

P=370281199{C=286{MF=A0,MF=A100000034}}

(13) 事件 13：MG 给主叫用户拆线。MGC 收到 UserA 的挂机事件后，将向 MG 发送 SUB_REQ 命令，把关联 286 中的所有的半永久型终端和临时的 RTP 终端删除，从而删除关联，拆除呼叫。

SUB_REQ 命令的文本描述为：

MEGACO/1 [172.16.10.1]:2944

T=372509424{C=286{O-S= * }}

说明：第一行：MEGACO 协议的版本为 1，以及消息发送者标识(MID)。

第二行：请求事务 ID 为“372509424”，关联 ID 为“286”。“O-S= * ”中“O”表示

Optional，“S”表示 Subtract，“ * ”表示 ALL。由此，“O - S= * ”表示删除 286 context 中的所有终端。

MG 返回 SUB_REPLY 响应确认已接收 SUB_REQ 命令。

SUB_REPLY 响应的文本描述为：

MEGACO/1 [172.16.10.70]:2944

P=372509424{C=286{

S=A0,S=A100000034}}

(14) 事件 14：MG 给被叫放忙音，并监测被叫是否有挂机事件。MGC 给 MG 发 MOD_REQ 命令修改终端 A1 的属性，请求 MG 监测终端 A1 发生的事件，如挂机等，并且请求 MG 给终端 A1 送忙音。

MOD_REQ 命令的文本描述为：

MEGACO/1 [172.16.10.1]:2944

T=372771569{C=287{

MF=A1{E=369109004{al/ * },SG{cg/bt}}}}

说明：第一行：MEGACO 协议的版本为 1，以及消息发送者标识(MID)。

第二行：请求事务 ID 为“372771569”，关联 ID 为“287”，即 MGC 和 Termination2 建立的关联。

第三行：Modify 命令，修改终端 A1 的属性。并检测终端 A1 模拟线路上所有事件，例如挂机事件。并给终端 A1 放忙音(bt ：busy tone)。

MG 返回 MOD_REPLY 响应确认收到 MOD_REQ 命令。

MOD_REPLY 响应的文本描述为：

MEGACO/1 [172.16.10.70]:2944

P=372771569{C=287{MF=A1}}

(15) 事件 15：MGC 请求 MG 监测主叫用户是否有摘机事件。终端 A0、RTP 终端、MGC 之间的关联和呼叫拆除之后。MGC 向 MG 发送 MOD_REQ 命令，请求 MG 监测终端 A0 发生的事件，如摘机事件等。

MOD_REQ 命令的文本描述为：

MEGACO/1 [172.16.10.1]:2944

T=372771570{C= - {

MF=A0{E=369109261{al/ * },SG{}}}}

说明：第一行：MEGACO 协议的版本为 1，以及消息发送者标识(MID)。

第二行：请求事务 ID 为“372771570”，关联 ID 为空。

第三行：Modify 命令，修改终端 A0 的属性。并检测终端 A0 模拟线路上所有事件，例如挂机事件，并停放任何信号音。

MG 返回 MOD_REPLY 响应确认已接收 MOD_REQ 命令，此时关联为空。

MOD_REPLY 响应的文本描述为：

MEGACO/1 [172.16.10.70]:2944

P=372771570{C= - {MF=A0}}

(16) 事件 16：被叫用户挂机。MG 监测到被叫用户 UserB 挂机事件，并发送 NTFY_

REQ 命令通知 MGC。

NTFY_REQ 命令的文本描述为：

MEGACO/1 [172.16.10.70]:2944

T=887{C=287{

N=A1{OE=369109004{al/on}}}}

说明：第一行：MEGACO 协议的版本为 1，以及消息发送者标识(MID)。

第二行：请求事务 ID 为“887”，关联 ID 为“287”。

第三行：Notify 命令，向 MGC 上报终端 A1 的挂机事件(on：On－hook)。Request ID 为 369109004，和事件 14 MOD_REQ 命令的 Request ID 相同，表示该 NTFY_REQ 命令由事件 14 的 MOD_REQ 命令触发。

MGC 发 NTFY_REPLY 确认已收到通知命令。

NTFY_REPLY 响应的文本描述为：

MEGACO/1[172.16.10.1]:2944

P=887{C=287{N=A1}}

(17) 事件 17：MG 给被叫用户拆线。MGC 收到 UserB 的挂机事件后，将向 MG 发送 SUB_REQ 命令，把关联 287 中的半永久型终端和临时的 RTP 终端删除，从而删除关联，拆除呼叫。

SUB_REQ 命令的文本描述为：

MEGACO/1 [172.16.10.1]:2944

T=372509427{C=287{O－S=＊}}

说明：第一行：MEGACO 协议的版本为 1，以及消息发送者标识(MID)。

第二行：请求事务 ID 为“372509427”，关联 ID 为“287”。“O－S=＊”中“O”表示 Optional，“S”表示 Subtract，“＊”表示 ALL。由此，“O－S=＊”表示删除 287 context 中的所有终端。

MG 返回 SUB_REPLY 响应确认已接收 SUB_REQ 命令。

SUB_REPLY 响应的文本描述为：

MEGACO/1 [172.16.10.70]:2944

P=372509427{C=287{

S=A1,S=A100000035}}

(18) 事件 18：MGC 请求 MG 监测被叫用户是否有摘机事件。终端 A1、RTP 终端、MGC 之间的关联和呼叫拆除之后。MGC 向 MG 发送 MOD_REQ 命令，请求 MG 监测终端 A1 发生的事件，如摘机事件等。

MOD_REQ 命令的文本描述为：

MEGACO/1 [172.16.10.1]:2944

T=372771572{C=－{

MF=A1{E=369109006{al/＊},SG{}}}}

说明：第一行：MEGACO 协议的版本为 1，以及消息发送者标识(MID)。

第二行：请求事务 ID 为“372771572”，关联 ID 为空。

第三行：Modify 命令，修改终端 A1 的属性。并检测终端 A1 模拟线路上所有事件，例如摘机事件，并停放任何信号音。

MG 返回 MOD_REPLY 响应确认已接收 MOD_REQ 命令，此时关联为空。

MOD_REPLY 响应的文本描述为：

MEGACO/1 [172.16.10.70]:2944

P=372771572{C= - {MF=A1}}

7.7　语音业务的配置

本节以具体任务的方式介绍语音业务开通及配置方法。该任务完成 SIP 电话之间及完成 H.248 协议电话之间的互通。本任务采用中兴 C220 型 OLT 及 F420 型 ONU 来实现。

7.7.1　C220+F420 网络拓扑

1. 网络拓扑说明

机房采用的设备是中兴公司的 OLT 型号 C220，ONU 采用的是中兴公司的 F460（支持 SIP 协议）和 F420（支持 H.248 协议），1 台 IBX1000 负责存放 SIP 号码 222001 和 222002，ZXSS10 SS1A/B 负责存放 H.248 协议号码 88802 和 88803，话机 4 部。

（1）话机分别接入 ONU 的语音接口，ONU 的上行口通过分光器接入到 OLT 的 1 槽位的 EPFC4 号光纤接口。

（2）将 OLT 上行 EIG 板的 2 号电口接入到交换机的 30 号端口。

（3）将 IBX1000 接入到交换机的 31 号端口。

（4）ZXSS10 SS1A/B 接入到交换机的 32 号端口。

语音业务网络拓扑如图 7.7.1 - 1 所示。

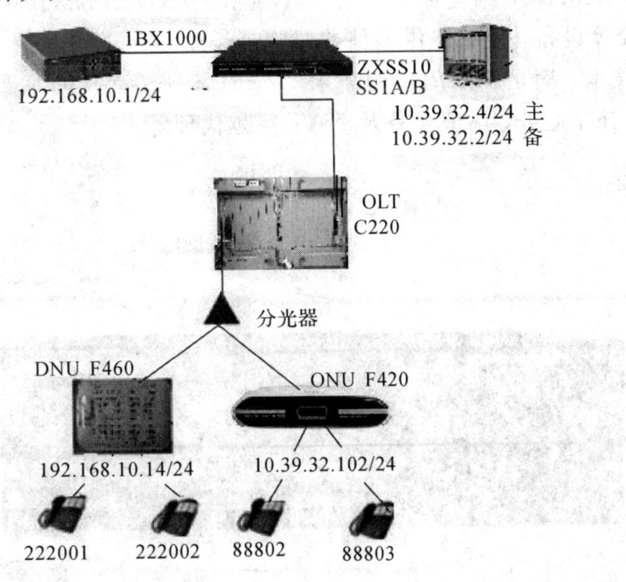

图 7.7.1 - 1　语音业务网络拓扑

2. 网络规划

语音业务具体的网络规划如表 7.7.1 - 1 所示。

表 7.7.7 - 1　网络规划

设备名称	VLAN 号	端口号		IP 地址
OLT	网管 VLAN 80	下行口	epon - olt_0/1/4	10.10.80.102/24
		上行口	gei_0/14/2	
IBX1000	VLAN 300			192.168.10.1/24
ZXSS10 SS1A/B	VLAN 1700	User/00001 User/00002		10.39.32.4/24(主) 10.39.32.2/24(主)
F460		上行光口	epon - olt_0/1/4：12	192.168.10.14/24
		POST1 POST2	话机	
交换机		光口	OLT	
	VLAN 300	接 IBX1000	31	10.39.31.254/24
	VLAN 1700	接 ZXSS10 SS1A/B	32	192.168.10.254/24
F420		上行光口	epon - olt_0/1/4：22	10.39.32.102/24
		POST1 POST2	话机	

7.7.2　设备的配置

1. 配置 SIP 电话号码

1）ZXECS IBX1000 认知与接口认知

(1) ZXECS IBX1000 结构如图 7.7.2 - 1 所示。ZXECS IBX1000 是一款功能齐全的一体化综合业务交换设备，能够提供多种类型的业务接口，并采用 IP - PBX 技术结合行之有效的业务软件技术，满足不同用户的需求。ZXECS IBX1000 的主要功能有：IP - PBX 业务、数据业务、补充业务、增值业务及 NAT 穿越代理等。

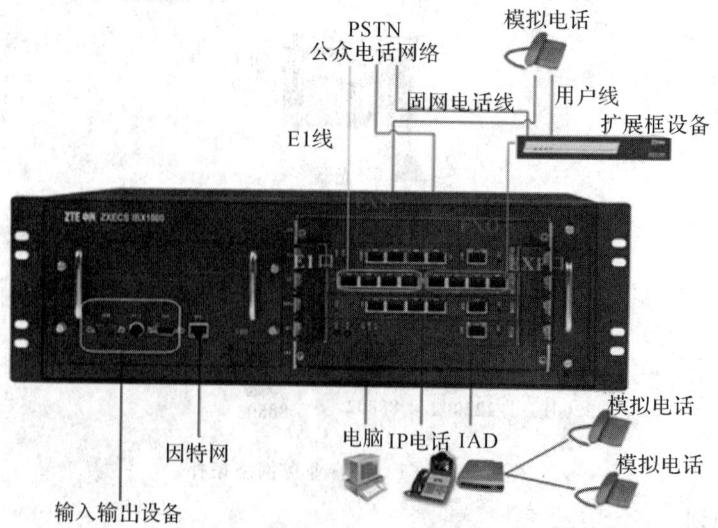

图 7.7.2 - 1　IBX1000 结构

(2) 接口认知。接口代表两个相邻网络实体间的连接点，而协议定义了这些连接点(接口)交换信息需要遵守的规则。不同的接口往往会使用不同的协议，同一个接口也可能使用不同的协议。

在 VoIP 组网中使用的语音接口(物理)基本是延续传统程控交换机的语音接口，其主要的作用也是实现与传统程控交换机的对接，例如与 PSTN 对接、与用户原有 PBX 对接。

① FXS 接口。FXS(Foreign eXchange Station(外部交换站))是大多数人都熟悉的标准模拟电话接口。FXS 接口用于连接到电话、调制解调器、传真机、刷卡 POS 机和模拟 PBX 这样的基本电话设备。FXS 接口还可称为模拟电话口或模拟用户口。

② FXO 接口。FXO(Foreign eXchange Office(外部交换局))是接受模拟线路的接口，是电话或传真机或模拟电话系统上的插口，用来传输挂机/摘机指示(回线闭合)。

FXO 和 FXS 是成对出现的，FXO 和 FXS 之间没有严格意义上的信令，它们之间的控制完全靠模拟信号，就是一些频率，比如中国的国标是：拨号音—450 Hz 的连续音，忙音—450 Hz 0.35 s＜On Time(ms)＞ 0.35＜Off Time(ms)等。

FXO 接口也可称为模拟中继口或模拟环路中继口。

2) 登录设备

把 ISU 的 LAN 口与 MRU 里面一个以太网口连接起来，可以实现 ISU 的网管功能。

在地址栏内输入：http://192.168.10.2/rt-nm，输入地址回车后，如图 7.7.2-2 所示出现登录界面，然后输入用户名密码。

缺省的用户名为：admin

缺省的密码为：123456

MCU 交换机 IP：192.168.10.1　子网掩码：255.255.255.0

业务模块 eth0IP：192.168.10.2　子网掩码：255.255.255.0

缺省 PBX 的 IP：192.168.0.1　子网掩码：255.255.255.0

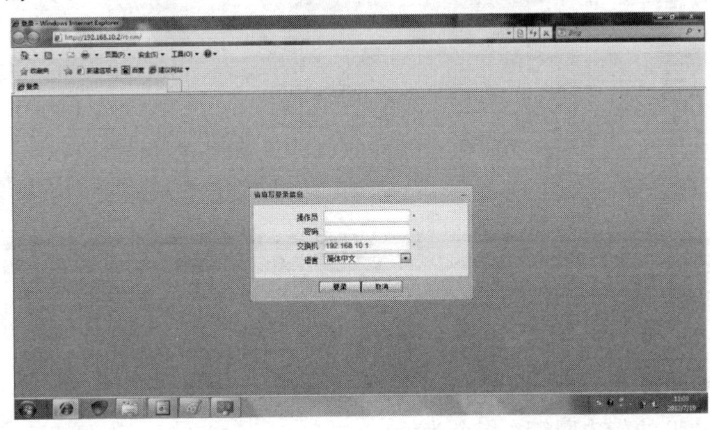

图 7.7.2-2　IBX1000 登录界面

3) 电话号码配置

点击“增加用户”，选择 SIP 用户，域名为 123，密码为 123，电话号码为 222001，选中批量增加，数量设置为 2(放 2 个号码 222001,222002)，步长为 1，加 1 累加产生号码，电话号码配置如图 7.7.2-3 所示。

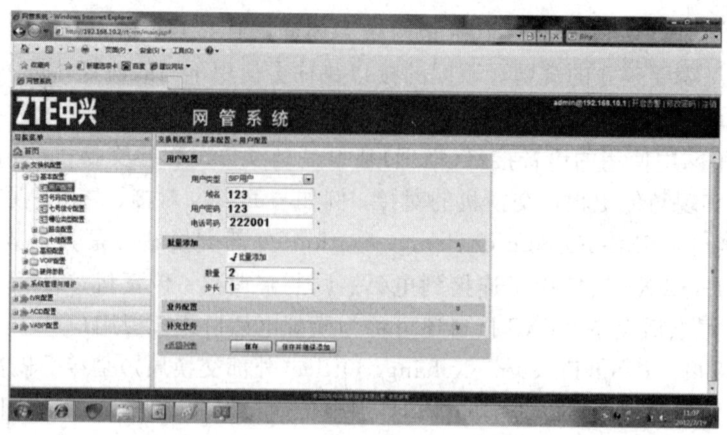

图 7.7.2－3　电话号码配置

4）路由配置

增加号码之后电话仍不能打通，此时还需要配置路由表，此处路由表相当于 IP 网络中的路由，而电话相当于 IP 地址。通过路由表达到查找 IP 地址即电话的目的。根据路由号的概念，设备中可以被分配路由号的模块包括：用户、虚拟用户及中继。设备可以分配的路由号资源是 0～255，其中用户的路由号是 255，虚拟用户的路由号是 128，两者的路由号都是固定的，中继使用的路由号资源为 0～127。路由配置如图 7.7.2－4 所示。

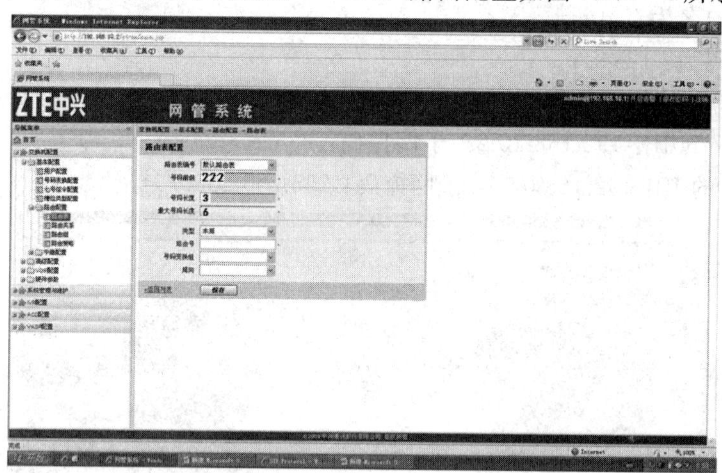

图 7.7.2－4　路由配置

2. OLT 数据配置

（1）配置 OLT 的带内网管，指令为：

```
ZXAN(config)#vlan 80
ZXAN(config)#exit
ZXAN(config)#interface vlan 80
ZXAN(config)#ip add 172.16.80.102 255.255.255.0
```

（2）ONU 的注册，指令为：

```
ZXAN(config)#interface epon-olt_0/1/4
ZXAN (config-if)#onu 12 type ZTE-F420 MAC 98f5.3710.cceb
ZXAN (config-if)#onu 22 type ZTE-F460 MAC98f5.3710.3664
ZXAN (config-if)#exit
ZXAN(config)#interface epon-onu_0/1/4:12
ZXAN (config-if)#authentication enable
ZXAN(config-if)#bandwidth downstream maximum50000
ZXAN(config-if)#bandwidth upstream maximum50000
ZXAN (config-if)#exit
ZXAN(config)#interface epon-onu_0/1/4:22
ZXAN (config-if)#authentication enable
ZXAN(config-if)#bandwidth downstream maximum50000
ZXAN(config-if)#bandwidth upstream maximum50000
ZXAN (config-if)#exit
```

(3) 上行口的配置，指令为：

```
ZXAN(config)#vlan 1700
ZXAN(config-vlan)#exit
ZXAN(config)#vlan 300
ZXAN(config-vlan)#exit
ZXAN(config)#interface gei_0/14/2
ZXAN(config-if)#switchport mode trunk
ZXAN(config-if)#switchport vlan80,1700,300 tag
ZXAN(config-if)#exit
```

(4) 下行PON口的配置，指令为：

```
ZXAN(config)#interface epon-onu_0/1/4:12
ZXAN(config-if)#switchport mode trunk
ZXAN(config-if)#switchport vlan1700,300tag
ZXAN(config-if)#exit
ZXAN(config)#interface epon-onu_0/1/4:22
ZXAN(config-if)#switchport mode trunk
ZXAN(config-if)#switchport vlan1700,300tag
ZXAN(config-if)#exit
```

(5) SIP协议模板配置，步骤包括：

① 进入EPON模式定义语音模板，指令为：

```
ZXAN(config)#epon
```

② 定义语音网关模板：HX代表模板名称，192.168.10.1为网关地址，指令为：

#voip-ip profile hx relation independent mode staticgateway 192.168.10.1 dns 192.168.10.1

③ 定义语音VLAN模板：vlan_300代表模板名称，300代表语音VLAN，优先级为

6，指令为：

voip - vlan profile vlan - 300 tag - mode tag cvlan 300 priority 6

④ 定义软交换地址模板：SIP 代表模板名称，192.168.10.1 代表 IBX1000（软交换地址），SIP 协议端口号为 5060，指令为：

sip - profile sip register - server ip 192.168.10.1 port 5060

⑤ 定义备用软交换地址模板：SIP 代表模板名称，192.168.10.1 代表 IBX1000（软交换地址），SIP 协议端口号为 5060，指令为：

ZXAN(config - epon) # sip - profile SIP proxy - server ip 192.168.10.1 port 5060

⑥ 定义 ONU 心跳模式：可以选择 ON（打开）或 OFF（关闭），ONU 心跳周期：设置为 20 s，ONU 心跳数：根据局方要求建议使用默认的 3 次，指令为：

ZXAN(config - epon) # sip - profile SIP heartbeat enable cycle 20 count 3

⑦ 注册间隔时间：建议使用默认的 3600，指令为：

ZXAN(config - epon) # sip - profile SIP register - interval 3600

⑧ 媒体网关端口号：建议使用默认的 5060，指令为：

ZXAN(config - epon) # sip - profile SIP mg port 5060

ZXAN(config - epon) # exit

(6) H.248 协议模板配置，步骤包括：

① 进入 EPON 模式定义语音模板，指令为：

ZXAN(config) # epon

② 设置模板名为 H.248 的 H.248 协议，主用服务器为 10.39.32.4，端口号为 2944，指令为：

ZXAN(config - epon) # h248 - profile H.248 register - server ip10.39.32.4 port 2944

③ 设置模板名为 H.248 的 H.248 协议，备用服务器为 10.39.32.2，端口号为 2944，指令为：

ZXAN(config - epon) # h248 - profile H.248 backup - register - server ip10.39.32.2 port 2944

④ 设置模板名为 H.248 的媒体网关注册模式为 IP 地址注册（可以选择域名、IP 和设备名），指令为：

ZXAN(config - epon) # h248 - profile H.248 mg register - modeIP port 2944

⑤ 设置模板名为 H.248 的 H.248 协议，心跳模式为 h248ctc、RTP 链路检测标志关闭、心跳周期 30 s、心跳数 3 s，指令为：

ZXAN(config - epon) # h248 - profile H.248 heartbeat - mode h248ctc rtp - link - test disable cycle 30 count 3

3. SIP 协议 ONU(F460)数据配置

步骤一：浏览器地址栏输入 http://192.168.1.1 并回车，输入超级用户账户和密码而不是光电猫底下写的那些账户密码信息，因为它们权限太小。超级账号为 telecomadmin，密码为 nE7jA%5m。

步骤二：点击“网络”进入宽带设置界面，并进行配置数据，如图 7.7.2 - 5 所示。

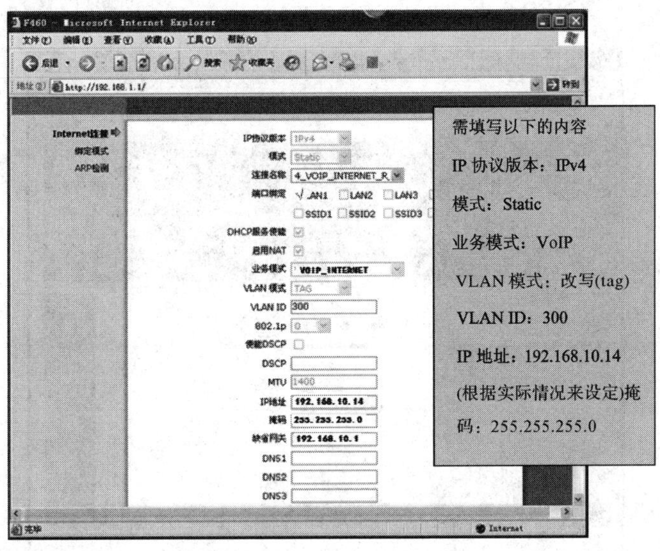

图 7.7.2 - 5　F460 数据配置 1

步骤三：设置代理服务器 IP 为 192.168.10.1/24，SIP 协议端口号为 5060，电话号码 222001 配置在 1 号电话口，电话号码 222002 配置在 1 号电话口，密码为 123，具体配置如图 7.7.2 - 6 所示。

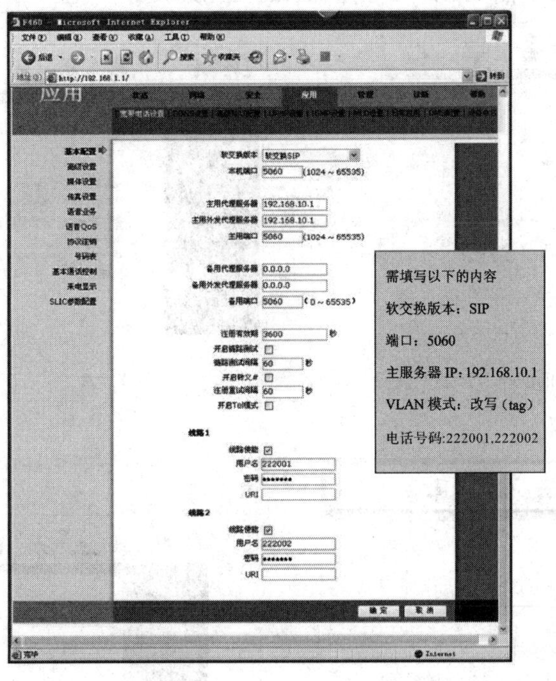

图 7.7.2 - 6　F460 数据配置 2

步骤四：查看 ONU 是否正常注册。点击“状态”菜单下的“宽带语音信息”，线路处于空闲状态，说明已经正常注册，如图 7.7.2 - 7 所示。

图 7.7.2－7　F460 数据配置 3

4. H.248 协议 ONU(F420)数据配置

F420 的配置过程如图 7.7.2－8～图 7.7.2－11 所示。

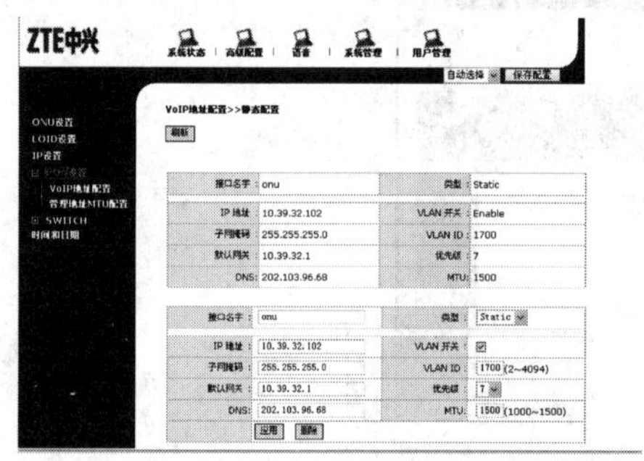

图 7.7.2－8　IP 和语音 VLAN 设置

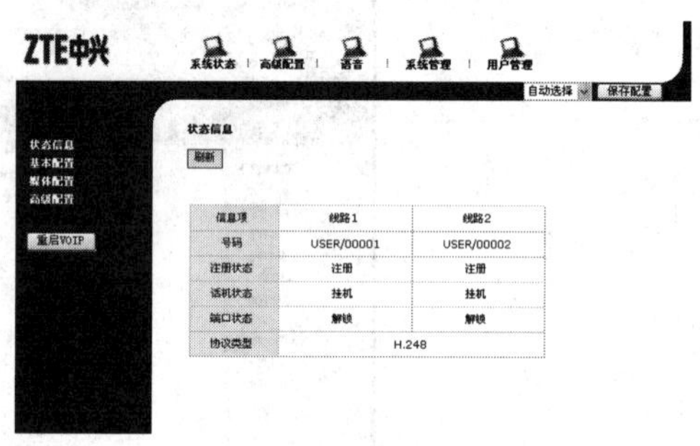

图 7.7.2－9　正常注册

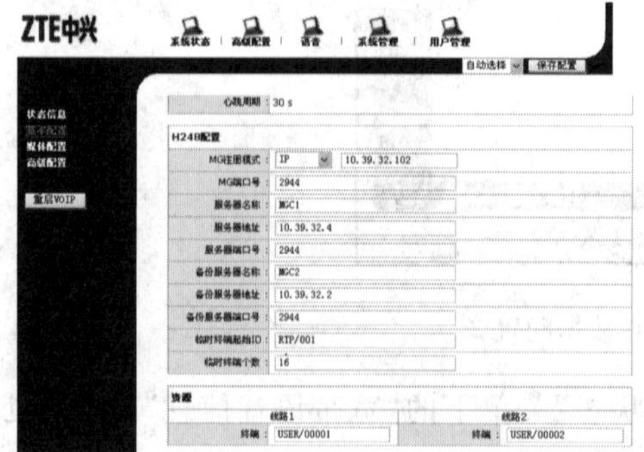

图 7.7.2－10　F420 软交换 IP 和电话号码设置

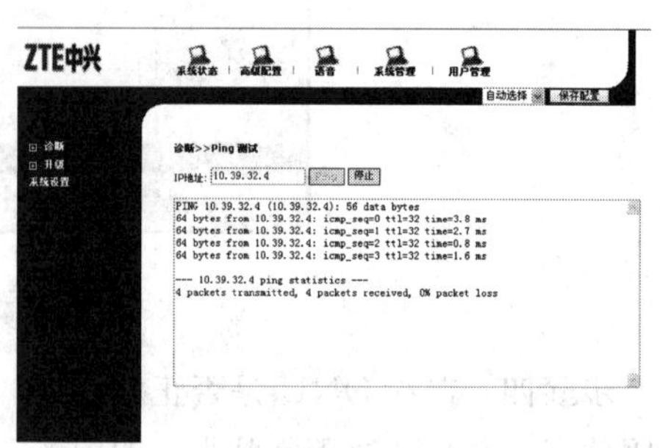

图 7.7.2－11　Ping 软交换地址

习　题

一、单选题

1. 两个 Softswitch 之间用 SIP 互联时，它们相当于 SIP 中的哪个功能实体？（　　）

A. Proxy Server　　B. Redirect Server

C. Location Server　　D. UAS/UAC

2. 在 ZXSS10 软交换体系中，SS1A/B 充当着登记服务器和（　　）的功能。

A.协议转换服务器　　B. 位置服务器　　C. 代理服务器　　D. 重定向服务器

3. H.248 是哪种类型的协议？（　　）

A. 对等型　　B. 主从型　　C. 从属协议　　D. 附属协议

4. 以下编码方法中，效果最好的是（　　）。

A. G.711　　B. G.168　　C. G.729　　D. G.723

5. Softswitch 媒体控制协议主要有 SIP 和（　　）。

A. SCCP over IP　　B. H.323　　C. TCAP　　D. H.248/MGCP

6. Softswitch 与现有 H.323 网络互通时，Softswitch 可以充当 GK 和（　　）。

A. MG　　B. GW　　C. MGC　　D. AK

7. H.248 定义的文本方式编码和二进制方式编码的通讯端口号分别固定为（　　）。

A. 2945、2944　　B. 2944、2945　　C. 2946、2947　　D. 2947、2946

8. 下面哪种算法不支持媒体网关语音编解码？（　　）

A. G.711　　B. G.723　　C. G.729　　D. G.739

9. H.323 本身是个协议集，是介于传输层和（　　）之间的协议。

A. 网络层　　B. 数据链路层　　C. 应用层　　D. 表示层

10.（　　）协议能够为语音、图像、数据等多种需实时传输的数据提供端到端的传输功能。

A. RTP　　B. TCP　　C. UDP　　D. IP

二、思考题

1. 写出 H.248 协议中 8 个命令。

2. VoIP 的架构由哪些设备组成？

3. 简要说明 H.248 协议中 Add 命令、Modify 命令和 Notify 命令的功能。

4. G.729 编码数据每 20 ms 传送一次，每秒需传送 50 个语音包，每个语音包都包含 12 字节的 RTP 头部、8 字节的 UDP 头部和 20 字节的 IP 头部，则每 1 路 G.729 话音所占的带宽为多少？

5. 简要说明 SIP 系统中各种服务器的功能。

6. H.248 系统由有哪些部分组成？各部分有怎样的功能？

三、操作题

1. 在 IBX1000 上加入 10 个号码，范围为 66600～66610。

2. 开通 FTTB＋LAN(C220＋F820)和 FTTB＋DSL(C220＋9806H)组网模式的 SIP 协议的语音业务，需要配置 C220、F820、H9806H、H108L 和 H218。语音业务网络拓扑如图 7－1 所示，网络规划如表 7－1 所示。66601 用户和 66608 用户之间可以互拨电话。

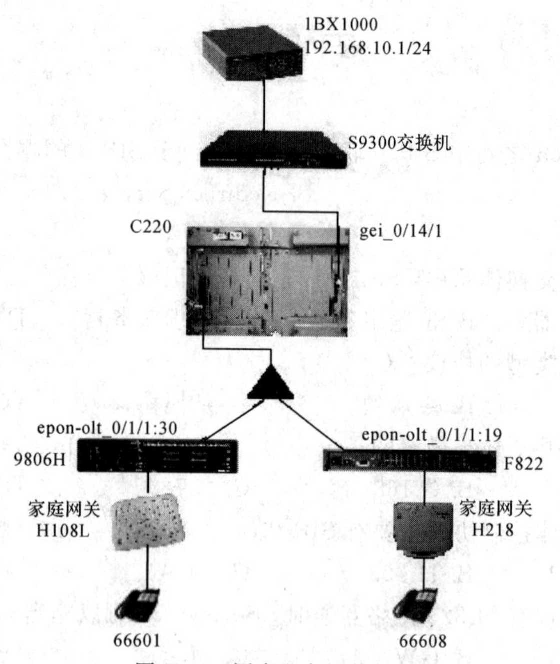

图 7 - 1　语音业务网络拓扑

表 7 - 1　语音业务网络规划

设备名称	VLAN 号	端口号		IP 地址
OLT	网管 VLAN 80	下行口	epon - olt_0/1/1	10.10.80.102/24
		上行口	gei_0/14/1	
IBX1000	VLAN 300			192.168.10.1/24
9806H		上行光口	epon - olt_0/1/1：30	192.168.10.105/24
		双绞线	H108L 的 RJ11 接口	
交换机		光口	OLT	
	VLAN 300	接 IBX1000	31	192.168.10.50/24
F822		上行光口	epon - olt_0/1/1：19	192.168.10.205/24
		以太接口	H218 的 RJ45 接口	

故障处理篇

第 8 章

EPON 网络故障处理

8.1 故障处理流程与方法

8.1.1 故障处理流程

常见故障的通用处理流程如图 8.1.1－1 所示。

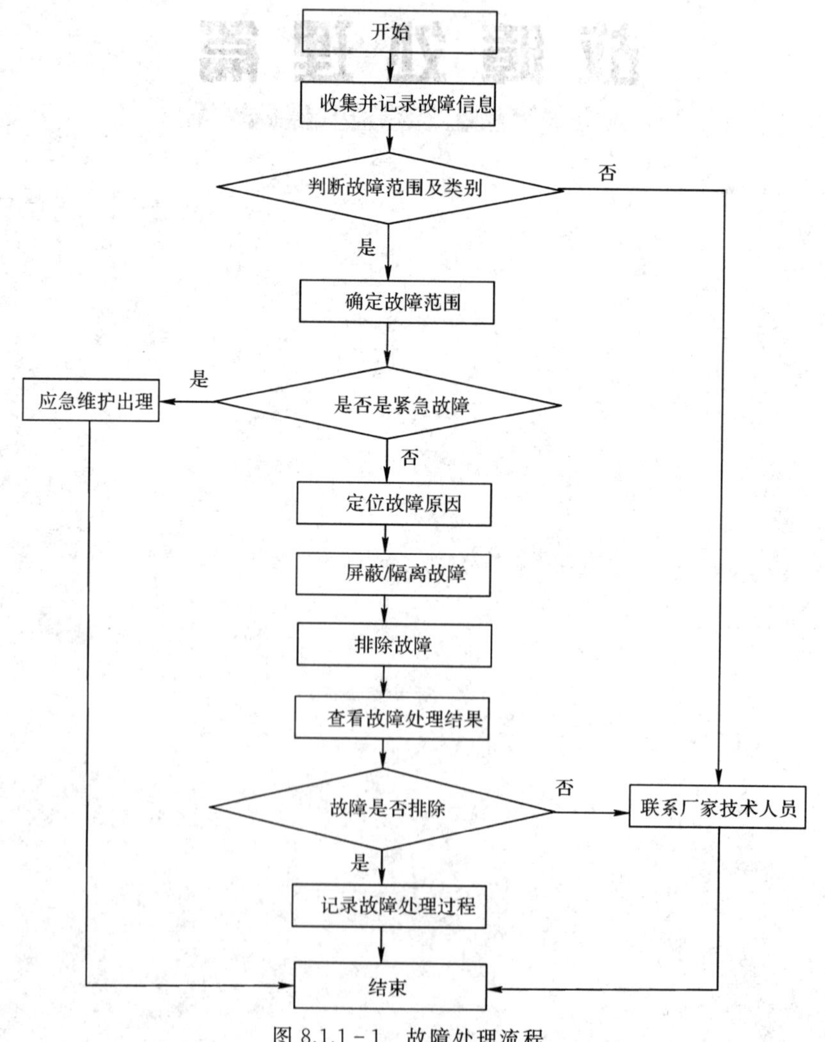

图 8.1.1－1 故障处理流程

根据图 8.1.1－1 所示，故障处理过程中的重要环节及其操作要求如下：

1. 收集并记录故障信息

随着网络规模的扩大，OLT 的组网情况日趋复杂，导致 OLT 的故障原因也日趋复杂。因此，发生故障时有必要收集尽可能详尽的信息，以便快速定位故障。在故障处理的初期阶段，注重收集各种相关的原始信息可以加快维护人员定位问题的速度，提高故障定位的准确性。

1）信息收集的要求

鉴于信息收集的重要性，故对维护工程师有以下要求：

（1）主动收集相关信息。在遇到故障或者故障申告时，一定要先清楚相关情况后再决定下一步的工作，切忌盲目处理。

（2）理解并掌握系统原理和协议知识。这样，在遇到故障或者故障申告的情况下，才能迅速把思路引向问题的焦点。

（3）接听故障申告电话时，维护人员要善于引导，尽量从多方面、多角度询问相关问题。

（4）维护人员应加强横向、纵向的业务联系，建立与其他局所或相关业务部门（如传输机房等）维护人员的良好业务关系。这对于信息交流、技术求助等都是很有帮助的。

2）信息收集的内容

故障发生时，需要第一时间收集故障信息，主要包括：

（1）故障发生的具体时间。

（2）故障现象的详细描述。

（3）OLT 的软件版本。

（4）故障后已采取的措施和结果。

（5）问题的级别及希望解决的时间。

2. 确定故障范围和类别

在获取故障信息以后，需要对故障现象有一个大致的分析以确定故障的范围与类别。

1）确定故障的范围

确定故障的范围就是确定故障处理的方向，也就是说在什么地方、顺着什么思路去查找故障的具体原因。首先要确定是设备接入的所有用户出现故障还是部分用户出现故障：如果是所有用户出现故障，需进一步了解上端设备接入的其他设备或用户是否同时出现故障；如果是部分用户出现故障，需进一步了解故障用户的业务类型及其他业务类型的用户是否出现故障。还要确定故障用户与正常用户在设备上的接入、业务处理单板是否相同，故障用户在设备上的分布情况等。

2）确定故障的类别

确定故障的类别（性质）就是确定采用何种方法及手段来分析和解决问题。关于故障的分类，将根据 OLT 业务的不同进行划分。

3. 定位故障原因

尽管有时导致 OLT 故障的原因十分复杂，但是在某一时刻多种因素同时作用导致 OLT 故障的概率是很小的。故障原因在某一具体时刻具有单一性。

故障定位就是从众多可能原因中找出这个单一原因的过程。通过一定的方法或手段分析、比较各种可能的故障成因，不断排除非可能因素，最终可以确定故障发生的具体原因。

准确并快速的定位故障原因是故障处理过程中的重要环节，其重要性体现在：

(1) 有利于提高故障处理的效率。

(2) 可有效避免因盲目操作设备而导致故障扩大等人为事故。

(3) 可为采取何种手段或措施排除故障提供指导和参考。

4. 屏蔽/隔离故障

在故障原因最终定位以后，为了避免故障范围的扩大，应尽快清除故障，这就需要对故障进行屏蔽或隔离。常用的故障屏蔽或隔离的方法有：① 手动重启系统，进行主备倒换；② 采用迂回路由，隔离(拔出)故障部件。

如果是某项功能或业务造成的故障，可通过如下方式隔离故障：① 使用命令关闭该功能；② 去激活端口；③ 使故障业务改走其他正常路由，测试相关业务是否恢复正常。

5. 排除故障

排除故障是指采取适当的措施或步骤清除故障、恢复系统的过程，如检修线路、更换部件、修改配置数据、复位单板等。具体操作请参考各业务/功能故障处理操作指导。

6. 查看故障处理结果

在完成故障排除的工作后，还需要根据故障影响的范围，对受影响的相关业务进行验证测试，确认故障已排除。在故障处理过程中，要对每一步操作内容及操作所产生的现象做详细记录。对处理过程尽可能详细的记录是申请制造厂商进一步技术支持的基础，可缩短进一步处理问题的时间。

8.1.2 故障处理常用方法

在处理故障时，很关键的一点是要确定故障的原因是否在 OLT 设备上。为提高效率，实际操作过程中可以遵循由外到内、由大到小的原则，即先查看外部线缆连接是否牢靠、各指示灯状态是否正常，然后通过控制台查看系统的整体运行状态，最后再查看各个模块的运行状态。

在实际故障定位和故障处理过程中使用常用方法有：告警分析、性能分析、分段处理、仪表测试、对比分析、互换分析、配置数据分析、协议分析等。

1. 告警分析

告警信息是指 OLT 告警系统输出的信息，通常以屏幕显示的形式提供给维护人员，具有简单、明了的特点。告警信息包含故障或异常现象的具体描述、可能的发生原因、修复建议等，涉及硬件、链路、业务、CPU 占用率等各个方面，信息量大且全，是进行故障分析和定位的重要依据。

2. 性能分析

系统性能统计信息在各种故障的定位过程中都有可能用到。需要强调的是，针对不同的故障类别，需要查看不同的统计信息。这就要求维护人员要尽可能地熟悉系统的结构和运行机制，同时尽可能多地了解系统能够提供哪些统计信息和如何查看、分析这些统计信息。

3. 分段处理

进行分段处理工作的工程师要对 OLT 的系统结构和原理有深入的了解，对业务故障可能存在的环节了解全面。分段处理具体操作时，一般采用环回配合仪器测试进行故障的排除。

例如：某用户组播节目经常会出现中断，重新点播后又恢复正常。通过分段分析，故障可能原因如下：

(1) 组播路由器配置问题。

(2) 组播服务器问题。

(3) 用户机顶盒问题。

因此，可以对涉及故障的环节进行逐个排除，最终解决故障。

4. 仪表测试

利用各种仪器、仪表取得实际的各种性能参数，对照正常的参数值，以帮助用户定位和排除故障。仪器、仪表在故障处理过程中有着不可替代的作用，它以直观、量化的数据直接反映故障的所在，在迅速进行故障定位、提高故障处理效率的过程中发挥着重要的作用。在故障处理中常用的仪器、仪表包括：万用表、光功率计、可调光衰减器等。

例如：可通过光功率计测试光口平均发送光功率，依此判断本端光信号发送模块是否出现异常；可通过万用表在电源调试过程中，进行电压、电阻、电流强度的测试。

5. 对比分析

对比是指将故障的部件或现象与正常的部件或现象进行比较分析，查出不同点，从而找出问题的所在，一般适用于故障单一的场合。

6. 互换分析

互换是指将处于正常状态的部件(如单板、光纤等)与可能故障的部件对调。

在用备件进行更换操作后，仍然不能确定故障的范围或部位时使用。通过比较对调后二者运行状况的变化，判断故障的范围或部位。适用于故障复杂的场合。

互换操作具有一定的风险性，例如：将处于短路状态的单板换到正常的机框后有可能造成正常机框损坏。因此，互换方法的使用需要谨慎行事，要以确保不导致新故障为前提。最好先确认是否和该单板相关，使用没有问题的单板更换原有单板。

7. 配置数据分析

数据配置错误或者更改往往是系统故障的重要原因，配置数据分析是故障定位，尤其是新开局的故障定位不可缺少的一个方法。

例如：一台 OLT 下所有用户无法收看组播节目，通过检查配置数据发现，组播源设置的 TTL 值太小，导致组播流在 OLT 上转发时由于 TTL 值等于 0 而被丢弃。

8. 协议分析

协议分析是指对通过信令跟踪、捕获数据包分析等手段对故障进行分析的方法。协议分析要求维护工程师对协议有深入的了解，掌握各种信令的交互流程，从而能够从获得的信令消息中定位出故障的真正原因。

例如：某用户不能点播组播节目，通过抓包分析后发现，BRAS 丢弃了该用户发出的 IGMP 报文。

8.2 EPON 故障处理

本节根据 EPON 设备故障处理的一般流程，通过对常见故障的原因的分析提供障碍处理的一般方法，并通过各种典型故障详述故障处理的过程。

8.2.1 EPON 常见故障处理

1. ONU 无法注册

1）故障现象

OLT 设备 PON 口下单个或多个 ONU 无法注册。

2）故障分析

（1）ONU 未添加。

（2）ONU 的状态不正常。

（3）注册 MAC 地址与实际 MAC 不一样。

（4）PON 下存在 ONU MAC 地址冲突。

（5）PON 口下存在长发光的设备。

（6）光路衰减过大或过小。

（7）最远最近距离不合理。

3）解决方法

（1）检查 ONU 是否已经添加，如果没有，则进行数据配置添加 ONU，若故障依旧，转入步骤(2)。

（2）在 EPON 模式下使用 display ont info 命令查看 ONU 的状态，主要查看 control flagrun state mac、config state、matchstate 等，如果 control flag 的状态为未激活状态，使用 ont activate 命令激活，match state 为 mismatch 说明配置的数据与实际 ONU 不一致，可使用 display ont capability 查看 ONU 的实际能力，并将其修改，若故障依旧，转入步骤(3)。

（3）PON 口下存在 MAC 冲突。使用 display ont info 查看 ONU 的 MAC 是否与实际的 ONU MAC 地址一致，并查看是不是其他的 ONU 占用了此 ONU 的 MAC 地址。

（4）PON 端口下存在流氓 ONU。

（5）OLT 上 PON 口配置的最远最近距离不合理。使用命令查看 EPON 端口设置的最远、最近距离，EPON 端口中测距的最近缺省值为 0 km，最远为 20 km，如果 OLT 与 ONU 的实际距离大于 EPON 端口设置的最大距离，使用 port1range 重置其最远距离，使其大于实际距离，如果 OLT 与 ONU 之间的距离大于 40 km，则把 ONU 换到就近的 PON 口下，如果 OLT 与 ONU 之间的实际距离在设置的范围内，且在 20 km 内，则重启 ONU，若故障现象依旧，转入步骤(6)。

（6）光路问题：检查光纤线路，使用光时域反射仪测量光路是否正常，再使用光功率计测量 OLT 与 ONU 的接收光功率是否在正常范围之内，检查主要包括以下几个方面：① 光纤是否有严重的弯曲；② 光纤是否有断链；③ 分光器、法兰盘、光纤接头是否不干净或损坏。

2. PPPoE 拨号 678 错误

1）故障现象

用户使用 PPPoE 拨号上网，不成功。出现 678 错误。

2）故障分析

错误码说明：不能连接到 PPPoE 接入服务器。过程为先由用户主机广播一个发起分组(PADI)，之后接入集中器发送单播的给予分组(PADO)。用户和BRAS链路中任何一个环节有问题，都可能导致678故障。原因主要有：

(1) 用户侧：① 网络线路连接错误；② 网卡工作不正常。包括网卡驱动问题、网卡损坏、或者网卡未插紧等；③ 拨号软件问题。

(2) 接入设备段：① ONU设备未配置数据或配置数据未下发；② ONU设备问题；③ 对广播包的抑制。

(3) 上游设备：① BAS故障；② 上联口上联交换设备未能透传广播包。

3) 解决方法

出现PPPoE拨号678错误可以按照以下的方法进行排查：

(1) 检查用户侧网络连接情况和网卡状况。

① 网卡状况可以采用ping同一网段的其他设备验证；

② 观察Modem状态，可采用重启Modem检验；

③ 重新安装拨号软件或重新创建拨号连接；如果上述方法不能解决问题，可转入步骤(2)。

(2) 查看ONU状况。

① 查看ONU状态灯的情况，包括检查电源状况，注册情况。如果REG灯不亮，表明ONU未注册，此时可以检查光功率是否达到要求；

② 检查ONU是否得到配置，如果ONU没有得到配置，需要通过网管重新下发配置；如果配置正常，可以采用从ONU ping OLT验证ONU至OLT的链路状况。

(3) 检查上游设备运行情况。

① 检查上联交换设备是否拦截了广播包，以及BAS的运行情况；

② BAS设置PPPoE账号绑定也可能造成此错误。

造成此问题的原因是从用户端到上联服务器整个链路中的某一个环节连接不通。可能造成问题的原因比较复杂，需要检查从用户至BAS的链路，可采用抓包法进行定位。

3. PPPoE拨号691错误

1) 故障现象

用户使用PPPoE拨号上网，不成功。出现691错误。

2) 故障分析

错误代码说明：输入的用户名和密码不对，无法建立连接。主要原因有：

(1) 账号和密码输入不正确。

(2) 欠费。账号被运营商停机会出现691错误。

(3) 用户数限制。当一个账号在在已登录状态时不能再使用此账户拨号。

(4) 绑定较验错误。运营商一般会将用户的账号与设备端口或MAC地址做绑定，更换位置或PC后无法使用，会出现691错误。

3) 解决方法

出现PPPoE拨号691错误可以按照以下的方法进行排查：

(1) 首先确认是否为用户个人原因，用户名密码输入错误等与密码本身无关的行为导致拨号不成功。

(2) 如果仍然报告691错误，需要局方提供此账号的详细信息。包括是否欠费、是否有绑定以及在错误发生时是否为未登录状态。

认证系统对账户的限制可能会造成拨号失败，上报 691 错误。另外此问题一般与个人的设备无关。

4. 上网频繁掉线

1）故障现象

PPPoE 拨号成功，上网中频繁掉线。

2）故障分析

掉线最直接的原因为主机没有及时收到对端发送的回应报文。可能由多种原因引起。主要有以下原因：

(1) 线路条件差，协议数据丢包造成掉线。

(2) PON 系统丢包致使协议包丢失。包括环回导致的丢包。

(3) 诸如 ARP 欺骗的非线路原因导致收不到对端的协议报文出现掉线现象。例如 ARP 伪造网关攻击等。

3）解决方法

在确定故障现象之后，可采用以下方法解决故障问题。

(1) 如果用户线路环境较差，在不改变线路条件的情况下，可以采取取消“回声抑制”、对用户进行限速等方法，尽量改善线路质量。

(2) 另外，用户线路的质量好坏对上网影响也很大，如使用了劣质的网线，网线进行了缠绕等，此时应针对用户线路的具体情况采取措施。

(3) 如果是 PON 系统内丢包导致，需检查 PON 系统是否工作正常，并检查是否有内部环路。

(4) 在确定用户线路良好而且 PON 系统无丢包的情况下，需要排查是否存在类似 ARP 攻击的问题。这种情况一般出现在多用户使用路由器拨号共享上网的情况下。

5. 上网下载速度慢

1）故障现象

上网、下载速度慢。

2）故障分析

能够导致上网、下载速度慢的可能原因有很多，下面列举几种典型的原因：

(1) 用户线路质量差。

(2) 网络环路导致了网络性能的下降。

(3) 设备某端口进行了限速，导致了数据流量的瓶颈。

(4) 网络受到攻击，如 ARP 攻击。例如 ARP 扫描，网络中出现大量 ARP 请求广播包，几乎都是对网段内的所有主机进行扫描。大量的 ARP 请求广播可能会占用网络带宽资源，会影响用户上网浏览网页、下载速度，甚至会出现丢包的现象。

(5) 系统中木马或者病毒，会导致计算机运行速度慢。

3）解决方法

首先检查用户线路是否连接良好。如无连接问题可查看设备配置是否启用了限速而导致数据量的瓶颈，如有则将限速放开。上述两种措施不能解决时可通过抓包观察系统内部是否存在异常包或环路情况。对计算机查杀病毒木马，优化系统结构。

6. DHCP 认证用户主机无法获取 IP

1）故障现象

DHCP 用户无法获得 IP 地址。

2）故障分析

DHCP 在 IP 地址分配过程中主要有四个阶段：发现阶段、提供阶段、选择阶段和确认阶段。任何阶段出现问题都会导致主机无法获取到 IP 地址。

可能原因主要有以下几种：

(1) 网络故障，无法连接到 DHCP 服务器。

(2) DHCP 服务器关闭或无可用 IP 地址。

(3) 用户计算机网卡损坏。

(4) 其他原因，例如网络中存在异常攻击者。

3）解决方法

首先应该确定故障发生的范围，DHCP 服务器下，个别用户还是很多用户无法获得 IP 地址。如果是个别用户有此问题，基本可以确定 DHCP 服务器的运行状态正常，OLT 以上至 DHCP 服务器链路正常。需要检查包括用户 PC、ONU 业务配置、广播包抑制等设置是否正常。在检测 DHCP 服务器连通性时，可以手工配置一个 IP 地址，再进行 ping DHCP 服务器，如果可以连通，改回自动获取 IP 的模式，在本机运行 arp -d 清除缓存。

如果出现很多用户无法获得 IP 地址，或者获取过程缓慢，需要检查 DHCP 服务器，以及 OLT 上联口和 DHCP 服务器之间的路由器的设置。

7. PPPoE 拨号成功，但不能上网

1）故障现象

用户使用 PPPoE 方式拨号上网，拨号成功，但不能上网。

2）故障分析

一般情况下，PPPoE 拨号成功之后，PPPoE 服务器会分配 IP 地址、网关、DNS 等设置。而正常的上网过程包括：URL 通过 DNS 解析为 IP 地址，用户通过网关与目标主机通信。可能的原因有：

(1) DNS 服务器设置错误。

(2) DNS 服务器故障。

(3) 用户防火墙设置错误。

(4) 用户浏览器设置错误，例如代理服务器设置等。

3）解决方法

定位方法如下：

(1) 首先确认用户设置无误，例如有无代理设置，防火墙设置等。

(2) 查看用户 IP 配置的获得情况，包含 IP 地址、掩码、网关、DNS 服务器等。

(3) 确认正确获得之后，验证是否能够正常获得 DNS 服务器。具体方法为使用 ping 命令 ping DNS 服务器，结果分析如下：

① 如果不通，则需检查 DNS 服务器的连接情况，同时可以 ping 某个外网 IP，例如 www.baidu.com 的 IP 地址，以验证为 DNS 服务器故障。如果能通，则基本可以断定是 DNS 服务的故障。如果不通，则需检查上游 BAS 至 INTERNET 的连接情况。

② 如果正常能通，这时再尝试 ping 某个外网服务器的 IP，如果能连通，继续 ping 此 IP 所对应的 URL(例如 www.baidu.com)，如果不通，则可断定原因是 DNS 服务器不能提供域名解析服务导致不能上网，这时需检查是否 DNS 服务器出现故障。

定位问题之后，需要对问题进行针对性的解决。如果是由用户错误设置引起，应对用户的设置进行更正；如果是 DNS 服务器或是 PPPoE 服务器问题，可以向局方提供证据，协助解决。

8. 环回

1）故障现象

由环回导致的大量广播包，异常的大流量数据，交换芯片地址表混乱等异常现象。

2）故障分析

环回会导致广播包无限制增加，严重影响网络性能；OLT 内部环回会使上联设备受到大流量数据的冲击；设备交换芯片的地址表混乱，引发诸如上网掉线等很多问题。

环回主要有以下形式：① ONU FE 端口环回；② OLT 上联口环回；

ONU FE 端口环回时，即数据包经过一个 FE 端口发出后未经过任何处理直接通过另一个 FE 端口回到 ONU，携带同样的源 MAC 和目的 MAC。交换芯片根据源 MAC 更新地址表，可能会导致数据被送至错误的端口，导致丢包，更直观的影响就是上网速度慢，或是经常掉线。有一些现象可以让人很容易联想到可能是环回了，例如，上行收到源 MAC 为 BAS 服务器 MAC 地址的包等。

OLT 上联口环回是由于不同的上联口绑定了相同的 VLAN ID 。当某个上联口收到带有该 VLAN ID 的下行数据时，由于此 VLAN ID 同时被绑定到了其他的上联口，所以可能会导致这些数据接着被其他端口转发了出去，在数据量比较大时，会对上层设备造成冲击。

3）解决方法

对不同的环回形式有不同的处理方法。

(1) 在定位为某个 ONU FE 端口环回后，只需将两个端口的物理连接接触即可，另外，装有双网卡的计算机，如果将两个网卡的 IP 配为同一网段也会引起环回。

(2) OLT 上联口环回可以采取端口隔离等临时措施，建议不要将同一 VLAN 绑定到不同的上联口，以免出现上联口的环回。

9. 网关地址冲突造成上网业务全部中断

1）故障现象

组网：OLT ->LAN Swtich ->Router ->Internet

某局 OLT IP - DSLAM 组网，上行口通过二层交换机连到路由器上，用户上网采用固定分配公网 IP 地址方式。故障现象为上网业务中断，用户能 ping 通网关，但 ping 不通 DNS。

2）故障分析

(1) 将计算机直接连到二层交换机的端口上，可以上网，证明端口是好的。

(2) 检查配置数据，没有问题；ping 网关，发现丢包严重。

(3) 检查路由配置，发现有地址冲突告警，网关 IP 地址绑定的 MAC 地址为一错误值，由此可断定问题出在网关地址冲突上。

3）解决方法

(1) 拔掉 OLT 与二层交换机的网线，ping 网关地址仍然能通，逐个拔掉与二层交换机相连的网线，直至 ping 不通网关地址为止，发现一台计算机的 IP 地址和网关地址相同。

(2) 将这台计算机隔离，修改路由器上网关绑定的 MAC 地址后，业务恢复。

10. VLAN 对接问题导致用户无法上网

1）故障现象

组网：OLT —> LAN Switch —> Router —> Internet。

一次升级后，对配置进行了部分修改，一台 OLT 下的所有用户反馈无法上网。

2）故障分析

由于整台 OLT 下的用户无法上网，故可能是上行口对接问题。

(1) 检查 OLT 的上行板以太网口参数：自协商、已经激活、VLAN ID 是 100、Native VLAN 是 1。

(2) 检查 LAN Switch 对应端口的配置数据，发现该端口的可接收 VLAN 列表中不包含 VLAN 100。

3）解决方法

通过以上分析，确认是两端 VLAN 对接问题：OLT 侧以太网端口发出的带有 VLAN 100 的以太网报文到达 LAN Switch 时，被 LAN Switch 丢弃。

登录 OLT，将上行口的 Native VLAN 设置为 100，使上行数据不带 VLAN Tag，问题解决。

11. 以太网端口配合问题导致丢包

1）故障现象

在某地 OLT 测试中，以太网端口连接 PC，ping 上端路由器接口，出现较严重的丢包(5%)。

2）故障分析

OLT 的以太网端口和 PC 网卡两端端口设置不一致时，会有丢包现象。

3）解决方法

把 OLT 的以太网端口和 PC 网卡的线路速度和线路模式设为一致(都是自协商、10 Mb/s或 100 Mb/s、全双工或半双工)后再无丢包现象。

ping 上端路由发现业务恢复正常。

12. 设备网线类型设置为 AUTO 导致与传输对接不成功

1）故障现象

OLT 以太网口与对端设备的以太网口对接，网线为直连型。对端设备的传输网口配置为 100 Mb/s 全双工，OLT 的以太网口也配置为 100 Mb/s 全双工，网线 MDI 类型配置为 auto。正常连接后，以太网口不能 UP。

2）故障分析

(1) 传输设备以太网口与 PC 对接可以 UP，说明传输的端口硬件正常。

(2) GIU 板以太网口与 PC 对接可以 UP，说明 GIU 板的端口硬件正常。

(3) 用两台 PC 测网线正常，用此网线将两个设备连接起来端口不能 UP，说明是端口之间协商有问题。

3）解决方法

（1）检查传输以太网口为百兆全双工，GIU 板的以太网口为百兆全双工，网线 MDI 类型为自动识别 AUTO。

（2）设置 MDI 为“across”，问题解决。

总结：LSW(LAN Switch)芯片的 MDI AUTO 和自协商 AUTO 是绑定在一起，也就是说当自协商是禁止的情况下，MDI 即使配置成 AUTO 也是没有作用的，MDI 只能固定为某一值，或者是“normal”或者“across”。如果使用直连线，可以设置 MDI across；如果使用交叉线，可以设置 MDI normal。

8.2.2 EPON 典型故障处理

1. ONT 长发光导致系统瘫痪

1）故障现象

发现某个 PON 口下面只有一个 ONT 在线。

2）故障分析

从局端看，某个 PON 口下只有一个 ONT 终端。断开该终端 ONT(要断开线路或切断该终端 ONT 电源)，如果此时其他用户都能正常工作，一般可以断定是该终端 ONT 长发光或者该线路有一个长发光的 1310 nm 的光源(属于恶意入侵系统)。

3）解决方法

更换为正常的 ONT 或切断该终端线路。验证发现其他 ONT，故障解决。

这类现象只有在 ONT 光模块出现异常或者个别用户恶意入侵系统才会发生。

2. MDU 反复上下线

1）故障现象

某村村通工程，小张在网管上看到告警，在一偏远山区发现 OLT 下接的一台 MDU 无规律的反复上下线，其他 MDU 正常。其告警信息为：OLT 和网管上出现 ONT 反复上下线告警。

2）故障分析

单个用户故障，其他 MDU 正常，因此排除 OLT 的 PON 单板故障，初步判断故障范围为 OLT 以下器件和数据问题：① 光纤衰减过大。② MDU 硬件故障。③ MDU 单板故障。

3）解决方法

（1）使用光功率计在 MDU 侧测试光纤衰减为正常(－20 dB)，排除线路原因。

（2）更换 MDU 后，当时正常，但后续两三天里告警仍时常发生。

因为出现故障的 MDU 在较为偏远的山区，怀疑是周围环境因素导致。Telnet 登录到设备，使用命令仔细查看告警信息，发现连续四天都是在晚上 7 点到晚上 8 点用电高峰期 MDU 发生重启，初步判断为电压问题。在现场使用万用表测试电压，发现电压不稳定，导致 MDU 反复重启。

（3）将此 MDU 更换为带有直流电模块的 MDU 后问题解决。

3. 上行网管正常、业务不通

1）故障现象

某市，两个相邻新建局点的 OLT 连接在同一个上层交换机的不同端口，OLT 采用带内网管接入网管中心，网管 VLAN 均为 60，在网管中心可以管理两个局点，网管情况正常。两个局点的业务外层 VLAN 分别为 58 和 59，通过业务 VLAN 接入上层设备，两个局点上网业务均不通，显示连接超时。

2）故障分析

(1) 两台 OLT 设备均出现问题，考虑是上行接口的故障。

(2) 网管能正常管理，考虑可能是数据配置的问题、排除对接口物理故障。

(3) BRAS 数据配置、上行交换机配置、设备数据配置的问题。

3）解决方法

(1) 检查 OLT 数据配置，按照数据规划，没有发现问题。

(2) 在 OLT 上 ping 业务网关，即相连的上层交换机端口，不通；将计算机通过另一台交换机(配置 VLAN)连接到在上层交换机和 OLT 相连的端口，上网正常；经检查发现两个局点的 OLT 和上层交换机连接时，两个网口插反。

(3) 按照正确方法重新连接网口，故障排除。

4. 观看 IPTV 时突然信号中断

1）故障现象

用户在使用 IPTV 业务观看电视节目时，会每隔一段时间发生电视信号中断，切换频道后才能恢复正常，过一段时间后又会中断。

2）故障分析

问题现象可以反复重现，我们可以确定整个网络的物理通路是好的，从现象的描述我们可以看出，只要切换频道中断现象就可以解决，结合组播机制，说明只要有新的加入报文发向上游设备，组播流就可以继续下发，由此，我们可以猜测是网络通路中某个设备对上游设备的查询包响应超时，导致上游设备的组播地址老化，使节目发生中断，在新的加入报文到达上游设备时，组地址重新建立，节目恢复。

3）解决方法

采用分段法，在网络链路的各个以太网口处进行抓包分析，确定不能回查询包的原因。

5. IPTV 用户不能上线

1）故障现象

IPTV 用户不能上线。

2）故障分析

(1) IGMP 报文无法到达 OLT 设备。

(2) ONU 出现问题。

(3) IGMP 模式设置有误。

(4) 组播用户的配置有误。

(5) 节目配置错误。

(6) 带宽设置不合理。

3）解决方法

(1) 在全局模式下，使用命令打开 igmp debug 开关，观察 IGMP 报文，如果有报文上报，在用户不能上线的时候，命令行界面将显示出上线失败原因，请根据界面提示信息进行相应的处理；如果没有报文上报，说明 OLT 与用户之间通信故障，请根据具体的接入方式排除链路故障，至少保证用户上网业务正常。如果仍收不到报文，需要检查终端和 OLT 的组播业务配置数据。

(2) 检查终端状态：① 检查 PC 或 STB 状态；② 检查用户使用业务终端 PC 或 STB 是否工作正常，保证能够正常收发 IGMP 报文；③ 检查接入终端状态根据不同的接入方式，检查接入终端是否工作正常。

(3) 检查 IGMP 模式，在组播 VLAN 模式下，使用命令检查 IGMP 模式是否正确。如果 IGMP 模式是 off，则用户肯定不能上线，请根据具体情况将 IGMP 模式修改为 proxy 或者 snooping。

(4) 检查组包用户配置。检查用户端口所加入的组播 VLAN，如果用户端口不在所点播的节目 VLAN 中，使用命令将用户端口加入到该组播 VLAN 中。

(5) 检查节目配置，检查应该配置的节目是否已经配置和 VLAN ID 是否正确。

(6) 检查带宽，在带宽管理开关开启的情况下，需检查上行口的带宽和用户侧带宽。如果上行口和业务端口的可用带宽小于节目带宽，则无法承载节目。如果对上行口和业务虚端口进行了限速，也会导致用户不能上线。

6. 电话打不通但能上网

1) 故障现象

开通 EPON 接入业务，有个别用户反映电话打不通，但是能上网。

2) 故障分析

因为上网业务已经可用，证明局端 OLT 设备、终端 ONT 设备的状态正常。故障的原因可能是终端的业务配置有问题。

3) 解决方法

(1) 检查 OLT 的上行端口配置，已经存在于专用的语音 VLAN 中。

(2) 检查 ONT 的业务虚端口配置，已经加入到语音 VLAN 中。

(3) 检查 IAD 所连接的 ONT 端口的 VLAN 配置，该端口也已经加入到语音业务的用户 VLAN 中。

(4) 检查 IAD 所连接的 ONT 端口的默认 VLAN。把 IAD 端口的默认 VLAN 设为语音业务的用户 VLAN。

其他配置不变，进行业务验证，发现问题解决。

需要注意在网络规划中 untagged 上行的数据。需要关心上行端口的默认 VLAN 是否与该端口所在的 VLAN 一致。

7. 打不通电话或者语音效果不好

1) 故障现象

EPON 业务打不通电话或者语音效果不好时排除故障。

2) 故障分析及处理

(1) 打不通电话。检查电话和电话线连接是否正常。检查 ONT 的 IAD 端口是否创建 VLAN 通道，同时检查 IAD 是否配置正确，是否已经注册到 MGC 设备上。

(2) 语音效果不好。确认是否为 ONT 的 IAD 端口设置了独立于数据通道的业务通道，避免受到数据业务的冲击。ONT 语音业务优先级不高，导致语音效果不好，需提高 ONT 的 IAD 端口的优先级。

8. 网关未注册上软交换

1）故障现象

摘机没有拨号音，查看网关状态为未注册上或者正在注册中，使用 H.248 协议。

2）故障分析

EPON 系统中，ONU 同时担任信令和网关(MG)的角色。在进行业务开通时，首先要向软交换平台注册。网关注册失败主要由以下三种原因导致：

(1) VLAN ID 配置不正确：VLAN ID 配置信息不正确使得 ONU 和软交换平台之间无法正常的通信，从而导致网关注册失败。

(2) MG 的 IP 配置重复：在软交换系统中，每个 MG 都应该有唯一的 IP 地址，当两个或者两个以上 MG 配置相同的 IP 地址的时候，将导致 MG 网关注册失败。

(3) MID 配置错误：在软交换系统之，用 MID 来标识网关。MG 上配置的网关 MID 必须与平台的配置一致，否则当 MG 向软交换平台注册时，软交换平台会认为是非法的网关，从而导致网关注册失败。

3）解决方法

出现网关注册失败的故障按照以下的方法进行排查：

(1) 检查 ONU 与软交换平台之间网络连接是否正常，从 ONU 中 ping 软交换的 IP，如果 ping 不通，请检查 VLAN ID 的配置信息和 MG 的 IP 配置信息是否正确。

(2) 检查 ONU 是否从网管得到 H.248 配置及相关配置是否正确，如果 MG 能够正常 ping 通软交换平台，而网关注册失败，请检查 MG IP 和 MID 配置是否正确，以及 MG 信息是否与软交换平台上配置的 MG 信息相匹配。

9. 摘机无拨号音

1）故障现象

(1) 配置好语音业务，摘机后无馈电。

(2) 配置好语音业务，摘机有馈电，但听不到拨号音。

(3) 用户使用过程中，突然出现摘机没有拨号音的现象，重启设备后恢复。

2）故障分析

摘机无拨号音的现象，常见于业务开通的时候。碰到这种故障，首先可以根据摘机有无馈电，对故障做一个大概的定位。

(1) 如果摘机无馈电，属于硬件问题。可能的原因有话机本身问题，外线问题，语音接口盘(POTS 盘)问题等。此类问题查找时建议首先从外线查起。

对于直接安装在用户家的面包盒式 ONU，没有外线，可以检查话机或电话线问题。排除话机和电话线问题后，故障的原因可以确定为 ONU 硬件故障。

对于楼道型 ONU 和节点型 ONU，排查硬件故障时，最有效的办法是抛开外线，直接在设备端口检测。根据测试结果，可以将故障定用户侧或者设备侧。

(2) 摘机有馈电，但是没有拨号音，首先要确定故障类别。判断是整个设备端口无拨号音/整个单盘的端口无拨号音/单个端口无拨号音。根据现象作进一步的检查。

整个设备端口无拨号音，首先要检测网关注册状态。网关注册失败，常见于新设备开通时。需要检查跟软交换平台之间的通信是否正常，从 IAD ping 软交换平台看是否能够 ping 通。如果 ping 不通，则检查 VLAN、上层路由和物理线路是否正常。如果可以 ping

通，但是网关注册不上，需要检查 IP，域名等数据，确认设备配置的数据跟软交换平台一致。网关注册不上软交换，一般都是因为数据配置错误或与软交换通信不正常引起。

整个单盘所有端口无拨号音(针对 C 类有语音接口盘的 ONU)，而其他单盘的端口正常，在确认端口已经使能，及用户名配置正确的前提下首先更换 POTS 盘。

单个端口无拨号音，检查端点配置。端点需要配置的数据只有用户名，使能/去使能两项，需要确认配置正确。比较常见的情况是，设备配置的用户名与软交换平台不一致，导致端点注册失败，摘机没有拨号音。

(3) 使用一段时间后出现摘机无拨号音，排查的思路跟业务开通时相似。排查外线，检查网关注册状态及端点注册状态，检查 ONU 与软交换平台的通信。如果 ONU 与软交换平台的通信正常，数据配置也正确，但是端点状态不是 IDLE，可以先在命令行中发送端点注册，查看端点能否成功注册，摘机是否有拨号音。然后发送网关注册，尽量不要重启设备，重启设备时问题现象会消失，不利于查找问题的真实原因。

如果排除配置问题(配置丢失或者不正确)和通信问题(ping 不通软交换平台)，则需要在 OLT 侧镜像抓包，分析信令，查找具体原因。

对于摘机没有拨号音，重启设备或者重新发网关注册后恢复，过段时间又重现的故障，原因可能有多种，如软件、硬件工作异常，与软交换平台互通出现问题等。碰到这类情况时，建议尽量不要重启设备，保留故障现象，同时联系我方技术支持人员，查找具体原因。

有效排查手段总结包括：① 判断摘机有无馈电；② 判断个别端口无拨号音/整个单盘的端口无拨号音/整个设备端口无拨号音；③ 查看端口注册状态；④ 在 OLT 侧镜像抓包，分析 ONU 与软交换平台之间的信令。

3) 解决方法

(1) 网关注册失败，端点名未配，端点名配置错误或与软交换平台不一致。跟软交换维护人员核对数据，确认配置的正确性。

(2) 设备硬件故障(包括外线短路，断路，POTS 盘硬件故障，语音模块硬件故障，)需要更换硬件，将有故障的设备返厂检修。

(3) 端点状态异常，重启后恢复，过短时间又重现。这类故障一般不常见，如果出现，请保留故障现象，尽量不要重启设备，及时联系厂家技术支持人员。

习 题

一、不定项选择题

1. 有一用户电话摘机有电流音但无拨号声，故障原因是(　　)。

A. 设备光路故障　　B. 数据配置错误　　C. 线路故障　　D. PON 口故障

2. 在网管上看见 OLT 同一 PON 口下设备全部离线或关电，故障原因是(　　)。

A. EPFC 板烧坏　　B. 小区全部停电

C. OLT 断电　　D. PON 口下主干光缆断

3. 有台 F820 一旦停电之后用户宽带拨号 678，经过重新透传 VLAN 之后宽带连接正常，故障原因是(　　)。

A. OLT 上自动下发没有打开　　B. 皮线光缆断开

C. 主干光纤断开　　D. F820 主板故障

4. OLT 上 EPFC 板有一 PON 口灯颜色为红色，故障原因是(　　)。

A. PON 口下有 ONU 掉电　　B. PON 口下有 ONU 离线

C. ONU 故障　　D. OLT 的 PON 板故障

5. 同一个 PON 口下两个 F820 互相拨打不成功的可能原因是(　　)。

A. OLT 上没有启用 arp agent　　B. 协议不同

C. ZXSS10 SS1A/B 故障　　D. 话机故障

6. 某启 F820 设备，在网管和 C220 上查看状态为 ONLINE，但业务不通，故障原因是(　　)。

A. OLT 业务 VLAN 没有透传　　B. OLT 上灵活 QinQ 没有起

C. OLT 业务用户没有透传　　D. ONU 中业务 VLAN 没有透传

7. 某 F820 设备正常，EPUA 板 RUN 正常，PON 灯不亮，故障原因是(　　)。

A. 主干光纤断开　　B. 中间传输不通

C. ODN 故障　　D. 传输线缆上没有光传输过来

8. 某 9806H 设备，承载 VDSL 业务，宽带业务不正常但语音业务正常，故障原因是(　　)。

A. OLT 宽带 VLAN 没有透传　　B. OLT 业务用户没有透传

C. OLT 上行光口故障　　D. 接入服务器故障

9. 在下列 F820 语音故障核查操作中，错误的故障原因有(　　)。

A. 通过 show mg info 查看协议是否正常

B. 通过 show mg mgid 1 查看域名是否配置正确

C. 在#模式下 ping 软交换地址 10.39.32.84，查看网络是否正常

D. 通过 show mg net 查看语音 IP 是否配置正确

10. F460 用户报组播故障，应首先考虑下列哪个操作？(　　)

A. write　　B. show mg info

C. show igmp mvlan 29 group　　D. show running - config interface fei_0/1/1

二、思考题

1. 如果 ONU 设备的 PON 链路指示灯始终显示为灭状态，该如何处理？

2. FTTB+LAN 的用户反映上网速度慢或掉线，VoIP 话音质量差，IPTV 图像或者声音卡，分析故障原因。

3. OLT 同一个 PON 下的两个 F820 互相拨打不成功，主叫听忙音，分析故障原因。如果用户采用 PPPoE 方式接入网络，上网发生故障时，排除故障可通过哪些方面来判定？

4. F460 电话口下挂两个模拟电话，用户摘机后其中一个模拟电话没有拨号音，请分析原因。

5. F460 下挂 IAD，IAD 下接电话，用户摘机后电话有拨号音，但是拨号后无回铃音，只能听到忙音，分析故障原因。

6. 在 C200 的 EPFC 板下发现某个 PON 口下面只有一个 ONT 在线，分析故障原因，并写出解决方案。

参考文献

[1] 王雷. TCP/IP 网络编程技术基础. 北京：北京交通大学出版社，2012.

[2] 孙飞显. TCP/IP 网络编程技术与实例. 北京：国防工业出版社，2014.

[3] 王廷尧. 以太网技术与应用. 北京：人民邮电出版社，2005.

[4] 彭英，王珺，卜益民. 现代通信技术概论. 北京：人民邮电出版社，2010.

[5] 蒋清泉. 接入网技术. 北京：人民邮电出版社，2005.

[6] 阎德升，等. 新一代宽带接入技术与应用. 北京：机械工业出版社，2007.

[7] 王庆，等. 光纤接入网规划设计手册. 北京：人民邮电出版社，2009.

[8] 吴成树，等. 局域网组建精讲. 北京：人民邮电出版社，2007.

[9] 张喜云，等. 宽带接入网技术项目式教程. 西安：西安电子科技大学出版社，2015.

[10] 陈雪. 无源光网络技术. 北京：人民邮电出版社，2006.

[11] 孙维平，等. FTTx 与 PON 系统工程设计与实例. 北京：人民邮电出版社，2013.

[12] 张鹏，阎阔. FTTx PON 技术与应用. 北京：人民邮电出版社，2013.

[13] 原荣. 宽带光接入技术. 北京：电子工业出版社，2010.

[14] 桂海源. IP 电话技术与软交换. 北京：北京邮电学院出版社，2010.

[15] 王可编. 软交换设备配置与维护. 北京：机械工业出版社，2013.

[16] 桂海源，张碧玲. 软交换与 NGN. 北京：人民邮电出版社，2009.